钢-混凝土组合结构设计

胡红松　郭子雄　主编
聂建国　主审

中国建筑工业出版社

图书在版编目（CIP）数据

钢-混凝土组合结构设计/胡红松，郭子雄主编．——
北京：中国建筑工业出版社，2023.2（2024.10重印）
ISBN 978-7-112-28242-5

Ⅰ.①钢… Ⅱ.①胡…②郭… Ⅲ.①钢筋混凝土结
构—结构设计 Ⅳ.①TU375.04

中国版本图书馆 CIP 数据核字（2022）第 242784 号

本书主要根据《组合结构设计规范》JGJ 138—2016 编写，同时也参考了国内外
其他相关设计规范和大量文献资料。本书共分为 6 章。第 1 章为概述，介绍钢-混凝土
组合结构的主要类型和工程应用情况、一般设计规定和材料性能要求等。第 2～6 章
分别讲解压型钢板-混凝土组合楼板、钢-混凝土组合梁、型钢混凝土结构、钢管混凝
土结构和钢-混凝土组合剪力墙的基本受力原理、设计计算方法和构造措施。

本书获得了华侨大学教材建设资助项目的资助，可作为土木工程专业高年级本科
生和研究生的专业教材使用，也可作为工程技术人员的设计参考书。

责任编辑：高　悦　万　李
责任校对：芦欣甜

钢-混凝土组合结构设计

胡红松　郭子雄　主编
聂建国　主审

*

中国建筑工业出版社出版、发行（北京海淀三里河路9号）
各地新华书店、建筑书店经销
北京龙达新润科技有限公司制版
建工社（河北）印刷有限公司印刷

*

开本：787 毫米×1092 毫米　1/16　印张：12½　字数：309 千字
2023 年 5 月第一版　　2024 年 10 月第二次印刷
定价：48.00 元
ISBN 978-7-112-28242-5
（40292）

前　言

　　钢-混凝土组合结构是继钢结构和混凝土结构之后的又一类重要结构形式。通过发挥钢材和混凝土的材料优势，钢-混凝土组合结构具有承载力高、刚度大、抗震性能好和施工快捷方便等优点，是适用于超高、大跨、重载等设计条件的合理结构形式。近年来，钢-混凝土组合结构在高层和超高层建筑、大跨结构和桥梁等大型工程中得到了广泛应用，取得了良好的社会效益和经济效益。

　　本书主要根据《组合结构设计规范》JGJ 138—2016编写，同时也参考了国内外其他相关设计规范和大量文献资料。本书共分为6章。第1章为概述，介绍钢-混凝土组合结构的主要类型和工程应用情况、一般设计规定和材料性能要求等。第2~6章分别讲解压型钢板-混凝土组合楼板、钢-混凝土组合梁、型钢混凝土结构、钢管混凝土结构和钢-混凝土组合剪力墙的基本受力原理、设计计算方法和构造措施。在各章节的编写过程中，作者查阅了大量原始文献，力求讲解清楚每一个设计公式的由来，使读者理解公式背后的原理。除第1章外，其他各章都包含1~2个贴近工程实际的设计案例，以加深读者对组合结构设计方法的理解，也为读者开展实际工程设计提供参考。

　　本书承蒙清华大学聂建国院士审阅，聂老师对本书内容提出了许多宝贵而中肯的意见，在此向聂老师表示深深的敬意和感谢。在本书编写过程中，王文博、张虎、夏浩健、户梦瑶、谈月月、张宇轩、胡元昶、何俊新等研究生做了大量文字编辑和图表绘制工作，在此向他们表示由衷的感谢。本书的编写和出版受到华侨大学教材建设资助项目的资助，在此一并表示感谢。

　　本书可作为土木工程专业高年级本科生和研究生的专业教材使用，也可作为工程技术人员的设计参考书。受作者水平和编写时间的限制，书中难免存在不足之处，恳请读者批评指正。

目　录

第1章 概　　述

1.1　组合结构构件类型和工程应用

钢-混凝土组合结构构件是指由型钢、钢管或钢板与（钢筋）混凝土组合成一体、共同参与受力的结构构件。通过发挥钢材和混凝土两种材料的各自优势，扬长避短，组合结构构件的力学性能大于钢和混凝土两部分力学性能的简单叠加。常见的钢-混凝土组合结构构件包括压型钢板-混凝土组合楼板、钢-混凝土组合梁、型钢混凝土梁或柱、钢管混凝土柱和钢-混凝土组合剪力墙。

1.1.1　压型钢板-混凝土组合楼板

压型钢板-混凝土组合楼板是由压型钢板和其上浇筑的混凝土通过组合作用形成的共同承担竖向荷载的楼板。组合楼板中的压型钢板分为开口型、缩口型和闭口型三类，相应的组合楼板构造如图 1-1 所示。

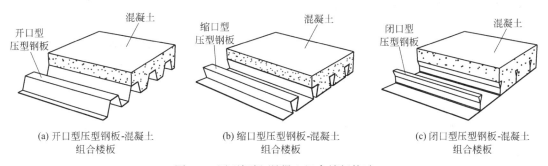

| (a) 开口型压型钢板-混凝土 | (b) 缩口型压型钢板-混凝土 | (c) 闭口型压型钢板-混凝土 |
| 组合楼板 | 组合楼板 | 组合楼板 |

图 1-1　压型钢板-混凝土组合楼板构造

在施工阶段，压型钢板作为混凝土浇筑的模板和施工平台；在使用阶段，压型钢板作为纵向受力钢筋，和混凝土形成组合楼板承担竖向荷载作用。相比普通钢筋混凝土楼板，组合楼板具有以下优势：

（1）压型钢板可以作为混凝土浇筑的模板，省去了支模、拆模等工序，提高了施工效率；

（2）在施工阶段，压型钢板可作为钢梁的侧向支撑，提高钢梁的整体稳定性能；

（3）在使用阶段，压型钢板可以部分或全部代替楼板中的下层受力钢筋，减少了钢筋制作与安装工作量；

（4）压型钢板的肋部可用于敷设水、电、通信等设备管线，从而增大建筑有效使用空间。

由于组合楼板的上述优点,它已被广泛应用于多、高层建筑和多层工业厂房的楼盖结构中。

1.1.2　钢-混凝土组合梁

钢-混凝土组合梁是指在钢梁上翼缘和其上的混凝土板之间设置足够的抗剪连接件,使钢梁和混凝土板形成整体共同抵抗外荷载的组合构件。组合梁中的钢梁一般为工字形截面,也可为箱形截面或其他截面形式。混凝土翼板可采用现浇混凝土板、预制混凝土板和现浇混凝土面层组成的叠合板或压型钢板-混凝土组合楼板(图 1-2)。

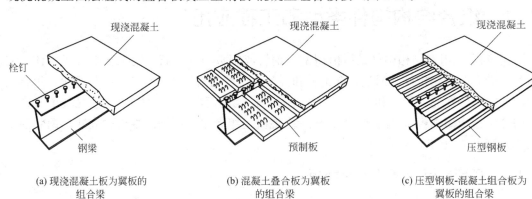

(a) 现浇混凝土板为翼板的组合梁　　(b) 混凝土叠合板为翼板的组合梁　　(c) 压型钢板-混凝土组合板为翼板的组合梁

图 1-2　钢-混凝土组合梁构造

在钢-混凝土组合梁中,混凝土板主要承受压力作用,钢梁主要承受拉力作用,钢和混凝土两种材料的优势都得到了充分发挥。钢-混凝土组合梁和组合楼盖具有如下特点和优势:

(1) 组合梁具有很高的抗弯刚度和承载力,非常适用于大跨度楼盖结构或结构高度受到严格限制的情况。建筑结构中的简支组合梁的高跨比一般可以做到 $1/20 \sim 1/18$;相比钢梁和钢筋混凝土梁,采用钢-混凝土组合梁可以降低结构高度 20% 以上。

(2) 当组合楼盖的楼板采用钢筋混凝土叠合板或压型钢板-混凝土组合板时,可以省去支模工序,显著提高施工效率和施工速度。

(3) 组合梁中的钢梁主要承受拉力作用,其整体稳定性得到明显提高;另外,由于楼板的约束作用,受压上翼缘的局部稳定性能也得到改善。

钢-混凝土组合梁已被广泛应用于多、高层建筑和多层工业厂房的楼盖结构中。

1.1.3　型钢混凝土构件

型钢混凝土构件是指在钢筋混凝土中配置型钢后形成的一类结构构件。型钢混凝土构件可作为梁、柱使用(图 1-3),其中的型钢可采用焊接或轧制型钢。根据型钢形式的不同,型钢混凝土构件可分为实腹式和空腹式两类。实腹式型钢混凝土构件具有更好的抗震性能,宜在地震区优先采用。

型钢混凝土中的混凝土可以约束型钢发生局部屈曲,提高型钢翼缘和腹板的局部稳定

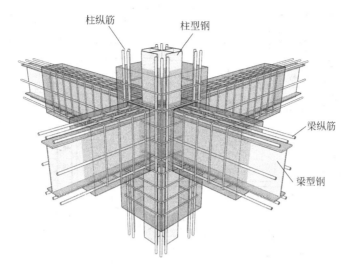

图 1-3　型钢混凝土梁柱

性能，使钢材强度得到充分发挥。外包混凝土还可为型钢提供防火和防腐保护，使结构具有较好的耐火和耐久性能。由于配置了型钢，型钢混凝土构件的刚度和承载力得到大大提高，因此相比钢筋混凝土构件，采用型钢混凝土构件可减小构件截面尺寸，增大建筑使用空间，减轻结构自重。型钢混凝土构件的抗震性能也优于钢筋混凝土构件。型钢还可以承受施工阶段的荷载，减少施工所需支撑，加快施工速度。

　　由于型钢混凝土构件的上述优点，它常被用作超高层建筑和大型工业厂房等超高、大跨结构的框架柱、转换柱、框架梁和转换梁。图 1-4 展示了我国几座超高层建筑底层型钢混凝土柱的截面图。由于超高层建筑的底层柱承担着非常大的内力作用，其截面尺寸往往较大，上海中心和深圳平安金融中心底层柱的截面面积都超过了 $20\mathrm{m}^2$。

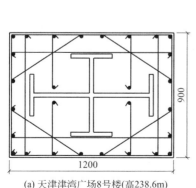
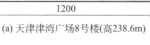

(a) 天津津湾广场8号楼(高238.6m)

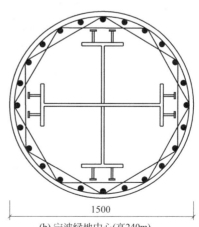

(b) 宁波绿地中心(高240m)

图 1-4　我国几座超高层建筑底层型钢混凝土柱的截面图（一）

3

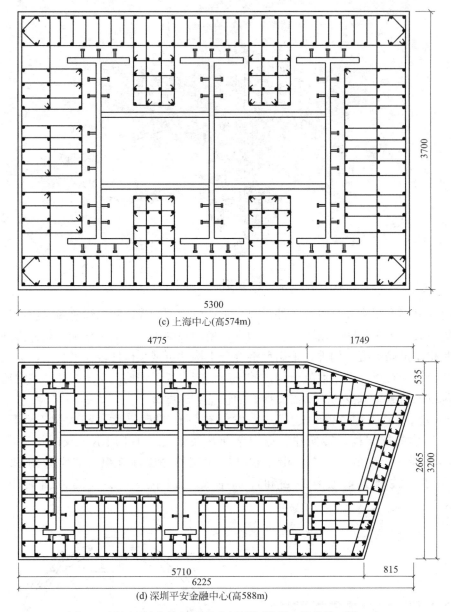

(c) 上海中心(高574m)

(d) 深圳平安金融中心(高588m)

图 1-4　我国几座超高层建筑底层型钢混凝土柱的截面图（二）

1.1.4　钢管混凝土构件

　　钢管混凝土构件是指在钢管中填充混凝土，并由钢管和混凝土共同承担荷载的一类结构构件。钢管混凝土截面以圆形、矩形和方形居多，见图 1-5。

　　钢管混凝土构件中的混凝土横向膨胀受到钢管的约束，当构件受压时，混凝土处于三向受压状态，其抗压强度和变形能力都得到明显提高。同时，核心混凝土可为钢管提供侧向支撑作用，防止钢管发生向内的局部屈曲，提高钢管的局部稳定性能，使钢材强度得到充分发挥。上述组合作用使钢管混凝土构件具有较高的承载力和良好的延性和抗震性能。

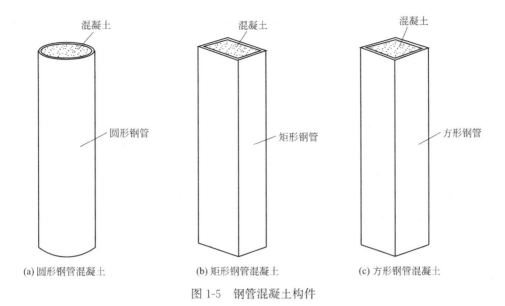

(a) 圆形钢管混凝土　　　(b) 矩形钢管混凝土　　　(c) 方形钢管混凝土

图1-5　钢管混凝土构件

在施工阶段，钢管可作为混凝土浇筑的模板，从而省去了支模和拆模工序，加快了施工速度。

由于钢管混凝土构件具有突出的受压性能，它常被用作超高层建筑的框架柱和转换柱。表1-1展示了钢管混凝土柱在我国一些超高层建筑中的应用情况。

钢管混凝土柱在我国超高层建筑中的应用　　　　　　　　　　　　表1-1

建筑名称	结构高度(m)	底层钢管混凝土柱		
		截面形状	截面尺寸(mm)	钢管壁厚(mm)
深圳赛格广场大厦	301.8	圆形	φ1600	28
广州电视塔	454	圆形	φ2000	50
北京财富中心二期	265	圆形	φ1500	50
天津津塔	336.9	圆形	φ1700	65
广州西塔	432	圆形	φ1800	50
常州润华环球中心	267.7	圆形	φ1600	50
重庆"嘉陵帆影"二期	440	圆形	φ2800	70
武汉保利广场	209.9	圆形	φ1400	30
空中华西村	252.6	圆形	φ1300	30
南京华新城1号塔楼	261.5	圆形	φ1800	30
广州新中国大厦	201.8	圆形	φ1400	25
广州合银广场	220.6	圆形	φ1500	24
广州某国际金融中心	170.3	圆形	φ1400	25
深圳地铁科技大厦	248.9	圆形	φ1600	40
台北101大厦	449	矩形	2400×3000	80
广州东塔	518	矩形	3500×5600	50

钢-混凝土组合结构设计

续表

建筑名称	结构高度（m）	底层钢管混凝土柱		
		截面形状	截面尺寸(mm)	钢管壁厚(mm)
深圳京基金融中心	441	矩形	2700×3900	50
厦门国际中心	336.6	矩形	2200×2400	70
东莞国贸中心 T2 塔楼	397.3	矩形	2200×2400	40
海口中心主塔楼	237.7	矩形	2000×2300	60
大连鞍钢金融中心	248	方形	1400×1400	40
广交会琶洲展馆综合楼	169	方形	1200×1200	35
津湾广场 9 号楼	292	方形	1500×1500	40
昆明欣都龙城超高层塔楼	178.3	方形	900×900	40
仁恒滨海中心 A 酒店	190.4	方形	1400×1400	40
天津现代城办公塔楼	305.4	方形	1600×1600	50

1.1.5 钢-混凝土组合剪力墙

钢-混凝土组合剪力墙是指由型钢、钢板和钢筋混凝土组合形成的剪力墙。钢-混凝土组合剪力墙主要分为以下几类：型钢混凝土剪力墙、钢板混凝土剪力墙和带钢斜撑混凝土剪力墙。型钢混凝土剪力墙是指在钢筋混凝土剪力墙两端的边缘构件中或同时沿墙截面长度分布设置型钢后形成的剪力墙（图 1-6a）。钢板混凝土剪力墙包括内置钢板混凝土剪力墙和外包钢板混凝土剪力墙两类。内置钢板混凝土剪力墙是在型钢混凝土剪力墙的基础上，进一步在墙体内设置钢板而形成的（图 1-6b）。外包钢板混凝土剪力墙由外包钢板和内填混凝土通过一定的构造措施组合而成（图 1-6c）。带钢斜撑混凝土剪力墙是在钢筋混凝土剪力墙内埋置型钢柱、型钢梁和钢支撑而形成的剪力墙（图 1-6d）。

型钢混凝土剪力墙中的型钢可以提高剪力墙的压弯承载力、延性和耗能能力；提高剪力墙的平面外刚度，避免墙受压边缘在加载后期出现平面外失稳。型钢的销栓作用和对墙体的约束作用可以提高剪力墙的受剪承载力。剪力墙端部设置型钢后也易于实现与型钢混凝土梁或钢梁的可靠连接。由于在型钢混凝土剪力墙的基础上增设了钢板，内置钢板混凝土剪力墙具有比型钢混凝土剪力墙更高的刚度和承载力，适用于荷载更大的情况。外包钢板混凝土剪力墙中的外包钢板可作为混凝土浇筑的模板使用，在使用阶段也可防止混凝土裂缝外露，具有较好的正常使用性能和施工便利性。带钢斜撑混凝土剪力墙中的钢斜撑可提供较大的抗剪承载力，防止剪力墙发生剪切脆性破坏。

由于钢-混凝土组合剪力墙具有较高的承载力和良好的抗震性能，已被广泛应用于超高层建筑中。对于承载力需求不是特别突出的情况，一般采用型钢混凝土剪力墙就能满足设计要求。对于高度超过 300m 的超高层建筑，一般需要在结构底部采用钢板混凝土剪力墙，以控制剪力墙厚度；其他承载力需求不是特别大的部位，可采用型钢混凝土剪力墙；

6

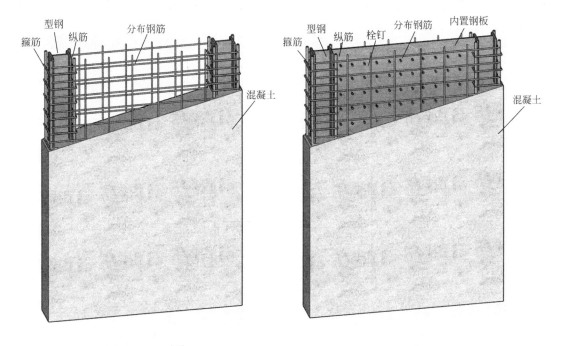

(a) 型钢混凝土剪力墙

(b) 内置钢板混凝土剪力墙

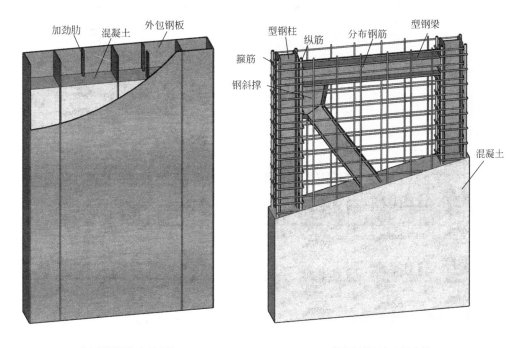

(c) 外包钢板混凝土剪力墙

(d) 带钢斜撑混凝土剪力墙

图 1-6　钢-混凝土组合剪力墙分类

在加强层等承受较大剪力的部位，可采用带钢斜撑混凝土剪力墙。图 1-7 展示了银川绿地中心的某一核心筒剪力墙肢在不同楼层处的截面图。

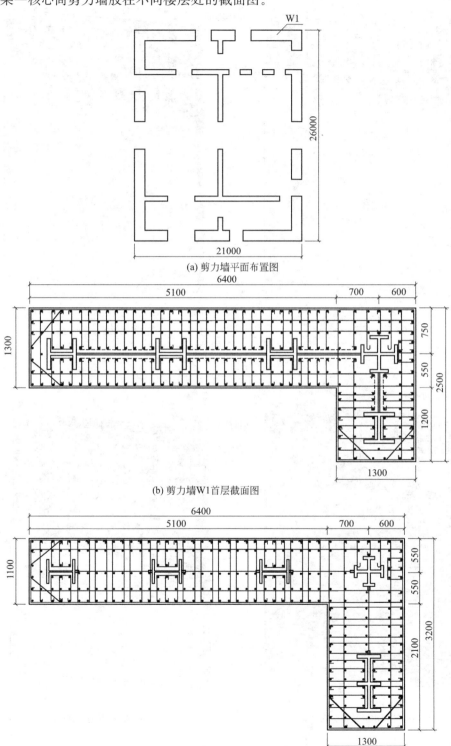

(a) 剪力墙平面布置图

(b) 剪力墙W1首层截面图

(c) 剪力墙W1十三层截面图

图 1-7　银川绿地中心的剪力墙截面图

1.2 组合结构设计的一般规定

1.2.1 荷载效应组合

组合结构设计应根据使用过程中在结构上可能同时出现的荷载，按承载能力极限状态和正常使用极限状态分别进行荷载组合，并应取各自的最不利的组合进行设计。荷载效应组合是满足规范可靠度要求的基本方法，是结构设计的重要环节。建筑结构在使用期间可能出现多种荷载效应组合情况，结构设计时要将可能的各种组合都考虑到。

1. 承载能力极限状态的荷载效应组合

承载能力极限状态的组合工况分为持久、短暂设计状况和地震设计状况。根据荷载性质不同，荷载效应要乘以各自的分项系数和组合值系数。

1）持久、短暂设计状况效应组合

在持久、短暂设计状况下，当荷载与荷载效应为线性关系时，荷载基本组合的效应设计值按下式中最不利值计算：

$$S_d = \sum_{i \geqslant 1} \gamma_{G_i} S_{G_{ik}} + \gamma_{Q_1} \gamma_{L_1} S_{Q_{1k}} + \sum_{j > 1} \gamma_{Q_j} \psi_{cj} \gamma_{L_j} S_{Q_{jk}} \tag{1-1}$$

式中　　S_d——荷载效应组合的设计值；

γ_{G_i}——第 i 个永久荷载的分项系数，按表 1-2 取用；

$S_{G_{ik}}$——第 i 个永久荷载标准值的效应；

γ_{Q_1}、γ_{Q_j}——第 1 个和第 j 个可变荷载的分项系数，按表 1-2 取用；

γ_{L_1}、γ_{L_j}——第 1 个和第 j 个考虑结构设计使用年限的荷载调整系数，按表 1-3 取用；

$S_{Q_{1k}}$、$S_{Q_{jk}}$——第 1 个和第 j 个可变荷载标准值的效应；

ψ_{cj}——第 j 个可变荷载的组合值系数。

建筑结构的荷载分项系数　　　　　　　表 1-2

荷载分项系数	当荷载效应对承载力不利时	当荷载效应对承载力有利时
γ_G	1.3	$\leqslant 1.0$
γ_Q	1.5	0

建筑结构考虑结构设计使用年限的荷载调整系数 γ_L　　　　　　　表 1-3

结构的设计使用年限（年）	γ_L
5	0.9
50	1.0
100	1.1

2）地震设计状况效应组合

在考虑地震作用的设计状况下，当荷载与荷载效应为线性关系时，荷载和地震作用基本组合的效应设计值按下式计算：

$$S_d = \gamma_G S_{GE} + \gamma_{Eh} S_{Ehk} + \gamma_{Ev} S_{Evk} + \psi_w \gamma_w S_{wk} \tag{1-2}$$

式中 S_d——荷载效应和地震作用组合的设计值；

γ_G——重力荷载分项系数，一般情况应采用 1.2，当重力荷载效应对构件承载能力有利时，不应大于 1.0；

S_{GE}——重力荷载代表值的效应；

γ_{Eh}——水平地震作用分项系数，应按表 1-4 取用；

S_{Ehk}——水平地震作用标准值的效应，尚应乘以相应的增大系数或调整系数；

γ_{Ev}——竖向地震作用分项系数，应按表 1-4 取用；

S_{Evk}——竖向地震作用标准值的效应，尚应乘以相应的增大系数或调整系数；

ψ_w——风荷载组合值系数，一般结构取 0.0，风荷载起控制作用的建筑取 0.2；

γ_w——风荷载分项系数，应取 1.4；

S_{wk}——风荷载标准值的效应。

地震作用分项系数　　　　　　　　　　　　　　表 1-4

地震作用	γ_{Eh}	γ_{Ev}
仅计算水平地震作用	1.3	0.0
仅计算竖向地震作用	0.0	1.3
同时计算水平与竖向地震作用（水平地震为主）	1.3	0.5
同时计算水平与竖向地震作用（竖向地震为主）	0.5	1.3

2. 正常使用极限状态的荷载效应组合

正常使用极限状态设计主要是验算构件的变形和裂缝宽度。构件变形过大或裂缝过宽虽然影响结构的正常使用，但其危害程度不及承载力引起的结构破坏，因此在正常使用极限状态设计时，可适当降低对结构可靠度的要求。根据实际设计需要，常需区分荷载的短期作用和长期作用，采用荷载的标准组合或准永久组合进行正常使用极限状态下的结构变形和裂缝宽度验算。

当荷载与荷载效应为线性关系时，荷载标准组合的效应设计值按下式计算：

$$S_d = \sum_{i \geqslant 1} S_{G_{ik}} + S_{Q_{1k}} + \sum_{j > 1} \psi_{cj} S_{Q_{jk}} \tag{1-3}$$

当荷载与荷载效应为线性关系时，荷载准永久组合的效应设计值按下式计算：

$$S_d = \sum_{i \geqslant 1} S_{G_{ik}} + \sum_{j \geqslant 1} \psi_{qj} S_{Q_{jk}} \tag{1-4}$$

式中 ψ_{qj}——第 j 个可变荷载的准永久值系数。

按规定荷载组合计算得到的效应设计值应不大于相应的限值。

1.2.2 内力设计值调整

1. 型钢混凝土框架梁和转换梁的内力设计值

型钢混凝土框架梁和转换梁需满足强剪弱弯要求。一级抗震等级的框架结构和 9 度设防烈度的一级抗震等级的各类框架，框架梁和转换梁的剪力设计值应按下式计算：

$$V_b = 1.1 \frac{(M_{bua}^l + M_{bua}^r)}{l_n} + V_{Gb} \tag{1-5}$$

其他一、二、三级抗震等级的框架，框架梁和转换梁的剪力设计值应按下式计算：

$$V_b = \eta_b \frac{(M_b^l + M_b^r)}{l_n} + V_{Gb} \qquad (1\text{-}6)$$

式中 V_b——梁剪力设计值；

M_{bua}^l、M_{bua}^r——梁左、右端按顺时针或逆时针方向采用实配钢筋和型钢截面面积、材料强度标准值，且考虑承载力抗震调整系数的正截面受弯承载力所对应的弯矩值，并取顺时针方向之和与逆时针方向之和的较大值；

V_{Gb}——考虑地震作用组合时的重力荷载代表值产生的剪力设计值，可按简支梁计算确定；

l_n——梁的净跨；

M_b^l、M_b^r——考虑地震作用组合，且经调整后的梁左、右端弯矩设计值，且取顺时针方向之和与逆时针方向之和的较大值；对一级抗震等级框架，两端弯矩均为负弯矩时，绝对值较小的弯矩应取零；

η_b——梁剪力增大系数，一、二、三级分别取 1.3、1.2 和 1.1。

四级抗震等级的框架，框架梁和转换梁的剪力设计值取地震作用组合下的剪力设计值。

2. 框架柱和转换柱的内力设计值

1）轴力设计值

对于地震设计状况，一、二、三、四级抗震等级的框架柱的轴力取最不利内力组合值作为设计值，由地震作用产生的一、二级抗震等级的转换柱的柱轴力应分别乘以增大系数 1.5 和 1.2，但计算柱轴压比时可不计该项增大。

2）弯矩设计值

为满足强柱弱梁要求，一级抗震等级的框架结构和 9 度设防烈度一级抗震等级的各类框架，其节点上、下端的弯矩设计值应按下式计算：

$$\sum M_c = 1.2 \sum M_{bua} \qquad (1\text{-}7)$$

二、三、四级抗震等级的框架结构和一、二、三、四级抗震等级的其他各类框架，其节点上、下端的弯矩设计值应按下式计算：

$$\sum M_c = \eta_c \sum M_b \qquad (1\text{-}8)$$

式中 $\sum M_c$——考虑地震作用组合的节点上、下柱端的弯矩设计值之和；柱端弯矩设计值可取调整后的弯矩设计值之和按弹性分析的弯矩比例进行分配；

$\sum M_{bua}$——同一节点左、右梁端按顺时针和逆时针方向采用实配钢筋和型钢截面面积、材料强度标准值，且考虑承载力抗震调整系数的正截面受弯承载力之和的较大值；

$\sum M_b$——同一节点左、右梁端，按顺时针和逆时针方向计算的考虑地震作用组合的弯矩设计值之和的较大值；一级抗震等级，当两端弯矩均为负弯矩时，绝对值较小的弯矩应取零；

η_c——柱端弯矩增大系数，对于框架结构，二、三、四级分别取 1.5、1.3、1.2；其他各类结构类型中的框架，一级取 1.4，二级取 1.2，三、四级取 1.1。

框架顶层柱和轴压比小于 0.15 的柱，由于轴压比小，具有比较大的变形能力，其柱

11

端弯矩设计值可取地震作用组合下的弯矩设计值。

强震作用下,框架结构底层柱的嵌固端难免会出现塑性铰。为推迟框架结构柱嵌固端截面屈服,提高框架结构抗震能力,考虑地震作用组合的框架结构底层柱下端截面的弯矩设计值,对一、二、三、四级抗震等级应分别乘以弯矩增大系数1.7、1.5、1.3和1.2。框架结构以外的其他结构类型,由于其主要抗震构件为剪力墙,因此其框架柱嵌固端弯矩无需乘以增大系数。

与转换构件相连的一、二级抗震等级的转换柱上端和底层柱下端截面的弯矩设计值应分别乘以弯矩增大系数1.5和1.3。

在结构两个主轴方向地震作用下,角柱除了双向受弯外,双向地震有可能都会对角柱产生轴压力。框架角柱和转换角柱宜按双向偏心受力构件进行正截面承载力计算。一、二、三、四级抗震等级的框架角柱和转换角柱的弯矩设计值应取调整后的设计值乘以不小于1.1的增大系数。

3)剪力设计值

框架柱和转换柱需满足强剪弱弯要求。一级抗震等级的框架结构和9度设防烈度一级抗震等级的各类框架,框架柱和转换柱的剪力设计值应按下式计算:

$$V_c = 1.2 \frac{(M_{cua}^t + M_{cua}^b)}{H_n} \tag{1-9}$$

二、三、四级抗震等级的框架结构和一、二、三、四级抗震等级的其他各类框架,框架柱和转换柱的剪力设计值应按下式计算:

$$V_c = \eta_{vc} \frac{(M_c^t + M_c^b)}{H_n} \tag{1-10}$$

式中 V_c——柱剪力设计值;

M_{cua}^t、M_{cua}^b——柱上、下端按顺时针或逆时针方向采用实配钢筋和型钢截面面积、材料强度标准值,且考虑承载力抗震调整系数的正截面受弯承载力所对应的弯矩值,并取顺时针方向之和与逆时针方向之和的较大值;

M_c^t、M_c^b——考虑地震作用组合,且经调整后的柱上、下端弯矩设计值,且取顺时针方向之和与逆时针方向之和的较大值;

H_n——柱的净高;

η_{vc}——柱剪力增大系数,对于框架结构,二、三、四级分别取1.3、1.2、1.1;其他各类结构类型中的框架,一级取1.4,二级取1.2,三、四级取1.1。

一、二、三、四级抗震等级的框架角柱和转换角柱的剪力设计值应取调整后的设计值乘以不小于1.1的增大系数。

3. 剪力墙的内力设计值

剪力墙应分别按持久、短暂设计状况以及地震设计状况进行荷载和荷载效应组合,取控制截面的最不利组合内力值或对其调整后的组合内力值(统称为内力设计值)进行截面承载力验算。墙肢的控制截面一般取墙底截面以及改变墙厚、混凝土强度等级或竖向钢筋(型钢或钢板)配置的截面。

为了使墙肢的塑性铰出现在底部加强部位,避免底部加强部位以上的墙肢出现塑性铰，其弯矩设计值应按下述要求进行调整：抗震等级为特一级的剪力墙，底部加强部位的弯矩设计值乘以增大系数 1.1，其他部位的弯矩设计值乘以增大系数 1.3；抗震等级为一级的剪力墙，底部加强部位以上部位，墙肢的弯矩设计值乘以增大系数 1.2；其他抗震等级剪力墙的弯矩设计值不做调整。

为了加强特一、一、二、三级剪力墙底部加强部位的抗剪承载力，避免过早出现剪切破坏，实现强剪弱弯，墙肢截面组合的剪力设计值应按式（1-11）进行调整；特一、一、二、三级剪力墙的其他部位和四级剪力墙的剪力设计值可不调整。

$$V = \eta_{vw} V_w \tag{1-11}$$

9 度设防烈度一级剪力墙底部加强部位不按乘以增大系数调整剪力设计值，而按剪力墙的实际受弯承载力调整剪力设计值，即按下式调整：

$$V = 1.1 \frac{M_{wua}}{M_w} V_w \tag{1-12}$$

式中　V——底部加强部位墙肢截面组合的剪力设计值；

V_w——底部加强部位墙肢截面组合的剪力计算值；

M_{wua}——墙肢底部截面按实配竖向钢筋面积、材料强度标准值和竖向力等计算的抗震受弯承载力所对应的弯矩值，有翼墙时应计入墙两侧各一倍翼墙厚度范围内的竖向钢筋；

M_w——墙肢底部截面组合的弯矩设计值；

η_{vw}——墙肢剪力放大系数，特一级为 1.9（底部加强部位以上的其他部位为 1.4），一级为 1.6，二级为 1.4，三级为 1.2。

1.2.3　构件承载力验算

组合结构设计应保证结构在可能同时出现的各种荷载作用下，各构件均有足够的承载力。对于持久、短暂设计状况，采用由荷载效应组合得到的构件最不利内力进行构件承载力验算。对于地震设计状况，组合内力计算值需根据上一小节中的相关规定进行调整，并采用调整后的内力设计值进行构件承载力验算。组合结构构件承载力验算的一般表达式为：

对于持久、短暂设计状况，

$$\gamma_0 S_d \leqslant R_d \tag{1-13}$$

对于地震设计状况，

$$S_d \leqslant R_d / \gamma_{RE} \tag{1-14}$$

式中　S_d——构件内力组合设计值；

γ_0——结构重要性系数，安全等级为一级的结构构件不应小于 1.1，安全等级为二级的结构构件不应小于 1.0；

R_d——构件承载力设计值；

γ_{RE}——承载力抗震调整系数，其值应按表 1-5 的规定采用。

承载力抗震调整系数 表 1-5

构件类型	梁	柱、支撑				剪力墙		各类构件	节点
受力特性	受弯	偏压轴压比小于 0.15	偏压轴压比不小于 0.15	轴压	偏拉、轴拉	偏压、偏拉	局压	受剪	受剪
γ_{RE}	0.75	0.75	0.80	0.80	0.85	0.85	1.0	0.85	0.85

注：圆形钢管混凝土偏心受压柱 γ_{RE} 取 0.8。

1.2.4 构件正截面承载力计算的基本假定

型钢混凝土和矩形钢管混凝土构件的正截面承载力计算按照以下基本假定进行：

（1）截面应变保持平面。

（2）不考虑混凝土的抗拉强度。

（3）受压区应力图形简化为等效的矩形应力图。等效矩形应力图的压应力值取混凝土轴心抗压强度设计值 f_c 乘以系数 α_1；当混凝土的强度等级不超过 C50 时，α_1 取为 1.0，当混凝土的强度等级为 C80 时，α_1 取为 0.94，其间按线性内插法确定。等效矩形应力图的高度为平截面假定所确定的中和轴高度乘以系数 β_1；当混凝土强度等级不超过 C50 时，β_1 取为 0.8，当混凝土强度等级为 C80 时，β_1 取为 0.74，其间按线性内插法确定。

（4）钢筋、型钢和钢板的应力等于钢筋、型钢和钢板应变与其弹性模量的乘积，其绝对值不应大于相应的强度设计值；纵向受拉钢筋和钢板的极限拉应变取为 0.01。

1.2.5 偏心受压构件挠曲产生的二阶效应

对于偏心受压构件，只要满足下述三个条件中的任一条件，就需要考虑挠曲产生的二阶效应。

$$M_1/M_2 > 0.9 \tag{1-15}$$

$$N/f_c A > 0.9 \tag{1-16}$$

$$\frac{l_c}{i} > 34 - 12(M_1/M_2) \tag{1-17}$$

式中　M_1、M_2——分别为已考虑侧移影响的偏心受压构件两端截面按结构弹性分析确定的同一主轴的组合弯矩设计值，绝对值较大端为 M_2，绝对值较小端为 M_1，当构件按单曲率弯曲时，M_1/M_1 取正值，否则取负值；

N——轴向压力设计值；

f_c——混凝土轴心抗压强度设计值；

A——偏心受压构件的截面面积；

l_c——构件的计算长度，可近似取偏心受压构件相应主轴方向上下支撑点之间的距离；

i——偏心方向的截面回转半径。

当上述三个条件都不满足时，可不考虑轴向压力在挠曲杆件中产生的附加弯矩影响。

对于需要考虑挠曲产生的二阶效应影响的偏心受压构件，其控制截面的弯矩设计值应按下列公式计算：

$$M = C_m \eta_{ns} M_2 \tag{1-18}$$

$$C_m = 0.7 + 0.3 \frac{M_1}{M_2} \tag{1-19}$$

$$\eta_{ns} = 1 + \frac{1}{1300(M_2/N + e_a)/h_0} \left(\frac{l_c}{h}\right)^2 \xi_c \tag{1-20}$$

$$\xi_c = \frac{0.5 f_c A}{N} \tag{1-21}$$

当 $C_m \eta_{ns}$ 小于 1.0 时取 1.0；对剪力墙及核心筒墙，可取 $C_m \eta_{ns}$ 等于 1.0。

式中　M——控制截面的弯矩设计值；

　　　C_m——构件端截面偏心距调节系数，当小于 0.7 时取 0.7；

　　　η_{ns}——弯矩增大系数；

　　　N——与弯矩设计值 M_2 相应的轴向压力设计值；

　　　e_a——附加偏心距，取 20mm 和偏心方向截面最大尺寸的 1/30 两者中的较大值；

　　　ζ_c——截面曲率修正系数，当计算值大于 1.0 时取 1.0；

　　　h——截面高度；

　　　h_0——截面有效高度；

　　　A——构件截面面积。

1.3　结构材料

1.3.1　钢材

组合结构构件中的钢材宜采用镇定钢，并应具有屈服强度、抗拉强度、伸长率、冲击韧性和硫、磷含量的合格保证。为确保组合结构钢材的可焊性，焊接结构应具有碳含量和冷弯性能的合格保证。

组合结构构件的钢材宜采用 Q345、Q390 和 Q420 低合金高强度结构钢及 Q235 碳素结构钢，质量等级不宜低于 B 级。当采用较厚的钢板时，可选用材质、材性符合现行国家标准《建筑结构用钢板》GB/T 19879 的各牌号钢板，其质量等级不宜低于 B 级。当采用其他牌号的钢材时，尚应符合国家现行有关标准的规定。

由于厚钢板存在各向异性，Z 轴性能指标较差，当钢板厚度大于或等于 40mm，且为承受沿板厚方向拉力的焊接连接板件时，沿钢板厚度方向的截面收缩率应符合以下要求：三个试样的截面收缩率的平均值不小于 15%，单个试样的截面收缩率不小于 10%。

对于考虑地震作用的组合结构构件，为保证结构具有必要的安全储备和足够的塑性变形能力，钢材屈服强度实测值与抗拉强度实测值的比值不应大于 0.85，同时钢材应有明显的屈服平台，且伸长率不应小于 20%。

钢材强度指标应按表 1-6 和表 1-7 采用。

钢材强度指标 （N/mm²）　　　　　　　　　　表 1-6

钢材牌号	钢板厚度（mm）	极限抗拉强度最小值 f_{au}	屈服强度 f_{ay}	强度标准值 抗拉、抗压、抗弯 f_{ak}	强度设计值 抗拉、抗压、抗弯 f_a	强度设计值 抗剪 f_{av}	端面承压（刨平顶紧）设计值 f_{ce}
Q235	≤16	370	235	235	215	125	325
Q235	>16 且≤40	370	225	225	205	120	325
Q235	>40 且≤60	370	215	215	200	115	325
Q235	>60 且≤100	370	215	215	190	110	325
Q345	≤16	470	345	345	310	180	400
Q345	>16 且≤35	470	335	335	295	170	400
Q345	>35 且≤50	470	325	325	265	155	400
Q345	>50 且≤100	470	315	315	250	145	400
Q345GJ	≤16	490	345	345	310	180	400
Q345GJ	>16 且≤35	490	345	345	310	180	400
Q345GJ	>35 且≤50	490	335	335	300	175	400
Q345GJ	>50 且≤100	490	325	325	290	170	400
Q390	≤16	490	390	390	350	205	415
Q390	>16 且≤35	490	370	370	335	190	415
Q390	>35 且≤50	490	350	350	315	180	415
Q390	>50 且≤100	490	330	330	295	170	415
Q420	≤16	520	420	420	380	220	440
Q420	>16 且≤35	520	400	400	360	210	440
Q420	>35 且≤50	520	380	380	340	195	440
Q420	>50 且≤100	520	360	360	325	185	440

冷弯成型矩形钢管强度设计值 （N/mm²）　　　　　　　　　　表 1-7

钢材牌号	抗拉、抗压、抗弯 f_a	抗剪 f_{av}	端面承压（刨平顶紧）f_{ce}
Q235	205	120	310
Q345	300	170	400

钢材物理性能指标应按表 1-8 采用。

钢材物理性能指标　　　　　　　　　　表 1-8

弹性模量 E_a（N/mm²）	剪切模量 G_a（N/mm²）	线膨胀系数 α（以每℃计）	质量密度（kg/m³）
2.06×10^5	79×10^3	12×10^{-6}	7850

注：压型钢板采用冷轧钢板时，弹性模量取 1.90×10^5 N/mm²。

压型钢板的基板应选用热浸镀锌钢板，不宜选用镀铝锌板。压型钢板宜采用符合现行国家标准《连续热镀锌和锌合金镀层钢板及钢带》GB/T 2518 规定的 S250（S250GD＋Z、S250GD＋ZF）、S350（S350GD＋Z、S350GD＋ZF）、S550（S550GD＋Z、S550GD＋ZF）

牌号的结构用钢，其强度标准值、设计值应按表 1-9 的规定采用。

压型钢板强度标准值、设计值（N/mm²）　　　　　表 1-9

牌号	强度标准值	强度设计值	
	抗拉、抗压、抗弯 f_{ak}	抗拉、抗压、抗弯 f_a	抗剪 f_{av}
S250	250	205	120
S350	350	290	170
S550	470	395	230

1.3.2　连接材料

1. 焊接材料

手工焊接用焊条、自动焊接或半自动焊接采用的焊丝和焊剂，应与主体金属力学性能相适应。焊缝强度设计值应按表 1-10 的规定采用。

焊缝强度设计值（N/mm²）　　　　　表 1-10

焊接方法、焊条型号	钢材牌号	钢板厚度（mm）	对接焊缝强度设计值				角焊缝强度设计值
			抗压 f_c^w	抗拉 f_t^w		抗剪 f_v^w	抗拉、抗压、抗剪 f_f^w
				一级、二级	三级		
自动焊、半自动焊和 E43××型焊条的手工焊	Q235	≤16	215(205)	215(205)	185(175)	125(120)	160 (140)
		>16 且≤40	205	205	175	120	
		>40 且≤60	200	200	170	115	
		>60 且≤100	190	190	160	110	
自动焊、半自动焊和 E50××型焊条的手工焊	Q345	≤16	310(300)	310(300)	265(255)	180(170)	200(195)
		>16 且≤35	295	295	250	170	
		>35 且≤50	265	265	225	155	
		>50 且≤100	250	250	210	145	
自动焊、半自动焊和 E55××型焊条的手工焊	Q390	≤16	350	350	300	205	220
		>16 且≤35	335	335	285	190	
		>35 且≤50	315	315	270	180	
		>50 且≤100	295	295	250	170	
	Q420	≤16	380	380	320	220	220
		>16 且≤35	360	360	305	210	
		>35 且≤50	340	340	290	195	
		>50 且≤100	325	325	275	185	

注：表中所列一级、二级、三级指焊缝质量等级；括号中的数值用于冷成型薄壁型钢。

2. 螺栓和锚栓

普通螺栓连接的强度设计值应按表 1-11 采用；高强度螺栓连接的钢材摩擦面抗滑移系数值应按表 1-12 采用；高强度螺栓连接的设计预拉力应按表 1-13 采用。锚栓可采用 Q235 钢、Q345 钢。

螺栓连接的强度设计值（N/mm²）　　　　表 1-11

螺栓的性能等级、锚栓和构件钢材的牌号		普通螺栓						锚栓	承压型连接高强度螺栓		
		C 级螺栓			A 级、B 级螺栓						
		抗拉 f_t^b	抗剪 f_v^b	承压 f_c^b	抗拉 f_t^b	抗剪 f_v^b	承压 f_c^b	抗拉 f_t^a	抗拉 f_t^b	抗剪 f_v^b	承压 f_c^b
普通螺栓	4.6级、4.8级	170	140	—	—	—	—	—	—	—	—
	5.6级	—	—	—	210	190	—	—	—	—	—
	8.8级	—	—	—	400	320	—	—	—	—	—
锚栓(C级普通螺栓)	Q235	(165)	(125)	—	—	—	—	140	—	—	—
	Q345	—	—	—	—	—	—	180	—	—	—
承压型连接高强度螺栓	8.8级	—	—	—	—	—	—	—	400	250	—
	10.9级	—	—	—	—	—	—	—	500	310	—
承压构件	Q235	—	—	305(295)	—	—	405	—	—	—	470
	Q345	—	—	385(370)	—	—	510	—	—	—	590
	Q390	—	—	400	—	—	530	—	—	—	615
	Q420	—	—	425	—	—	560	—	—	—	655

注：1. A 级螺栓用于 $d \leqslant 24mm$ 和 $l \leqslant 10d$ 或 $l \leqslant 150mm$（按较小值）的螺栓；B 级螺栓用于 $d > 24mm$ 或 $l > 10d$ 或 $l > 150mm$（按较小值）的螺栓。d 为公称直径，l 为螺杆公称长度。

2. 表中带括号的数值用于冷成型薄壁型钢。

摩擦面的抗滑移系数　　　　表 1-12

连接处构件接触面的处理方法	构件的钢号		
	Q235	Q345、Q390	Q420
喷砂(丸)	0.45	0.50	0.50
喷砂(丸)后涂无机富锌漆	0.35	0.40	0.40
喷砂(丸)后生赤锈	0.45	0.50	0.50
钢丝刷清除浮锈或未经处理的干净轧制表面	0.30	0.35	0.40

一个高强度螺栓的预拉力（kN）　　　　表 1-13

螺栓的性能等级	螺栓公称直径(mm)					
	M16	M20	M22	M24	M27	M30
8.8级	80	125	150	175	230	280
10.9级	100	155	190	225	290	355

3. 栓钉

组合结构构件中作为抗剪连接件的栓钉的材料及力学性能应符合表 1-14 规定。

栓钉材料及力学性能　　　　表 1-14

材料	极限抗拉强度(N/mm²)	屈服强度(N/mm²)	伸长率(%)
ML15、ML15A1	≥400	≥320	≥14

1.3.3　钢筋

组合结构构件中配置的纵向钢筋宜采用具有较好延性和可焊性的 HRB400、HRB500、HRB335 热轧带肋钢筋；箍筋宜采用 HRB400、HRB335、HRB500 热轧带肋钢筋或 HPB300 光圆热轧钢筋，其强度标准值、设计值应按表 1-15 的规定采用。

钢筋强度标准值、设计值（N/mm^2）　　　　　　　表 1-15

种类	符号	公称直径 d(mm)	屈服强度标准值 f_{yk}	极限强度标准值 f_{stk}	最大拉力下总伸长率 δ_{gt}(%)	抗拉强度设计值 f_y	抗压强度设计值 f'_y
HPB300	A	6～22	300	420	不小于 10	270	270
HRB335	B	6～50	335	455	不小于 7.5	300	300
HRB400	C	6～50	400	540		360	360
HRB500	D	6～50	500	630		435	410

注：1. 当采用直径大于 40mm 的钢筋时，应有可靠的工程经验；

　　2. 用作受剪、受扭、受冲切承载力计算的箍筋，其强度设计值 f_{yv} 应按表中 f_y 数值取用，且其数值不应大于 360N/mm^2。

钢筋弹性模量 E_s 应按表 1-16 采用。

钢筋弹性模量　　　　　　　　表 1-16

种类	E_s($\times10^5$N/mm^2)
HPB300	2.1
HRB400、HRB500、HRB335	2.0

按一、二、三级抗震等级设计的框架和斜撑构件，其纵向受力钢筋的抗拉强度实测值与屈服强度实测值的比值不应小于 1.25，钢筋屈服强度实测值与屈服强度标准值的比值不应大于 1.30，钢筋最大拉力下的总伸长率实测值不应小于 9%。

1.3.4　混凝土

为了充分发挥组合结构构件中钢材的作用和保证构件具有足够的承载力，组合结构构件的混凝土强度等级不宜过低。型钢混凝土结构构件采用的混凝土强度等级不宜低于 C30。钢管中的混凝土强度等级，对于 Q235 钢管，不宜低于 C40；对于 Q345 钢管，不宜低于 C50；对于 Q390、Q420 钢管，不应低于 C50。组合楼板用的混凝土强度等级不应低于 C20。

由于高强混凝土的脆性和对采用 C70 以上混凝土的组合结构构件性能的研究不足，有抗震设防要求时，剪力墙的混凝土强度等级不宜超过 C60；其他构件在设防烈度 9 度时，混凝土强度等级不宜超过 C60，在设防烈度为 8 度时，混凝土强度等级不宜超过 C70。

混凝土轴心抗压强度标准值 f_{ck}、轴心抗拉强度标准值 f_{tk} 应按表 1-17 的规定采用；轴心抗压强度设计值 f_c、轴心抗拉强度设计值 f_t 应按表 1-18 的规定采用。

混凝土强度标准值（N/mm²）　　　　　　　　　表 1-17

强度	混凝土强度等级												
	C20	C25	C30	C35	C40	C45	C50	C55	C60	C65	C70	C75	C80
f_{ck}	13.4	16.7	20.1	23.4	26.8	29.6	32.4	35.5	38.5	41.5	44.5	47.4	50.2
f_{tk}	1.54	1.78	2.01	2.20	2.39	2.51	2.64	2.74	2.85	2.93	2.99	3.05	3.11

混凝土强度设计值（N/mm²）　　　　　　　　　表 1-18

强度	混凝土强度等级												
	C20	C25	C30	C35	C40	C45	C50	C55	C60	C65	C70	C75	C80
f_c	9.6	11.9	14.3	16.7	19.1	21.1	23.1	25.3	27.5	29.7	31.8	33.8	35.9
f_t	1.10	1.27	1.43	1.57	1.71	1.80	1.89	1.96	2.04	2.09	2.14	2.18	2.22

　　混凝土受压和受拉弹性模量 E_c 应按表 1-19 的规定采用，混凝土的剪切变形模量可按相应弹性模量值的 0.4 倍采用，混凝土泊松比可按 0.2 采用。

混凝土弹性模量（×10⁴N/mm²）　　　　　　　　表 1-19

混凝土强度等级	C20	C25	C30	C35	C40	C45	C50	C55	C60	C65	C70	C75	C80
E_c	2.55	2.80	3.00	3.15	3.25	3.35	3.45	3.55	3.60	3.65	3.70	3.75	3.80

　　为便于浇筑，需对混凝土最大骨料直径加以限制。型钢混凝土组合结构构件的混凝土最大骨料直径宜小于型钢外侧混凝土保护层厚度的 1/3，且不宜大于 25mm。对浇筑难度较大或复杂节点部位，宜采用骨料更小、流动性更强的高性能混凝土。钢管混凝土构件中混凝土最大骨料直径不宜大于 25mm。

1.4　思考题

　　（1）常用的钢-混凝土组合结构构件类型有哪些？它们各自有哪些优势？

　　（2）组合结构设计需要考虑哪些极限状态？相应的荷载效应组合如何确定？

　　（3）对于地震设计状况，如何计算框架柱和转换柱的内力设计值？

　　（4）型钢混凝土和矩形钢管混凝土构件正截面承载力计算的基本假定有哪些？

　　（5）在何种情况下，可不考虑轴向压力在挠曲杆件中产生的附加弯矩的影响？

第2章 压型钢板-混凝土组合楼板设计

2.1 组合楼板的一般构造和受力特点

压型钢板-混凝土组合楼板是由压型钢板和其上浇筑的混凝土通过组合作用形成的共同承担竖向荷载的楼板，以下简称为组合楼板。在施工阶段，压型钢板作为混凝土浇筑的模板和施工平台；在使用阶段，压型钢板作为纵向受力钢筋，和混凝土形成组合楼板承担竖向荷载作用。

为使压型钢板和混凝土的界面能够有效传递纵向剪力，保证组合作用的发挥，需对压型钢板的截面形状、表面构造和端部锚固等方面采取一定措施。组合楼板中的压型钢板分为开口型、缩口型和闭口型三类（图2-1）。闭口型和缩口型压型钢板的肋能够阻止混凝土和压型钢板发生竖向分离，使压型钢板和混凝土的界面具有一定的纵向抗剪承载力。另外，通过在压型钢板上刻制凹槽和凸肋等（图2-2），可进一步提高界面的抗剪承载力。压型钢板端部用于将压型钢板固定在钢梁上的栓钉连接件也可提供一定的界面抗剪能力。表面无压痕的光面开口型压型钢板与混凝土的界面抗剪能力较弱，不宜在组合楼板中采用。

  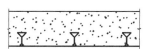

(a) 开口型压型钢板　　　　(b) 缩口型压型钢板　　　　(c) 闭口型压型钢板

图2-1　组合楼板中的压型钢板形式

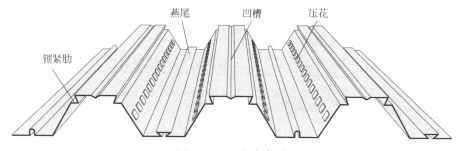

图2-2　压型钢板构造

相比普通钢筋混凝土楼板，组合楼板具有以下优势：

（1）压型钢板可以作为混凝土浇筑的模板，省去了支模、拆模等工序，提高了施工效率；

（2）在施工阶段，压型钢板可作为钢梁的侧向支撑，提高钢梁的整体稳定性能；

（3）在使用阶段，压型钢板可以部分或全部代替楼板中的下层受力钢筋，减少了钢筋制作与安装工作量；

（4）压型钢板的肋部可用于敷设水、电、通信等设备管线，从而增大建筑有效使用空间。

2.2　压型钢板与混凝土界面的纵向抗剪

压型钢板和混凝土能形成组合楼板共同工作的前提是两者之间的界面能够有效传递纵向剪力。组合楼板的纵向剪切粘结承载力可以通过简支组合楼板的四点受弯试验确定，如图 2-3 所示。图 2-3 中的组合楼板可能出现三种破坏模式：（1）弯曲破坏，发生在图中的纯弯段；（2）斜截面剪切破坏，发生在图中的弯剪段；（3）纵向剪切破坏，发生在图中弯剪段的 1-1 截面处。试件的破坏形态取决于剪跨比 a/h_0 的大小。

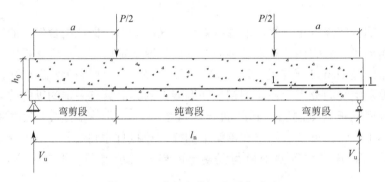

图 2-3　组合楼板的四点受弯试验

当剪跨比 a/h_0 较大时，组合楼板将发生弯曲破坏。混凝土受压合力点和压型钢板受拉合力点之间的距离略小于截面有效高度 h_0，将受压和受拉合力点的距离近似取为 h_0，则组合楼板的正截面受弯承载力可写为

$$M_u = f_{y,m} A_a h_0 \qquad (2\text{-}1)$$

式中　M_u——组合楼板的正截面受弯承载力；

　　　$f_{y,m}$——压型钢板屈服强度试验值；

　　　A_a——压型钢板截面面积；

　　　h_0——组合楼板截面有效高度，取压型钢板和受拉钢筋合力点至混凝土受压边缘的距离。

受弯承载力对应的弯剪段剪力为

$$V_u = \frac{M_u}{a} = \frac{f_{y,m} A_a h_0}{a} \qquad (2\text{-}2)$$

式中　V_u——弯剪段剪力；

　　　a——剪跨。

上式可进一步化为

$$\frac{V_{\mathrm{u}}}{f_{\mathrm{t,m}} b h_0} = \frac{\rho_{\mathrm{a}} h_0}{f_{\mathrm{t,m}} a} \cdot f_{\mathrm{y,m}} \tag{2-3}$$

式中　b——组合楼板的宽度；

　　$f_{\mathrm{t,m}}$——混凝土的轴心抗拉强度试验值；

　　ρ_{a}——压型钢板含钢率，按 $\rho_{\mathrm{a}} = A_{\mathrm{a}}/b h_0$ 计算。

取横坐标为 $\rho_{\mathrm{a}} h_0/f_{\mathrm{t,m}} a$，纵坐标为 $V_{\mathrm{u}}/f_{\mathrm{t,m}} b h_0$，则代表弯曲破坏的式(2-3) 为过原点的直线（即图 2-4 中的直线 1）。

当剪跨比 a/h_0 较小时，组合楼板将发生斜截面剪切破坏。组合楼板发生斜截面剪切破坏时的剪跨段剪力可用下式表示：

$$V_{\mathrm{u}} = b h_0 \tau_{\mathrm{m}} \tag{2-4}$$

式中　τ_{m}——斜截面剪切破坏时的平均竖向剪应力。

上式可进一步化为

$$\frac{V_{\mathrm{u}}}{f_{\mathrm{t,m}} b h_0} = \frac{\tau_{\mathrm{m}}}{f_{\mathrm{t,m}}} \tag{2-5}$$

由于 $\rho_{\mathrm{a}} h_0/f_{\mathrm{t,m}} a$ 的大小对 $\tau_{\mathrm{m}}/f_{\mathrm{t,m}}$ 的值影响不大，因此代表斜截面剪切破坏的式在图 2-4 中可用一条水平线来表示，即直线 3。

当剪跨比 a/h_0 适中时，组合楼板将发生纵向剪切破坏。试验结果表明，图 2-4 中对应纵向剪切破坏的点落在以下直线（图 2-4 中的直线 2）附近：

$$\frac{V_{\mathrm{u}}}{f_{\mathrm{t,m}} b h_0} = m \frac{\rho_{\mathrm{a}} h_0}{f_{\mathrm{t,m}} a} + k \tag{2-6}$$

式中　m、k——剪切粘结系数，与压型钢板的具体构造有关。

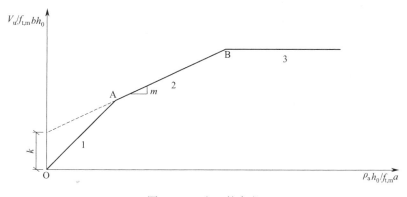

图 2-4　m 和 k 的定义

2.3　组合楼板的承载力计算

2.3.1　组合楼板的计算分类

组合楼板中的压型钢板肋顶以上混凝土厚度 h_{c} 为 $50\sim100\mathrm{mm}$ 时，组合楼板可沿强边（顺肋）方向按单向板计算。组合楼板中的压型钢板肋顶以上混凝土厚度 h_{c} 大于

100mm 时，且当有效边长比 $\lambda_e < 0.5$ 时，按强边方向单向板进行计算；当 $\lambda_e > 2.0$ 时，按弱边方向单向板进行计算；当 $0.5 \leqslant \lambda_e \leqslant 2.0$ 时，按正交异性双向板进行计算。有效边长比 λ_e 应按下列公式计算：

$$\lambda_e = \frac{l_x}{\mu l_y} \qquad (2\text{-}7)$$

$$\mu = \left(\frac{I_x}{I_y}\right)^{1/4} \qquad (2\text{-}8)$$

式中 λ_e ——有效边长比；

l_x、l_y ——组合楼板强边、弱边方向的跨度；

I_x ——组合楼板强边方向计算宽度的截面惯性矩；

I_y ——组合楼板弱边方向计算宽度的截面惯性矩，只考虑压型钢板肋顶以上混凝土的厚度。

2.3.2 组合楼板的正截面受弯承载力

1. 正弯矩作用下的正截面受弯承载力

组合楼板截面在正弯矩作用下，其正截面受弯承载力可按下列公式计算（图 2-5）：

$$M_u = f_c b x \left(h_0 - \frac{x}{2}\right) \qquad (2\text{-}9)$$

$$f_c b x = f_a A_a + f_y A_s \qquad (2\text{-}10)$$

式中 M_u ——正弯矩作用下，计算宽度内组合楼板的正截面受弯承载力；

b ——组合楼板的计算宽度，一般情况计算宽度可取 1m；

x ——混凝土等效受压区高度；

h_0 ——组合楼板截面有效高度，取压型钢板和受拉钢筋合力点至混凝土受压边缘的距离；

A_a ——计算宽度内压型钢板截面面积；

A_s ——计算宽度内板受拉钢筋截面面积；

f_a ——压型钢板抗拉强度设计值；

f_y ——钢筋抗拉强度设计值；

f_c ——混凝土抗压强度设计值。

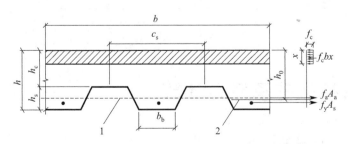

1—压型钢板重心轴；2—钢材合力点

图 2-5 组合楼板的受弯计算简图

式(2-9) 根据对压型钢板与钢筋拉力合力点取矩得到，式(2-10) 由轴力平衡条件得到。

混凝土等效受压区高度 x 应符合下列条件：

$$x \leqslant h_c \tag{2-11}$$

$$x \leqslant \xi_b h_0 \tag{2-12}$$

式中　h_c——压型钢板肋以上混凝土厚度；

　　　ξ_b——相对界限受压区高度。

当由式(2-10) 计算得到的 $x > h_c$ 时，说明压型钢板的截面面积过大，压型钢板肋以上混凝土的压力不足以平衡压型钢板的拉力，还需部分压型钢板内的混凝土和该部分压型钢板受压。此时，可重新选择压型钢板的型号和尺寸，使计算得到的 $x \leqslant h_c$；若无合适的压型钢板可以替代，组合楼板的正截面受弯承载力可按下式计算：

$$M_u = f_c b h_c \left(h_0 - \frac{h_c}{2} \right) \tag{2-13}$$

满足 $x \leqslant \xi_b h_0$ 是为了避免发生超筋破坏。

相对界限受压区高度 ξ_b 可按下列公式计算：

$$\xi_b = \begin{cases} \dfrac{\beta_1}{1 + \dfrac{f_a}{E_a \varepsilon_{cu}}} & \text{（有明显屈服点钢材）} \\[4mm] \dfrac{\beta_1}{1 + \dfrac{0.002}{\varepsilon_{cu}} + \dfrac{f_a}{E_a \varepsilon_{cu}}} & \text{（无明显屈服点钢材）} \end{cases} \tag{2-14}$$

式中　β_1——受压区混凝土应力图形影响系数；

　　　ε_{cu}——受压区混凝土极限压应变。

相对界限受压区高度 ξ_b 的推导过程如下：

当截面受拉区不配置钢筋时，由平截面假定得

$$\frac{\varepsilon_{cu}}{x_b/\beta_1} = \frac{\varepsilon_{cu} + \varepsilon_{sa}}{h_0} \tag{2-15}$$

式中　x_b——发生界限破坏时的等效受压区高度；

　　　ε_{sa}——压型钢板处的应变。

对于有明显屈服点的钢材，相对界限受压区高度 ξ_b 为

$$\xi_b = \frac{x_b}{h_0} = \frac{\beta_1 \varepsilon_{cu}}{\varepsilon_{cu} + \varepsilon_{sa}} = \frac{\beta_1}{1 + \dfrac{\varepsilon_{sa}}{\varepsilon_{cu}}} = \frac{\beta_1}{1 + \dfrac{f_a}{E_a \varepsilon_{cu}}} \tag{2-16}$$

对于无明显屈服点的钢材，取对应于残余应变为 0.2% 时的应力 $\sigma_{0.2}$ 作为条件屈服点。条件屈服点 $\sigma_{0.2}$ 对应的压型钢板应变为

$$\varepsilon_{0.2} = 0.002 + \frac{f_a}{E_a} \tag{2-17}$$

式中　$\varepsilon_{0.2}$——条件屈服点 $\sigma_{0.2}$ 对应的压型钢板应变。

相对界限受压区高度 ξ_b 为

$$\xi_b = \frac{x_b}{h_0} = \frac{\beta_1 \varepsilon_{cu}}{\varepsilon_{cu} + \varepsilon_{0.2}} = \frac{\beta_1}{1 + \frac{\varepsilon_{0.2}}{\varepsilon_{cu}}} = \frac{\beta_1}{1 + \frac{0.002 + f_a/E_a}{\varepsilon_{cu}}} = \frac{\beta_1}{1 + \frac{0.002}{\varepsilon_{cu}} + \frac{f_a}{E_a \varepsilon_{cu}}} \tag{2-18}$$

当截面受拉区配置钢筋时，相对界限受压区高度计算式(2-14)中的 f_a 应分别用钢筋强度设计值 f_y 和压型钢板强度设计值 f_a 代入计算，并取其较小值。

2. 负弯矩作用下的正截面受弯承载力

组合楼板截面在负弯矩作用下，可不考虑压型钢板受压，将组合楼板截面简化成等效 T 形截面（图 2-6），其正截面受弯承载力可按下列公式计算：

$$M_u = f_c b_{min} x \left(h'_0 - \frac{x}{2} \right) \tag{2-19}$$

$$f_c b_{min} x = f_y A'_s \tag{2-20}$$

式中　M_u——负弯矩作用下，计算宽度内组合楼板的正截面受弯承载力；

　　　　h'_0——负弯矩区截面有效高度；

　　　　A'_s——计算宽度内板上层钢筋截面面积；

　　　　b_{min}——计算宽度内组合楼板换算腹板宽度。

式(2-19)根据对受拉钢筋点取矩得到，式(2-20)由轴力平衡条件得到。

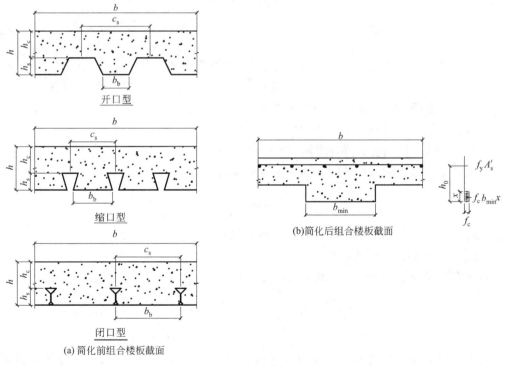

图 2-6　简化的 T 形截面

换算腹板宽度 b_{min} 可按下式计算：

$$b_{min} = \frac{b}{c_s} b_b \tag{2-21}$$

式中　b——组合楼板计算宽度；

c_s——压型钢板板肋中心线间距；

b_b——压型钢板单个波槽的最小宽度。

2.3.3　组合楼板的斜截面受剪承载力

将组合楼板简化成如图 2-6 所示的 T 形截面。该等效 T 形截面的斜截面承载力主要由腹板提供，不考虑压型钢板的抗剪贡献，组合楼板斜截面受剪承载力可按下式计算：

$$V_u = 0.7 f_t b_{min} h_0 \qquad\qquad (2\text{-}22)$$

式中　V_u——计算宽度内组合楼板的斜截面受剪承载力；

f_t——混凝土抗拉强度设计值；

b_{min}——计算宽度内组合楼板换算腹板宽度；

h_0——组合楼板截面有效高度，取压型钢板和受拉钢筋合力点至混凝土受压边缘的距离。

2.3.4　组合楼板中压型钢板与混凝土的纵向剪切粘结承载力

由 2.2 小节的分析可知，当剪跨比 a/h_0 适中时，组合楼板有可能发生纵向剪切破坏，因此，组合楼板设计应进行纵向剪切粘结承载力验算。现行行业标准《组合结构设计规范》JGJ 138 给出的组合楼板中压型钢板与混凝土的纵向剪切粘结承载力计算公式为

$$V_{ul} = m \frac{A_a h_0}{1.25a} + k f_t b h_0 \qquad\qquad (2\text{-}23)$$

式中　V_{ul}——组合楼板中压型钢板与混凝土的纵向剪切粘结承载力；

m、k——剪切粘结系数，常用压型钢板的 m、k 值见附录 1；

a——剪跨，均布荷载作用时取 $a = l_n/4$，其中 l_n 为板的净跨度，对于连续板，l_n 可取反弯点之间的距离；

b——组合楼板的计算宽度；

h_0——组合楼板截面有效高度，取压型钢板和受拉钢筋合力点至混凝土受压边缘的距离；

f_t——混凝土抗拉强度设计值；

A_a——计算宽度内压型钢板截面面积。

对比式（2-23）和式（2-6）可知，式（2-23）由式（2-6）转化而来，其中式（2-6）中的 a 替换成了式（2-23）中的 $1.25a$。

2.3.5　局部集中荷载作用下组合楼板的承载力验算

1. 受弯和受剪承载力验算

在局部集中荷载作用下，组合楼板只能在有限宽度内提供受弯和受剪承载力。用于承载力计算的组合楼板有效工作宽度应按下列公式计算（图 2-7）：

对于受弯计算，

$$b_e = \begin{cases} b_w + 2l_p(1-l_p/l) & \text{（简支板）} \\ b_w + 4l_p(1-l_p/l)/3 & \text{（连续板）} \end{cases} \tag{2-24}$$

对于受剪计算，

$$b_e = b_w + l_p(1-l_p/l) \tag{2-25}$$

式中　b_e——局部荷载在组合楼板中的有效工作宽度；

　　　b_w——局部荷载在压型钢板中的工作宽度；

　　　l——组合楼板的跨度；

　　　l_p——荷载作用中心至楼板支座的较近距离。

对于简支组合楼板，受弯承载力验算截面（图 2-7 中的 AD 线）的弯矩为

$$M = \frac{F_E l_p(1-l_p/l)}{b_e} \tag{2-26}$$

式中　M——受弯承载力验算截面单位宽度的弯矩；

　　　F_E——局部集中荷载。

相应的受弯承载力采用式(2-9)计算。

受剪承载力验算截面一般在支座处，相应的受剪承载力采用式(2-22)计算。

局部荷载在压型钢板中的工作宽度 b_w 应按下式计算：

$$b_w = b_p + 2(h_c + h_f) \tag{2-27}$$

式中　b_p——局部荷载宽度；

　　　h_c——压型钢板肋以上混凝土厚度；

　　　h_f——地面饰面层厚度。

式(2-27)是根据局部荷载沿 45°线扩散得到的。

在局部集中荷载作用下，组合楼板内还会产生横向弯矩。由于压型钢板在横向不能提供拉力，因此还需在楼板下部配置横向钢筋。横向钢筋的配置范围不应小于如图 2-7 所示的 a_w，a_w 采用下式计算：

$$a_w = a_p + 2(h_c + h_f) \tag{2-28}$$

式中　a_w——局部荷载在压型钢板中的工作长度；

　　　a_p——局部荷载长度。

2. 受冲切承载力验算

在局部集中荷载作用下，不配置箍筋或弯起钢筋的组合楼板的受冲切承载力可按下式计算：

$$F_{lu} = 0.7\beta_h f_t \eta u_m h_c \tag{2-29}$$

$$\eta = \min\{\eta_1, \eta_2\} = \min\left\{0.4 + \frac{1.2}{\beta_s}, 0.5 + \frac{\alpha_s h_c}{4u_m}\right\} \tag{2-30}$$

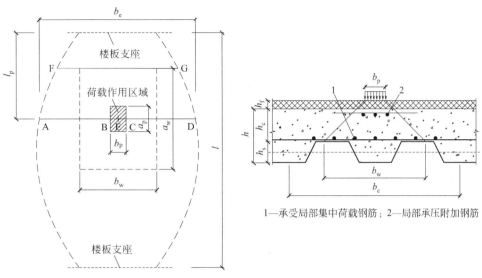

1—承受局部集中荷载钢筋；2—局部承压附加钢筋

图 2-7　局部集中荷载作用下组合楼板的有效工作宽度

式中　F_{lu}——局部荷载作用下，不配置箍筋或弯起钢筋的组合楼板的受冲切承载力；

f_t——混凝土抗拉强度设计值；

h_c——用于受冲切承载力计算的截面有效高度，可取为压型钢板肋顶以上混凝土厚度；

u_m——计算截面的周长，取距离局部荷载面积周边 $h_c/2$ 处板垂直截面的最不利周长；

β_h——截面高度影响系数，当 $h \leqslant 800$mm 时，取 $\beta_h = 1.0$，当 $h \geqslant 2000$mm 时，取 $\beta_h = 0.9$，其间按线性内插法取值；

η_1——局部荷载作用面积形状的影响系数；

η_2——计算截面周长与板截面有效高度之比的影响系数；

α_s——局部荷载位置的影响系数，局部荷载位于板中时 α_s 取 40，位于板边时 α_s 取 30，位于板角部时 α_s 取 20；

β_s——局部荷载作用面积为矩形时的长边与短边的比值，β_s 不宜大于 4，当 β_s 小于 2 时取 2。

影响板的受冲切承载力的因素有很多，式(2-29)考虑的因素如下：

(1) 截面高度的尺寸效应。截面高度的增大对受冲切承载力起削弱作用，因此引入系数 β_h 以考虑这种不利影响。

(2) 调整系数 η_1、η_2。矩形形状的加载面积边长之比大于 2 后，剪力主要集中于角隅，将不能形成严格意义上的冲切极限状态的破坏，使受冲切承载力达不到预期的效果，因此引入系数 η_1；当临界截面相对周长 u_m/h_c 过大时，同样会引起受冲切承载力的降低，因此引入系数 η_2。

计算截面的周长 u_m 可按下式计算（图 2-8）：

$$u_m = 2(b_p + a_p + 2h_c) \tag{2-31}$$

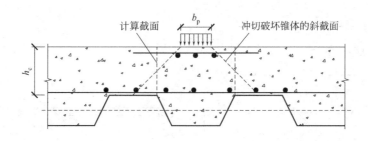

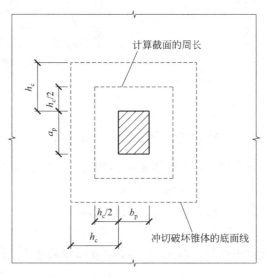

图 2-8　板受冲切承载力计算

2.4　组合楼板正常使用极限状态的验算

2.4.1　组合楼板负弯矩区的裂缝宽度计算

在弯矩作用下，组合板的混凝土会发生开裂。由于板底有压型钢板包覆，故不需要验算组合板在正弯矩作用下的裂缝宽度。组合楼板负弯矩区混凝土的裂缝宽度计算可忽略压型钢板的作用，按普通钢筋混凝土受弯构件进行计算。组合楼板负弯矩区的最大裂缝宽度计算公式如下：

$$\omega_{\max}=\alpha_{cr}\psi\frac{\sigma_{sq}}{E_s}\left(1.9c_s+0.08\frac{d_{eq}}{\rho_{te}}\right) \tag{2-32}$$

$$\sigma_{sq}=\frac{M_q}{0.87h_0'A_s} \tag{2-33}$$

$$\psi=1.1-0.65\frac{f_{tk}}{\sigma_{sq}\rho_{te}} \tag{2-34}$$

$$d_{eq}=\frac{\sum n_i d_i^2}{\sum n_i \nu_i d_i} \tag{2-35}$$

$$\rho_{te} = \frac{A_s}{A_{te}} \tag{2-36}$$

$$A_{te} = 0.5 b_{min} h + (b - b_{min}) h_c \tag{2-37}$$

式中　α_{cr}——构件受力特征系数，对于组合楼板，$\alpha_{cr} = 1.9$；

　　　ψ——裂缝间纵向受拉钢筋的应变不均匀系数；当 $\psi < 0.2$ 时，取 $\psi = 0.2$，当 $\psi > 1.0$ 时，取 $\psi = 1.0$；对于直接承受重复荷载的组合板，取 $\psi = 1.0$；

　　　σ_{sq}——按荷载效应的准永久组合计算的组合楼板负弯矩区纵向受拉钢筋的等效应力；

　　　E_s——钢筋弹性模量；

　　　c_s——最外层纵向受拉钢筋外边缘至受拉区底边的距离，当 $c_s < 20mm$ 时，取 $c_s = 20mm$；

　　　d_{eq}——受拉区纵向钢筋的等效直径；

　　　ρ_{te}——按有效受拉混凝土的截面面积计算得到的纵向受拉配筋率；在最大裂缝宽度计算中，当 $\rho_{te} < 0.01$ 时，取 $\rho_{te} = 0.01$；

　　　M_q——按荷载效应的准永久组合计算的弯矩值；

　　　h_0'——组合楼板负弯矩区板的有效高度；

　　　A_s——受拉区纵向钢筋截面面积；

　　　f_{tk}——混凝土轴心抗拉强度标准值；

　　　n_i——受拉区第 i 种纵向钢筋的根数；

　　　d_i——受拉区第 i 种纵向钢筋公称直径；

　　　ν_i——受拉区第 i 种纵向钢筋的相对粘结特性系数，光面钢筋 $\nu_i = 0.7$，带肋钢筋取 $\nu_i = 1.0$；

　　　A_{te}——有效受拉混凝土截面面积。

以上公式的由来可参看相关钢筋混凝土结构教科书。按式(2-32)计算得到的组合楼板负弯矩区的最大裂缝宽度不应大于规范规定的最大裂缝宽度限值。对于一类环境，最大裂缝宽度限值为 0.3mm；对于二、三类环境，最大裂缝宽度限值为 0.2mm。

2.4.2　组合楼板的挠度计算

组合楼板的挠度可采用弹性理论、按结构力学的方法计算。组合楼板是由钢和混凝土两种性能不同的材料组成的，为便于挠度计算，可将压型钢板换算成混凝土来计算截面抗弯刚度；相应地，压型钢板的截面面积和截面惯性矩应乘以压型钢板与混凝土弹性模量的比值 α_E，且换算前后的形心位置保持不变（图 2-9）。

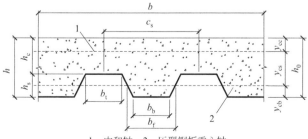

1—中和轴；2—压型钢板重心轴

图 2-9　组合楼板截面刚度计算简图

　　基于换算截面法，组合楼板在准永久荷载作用下的短期截面抗弯刚度可按下列公式计算：

$$B_s = E_c I_{eq}^s \tag{2-38}$$

$$I_{eq}^s = \frac{I_u^s + I_c^s}{2} \tag{2-39}$$

式中　　B_s——短期荷载作用下的截面抗弯刚度；

　　　　E_c——混凝土的弹性模量；

　　　　I_{eq}^s——准永久荷载作用下的平均换算截面惯性矩；

　　　　I_u^s——准永久荷载作用下未开裂换算截面惯性矩；

　　　　I_c^s——准永久荷载作用下开裂换算截面惯性矩。

　　式(2-39)中的截面抗弯刚度的计算采用了未开裂换算截面和开裂换算截面惯性矩的平均值。在正常使用极限状态，组合楼板的混凝土在相当大的长度和厚度范围内都没有开裂，完全采用开裂截面刚度计算组合楼板挠度将导致计算结果过于保守，而完全采用未开裂截面刚度将使计算结果偏于不安全。因此，规范采用开裂和未开裂截面的惯性矩的平均值来计算挠度。采用该简化方法计算得到的挠度能与大部分试验结果相吻合。

　　未开裂换算截面惯性矩 I_u^s 可按下列公式计算：

$$I_u^s = \frac{bh_c^3}{12} + bh_c(y_{cc,u} - 0.5h_c)^2 + \alpha_E I_a + \alpha_E A_a y_{cs,u}^2 + \frac{b_r b h_s}{c_s} \left[\frac{h_s^2}{12} + (h - y_{cc,u} - 0.5h_s)^2 \right] \tag{2-40}$$

$$y_{cc,u} = \frac{0.5bh_c^2 + \alpha_E A_a h_0 + b_r h_s(h_0 - 0.5h_s)b/c_s}{bh_c + \alpha_E A_a + b_r h_s b/c_s} \tag{2-41}$$

$$y_{cs,u} = h_0 - y_{cc,u} \tag{2-42}$$

$$\alpha_E = E_a/E_c \tag{2-43}$$

式中　　b——组合楼板计算宽度；

　　　　h_c——压型钢板肋顶上混凝土厚度；

　　　$y_{cc,u}$——未开裂截面中和轴距混凝土顶边距离，当 $y_{cc,u} > h_c$ 时，取 $y_{cc,u} = h_c$；

　　　　α_E——钢对混凝土的弹性模量比；

　　　　I_a——计算宽度内组合楼板中压型钢板的截面惯性矩；

　　　　A_a——计算宽度内组合楼板中压型钢板的截面面积；

　　　$y_{cs,u}$——未开裂截面中和轴距压型钢板截面重心轴距离；

　　　　b_r——开口板为槽口的平均宽度，锁口板、闭口板为槽口的最小宽度；

　　　　h_s——压型钢板的高度；

　　　　c_s——压型钢板板肋中心线间距；

　　　　h_0——组合板截面有效高度；

　　　　E_a——钢的弹性模量。

式(2-40) 中的 $\frac{bh_c^3}{12}+bh_c(y_{cc,u}-0.5h_c)^2$ 表示由平行移轴公式得到的未开裂混凝土对中和轴的惯性矩；$\alpha_E I_a+\alpha_E A_a y_{cs,u}^2$ 表示由平行移轴公式得到的计算宽度内压型钢板换算成混凝土对中和轴的惯性矩；$\frac{b_r bh_s}{c_s}\left[\frac{h_s^2}{12}+(h-y_{cc,u}-0.5h_s)^2\right]$ 表示压型钢板肋顶以下混凝土对中和轴的惯性矩。

开裂换算截面惯性矩 I_c^s 可按下列公式计算：

$$I_c^s=\frac{by_{cc,c}^3}{3}+\alpha_E A_a y_{cs,c}^2+\alpha_E I_a \tag{2-44}$$

$$y_{cc,c}=(\sqrt{2\rho_a\alpha_E+(\rho_a\alpha_E)^2}-\rho_a\alpha_E)h_0 \tag{4-45}$$

$$\rho_a=\frac{A_a}{bh_0} \tag{2-46}$$

$$y_{cs,c}=h_0-y_{cc,c} \tag{2-47}$$

式中　$y_{cc,c}$——开裂截面中和轴距混凝土顶边距离，当 $y_{cc,c}>h_c$ 时，取 $y_{cc,c}=h_c$；

　　　$y_{cs,c}$——开裂截面中和轴距压型钢板截面重心轴距离；

　　　ρ_a——计算宽度内组合楼板截面压型钢板含钢率。

式(2-45) 的推导过程如下：

假定受压区混凝土的应力图形为三角形，受拉区混凝土的应力为 0，如图 2-10 所示。由轴力平衡条件得

$$\frac{1}{2}\sigma_c bkh_0=\sigma_s A_a \tag{2-48}$$

式中　σ_c——受压边缘混凝土应力；

　　　b——组合楼板计算宽度；

　　　h_0——组合板截面有效高度；

　　　k——受压区混凝土高度系数；

　　　σ_s——受拉钢板应力；

　　　A_a——计算宽度内组合楼板中压型钢板的截面面积。

由平截面假定得

$$\varepsilon_s=\frac{1-k}{k}\varepsilon_c \tag{2-49}$$

式中　ε_s——钢板拉应变；

　　　ε_c——受压边缘混凝土应变。

将 $\sigma_c=E_c\varepsilon_c$、$\sigma_s=E_s\varepsilon_s$、$E_s=\alpha_E E_c$ 代入式(2-49) 得

$$\sigma_s=\alpha_E\frac{1-k}{k}\sigma_c \tag{2-50}$$

联立式(2-48) 和式(2-50) 得

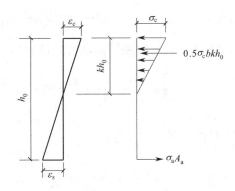

图 2-10 组合楼板开裂后的截面应变、应力分布

$$k^2 + 2\alpha_E \rho_a k - 2\alpha_E \rho_a = 0 \tag{2-51}$$

由上式可解得

$$k = \sqrt{(\rho_a \alpha_E)^2 + 2\rho_a \alpha_E} - \rho_a \alpha_E \tag{2-52}$$

在荷载长期作用下，受混凝土徐变和收缩等因素的影响，构件的挠度会增大。荷载长期作用对组合楼板截面抗弯刚度的影响可通过对换算截面混凝土的弹性模量进行折减来考虑。将混凝土弹性模量的折减系数取为 0.5（类比现行国家标准《混凝土结构设计规范》GB 50010 对钢筋混凝土受弯构件的规定），由此得到的组合楼板在长期荷载作用下的截面抗弯刚度计算公式如下：

$$B = 0.5 E_c I_{eq}^l \tag{2-53}$$

$$I_{eq}^l = \frac{I_u^l + I_c^l}{2} \tag{2-54}$$

式中　B——长期荷载作用下的截面抗弯刚度；

　　　I_{eq}^l——长期荷载作用下的平均换算截面惯性矩；

　　I_u^l、I_c^l——长期荷载作用下未开裂换算截面惯性矩及开裂换算截面惯性矩，分别按式(2-40)、式(2-44) 计算，计算中 α_E 改用 $2\alpha_E$。

按荷载效应的准永久组合，并考虑长期荷载作用影响的最大挠度计算值不应大于表 2-1 所规定的挠度限值。

组合楼板挠度限值（mm）　　　　　　　　　　　　　　　　　　表 2-1

跨度	挠度限值(按计算跨度 l_0 计算)
$l_0 < 7\text{m}$	$l_0/200$ ($l_0/250$)
$7\text{m} \leqslant l_0 \leqslant 9\text{m}$	$l_0/250$ ($l_0/300$)
$l_0 > 9\text{m}$	$l_0/300$ ($l_0/400$)

注：1. 表中 l_0 为构件的计算跨度；悬臂构件 l_0 按实际悬臂长度的 2 倍取用；

　　2. 构件有起拱时，可将计算所得挠度减去起拱值；

　　3. 表中括号内数值适用于使用上对挠度有较高要求的构件。

2.5　组合楼板施工阶段的验算和规定

1. 施工阶段的承载力验算和规定

在施工阶段，压型钢板作为模板计算时，应考虑下列荷载：

(1) 永久荷载：压型钢板、钢筋和混凝土自重。

(2) 可变荷载：施工荷载与附加荷载。施工荷载应包括施工人员和施工机具等，并考虑施工过程中可能产生的冲击和振动。当有过量的冲击、混凝土堆放以及管线等时，应考虑附加荷载。由于施工习惯和方法的不同，施工阶段的可变荷载也不完全相同，应以工地实际荷载为依据。

当没有可变荷载实测数据或施工荷载实测值小于 $1.0 \mathrm{kN/m^2}$ 时，施工荷载取值不应小于 $1.0 \mathrm{kN/m^2}$。在浇筑过程中，混凝土处于非均匀的流动状态，可能造成单块压型钢板受力较大。为保证安全，在计算压型钢板施工阶段承载力时，湿混凝土荷载分项系数应取 1.4。

施工阶段压型钢板的受弯承载力可按以下公式计算：

$$M_{\mathrm{u}} = \frac{f W_{\mathrm{a}}}{\gamma_0} = \frac{f \min\{W_{\mathrm{ac}}, W_{\mathrm{at}}\}}{\gamma_0} \tag{2-55}$$

式中　M_{u}——计算宽度（一个波宽）内压型钢板施工阶段的受弯承载力；

　　　　f——压型钢板抗弯强度设计值；

　　　　γ_0——结构重要性系数，可取 0.9；

　　　　W_{a}——计算宽度内压型钢板的截面抵抗矩；

W_{ac}、W_{at}——计算宽度内压型钢板的受压区截面抵抗矩和受拉区截面抵抗矩。

受压区截面抵抗矩 W_{ac} 和受拉区截面抵抗矩 W_{at} 可按下列公式计算：

$$W_{\mathrm{ac}} = \frac{I_{\mathrm{a}}}{x_{\mathrm{c}}} \tag{2-56}$$

$$W_{\mathrm{at}} = \frac{I_{\mathrm{a}}}{h_{\mathrm{s}} - x_{\mathrm{c}}} \tag{2-57}$$

式中　I_{a}——计算宽度内压型钢板对截面中和轴的惯性矩；

　　　　x_{c}——压型钢板中和轴到截面受压区边缘的距离；

　　　　h_{s}——压型钢板的总高度。

2. 施工阶段的变形验算和规定

在施工阶段，混凝土尚未达到其设计强度，因此不能考虑压型钢板和混凝土的组合作用，变形计算中仅考虑压型钢板的抗弯刚度，且应按荷载标准组合计算。

均布荷载作用下压型钢板的挠度可按下式计算：

$$\Delta_1 = \alpha \frac{q_{1\mathrm{k}} l^4}{E_{\mathrm{a}} I_{\mathrm{a}}} \tag{2-58}$$

式中　Δ_1——均布荷载作用下压型钢板的挠度；

　　　　α——挠度系数，对简支板取 $\alpha = 5/384$，对两跨连续板取 $\alpha = 1/185$；

　　　　$q_{1\mathrm{k}}$——施工阶段作用在压型钢板计算宽度上的均布荷载标准值；

l——压型钢板的计算跨度；

E_a——压型钢板钢材的弹性模量；

I_a——计算宽度内压型钢板对截面中和轴的惯性矩。

计算得到的压型钢板的挠度不应大于板支撑跨度 l 的 $1/180$，且不应大于 $20\mathrm{mm}$。

2.6 组合楼板的构造要求

1. 截面构造要求

组合楼板用压型钢板应根据腐蚀环境选择镀锌量，可选择两面镀锌量为 $275\mathrm{g/m}^2$ 的基板。组合楼板不宜采用表面无压痕的光面开口型压型钢板，且基板净厚度不宜小于 $0.75\mathrm{mm}$。作为永久模板使用的压型钢板基板的净厚度不宜小于 $0.5\mathrm{mm}$。压型钢板浇筑混凝土面应具有一定的槽口宽度，以使混凝土骨料顺利进入压型钢板槽口内。开口型压型钢板凹槽重心轴处宽度（图 2-11 所示 b_r）、缩口型压型钢板和闭口型压型钢板槽口最小浇筑宽度（图 2-11 所示 b_r）不应小于 $50\mathrm{mm}$。当槽内放置栓钉时，压型钢板总高（图 2-11 所示 h_s，包括压痕）不宜大于 $80\mathrm{mm}$。组合楼板总厚度 h 不应小于 $90\mathrm{mm}$，压型钢板肋顶部以上混凝土厚度 h_c 不应小于 $50\mathrm{mm}$。上述厚度限值是为了使组合楼板内有足够空间可以布置构造所需的钢筋并满足保护层厚度要求，同时，也可保证楼板具有足够的刚度。

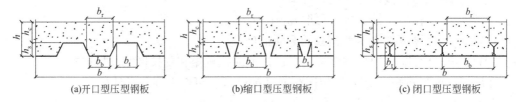

(a)开口型压型钢板　　　　(b)缩口型压型钢板　　　　(c)闭口型压型钢板

图 2-11　组合楼板截面凹槽宽度示意图

2. 压型钢板端部固定要求

压型钢板端部处宜采用栓钉与钢梁或预埋件固定，栓钉应设置在支座的压型钢板凹槽处，每槽不应少于 1 个，并应穿透压型钢板与钢梁焊牢，栓钉中心到压型钢板自由边距离不应小于 2 倍栓钉直径。栓钉直径可根据楼板跨度按表 2-2 采用。压型钢板侧向在钢梁上的搭接长度不应小于 $25\mathrm{mm}$，在预埋件上的搭接长度不应小于 $50\mathrm{mm}$。组合楼板压型钢板侧向与钢梁或预埋件之间应采取有效固定措施。当采用点焊焊接固定时，点焊间距不宜大于 $400\mathrm{mm}$，当采用栓钉固定时，栓钉间距不宜大于 $400\mathrm{mm}$，栓钉直径按表 2-2 采用。

固定压型钢板的栓钉直径　　　　　　　　　　　　　　　　　　表 2-2

楼板跨度 $l(\mathrm{m})$	栓钉直径(mm)
$l<3$	13
$3\leqslant l\leqslant 6$	16,19
$l>6$	19

3. 组合楼板配筋要求

组合楼板正截面承载力不足时，可在板底沿顺肋方向配置纵向抗拉钢筋，考虑到压型钢板具有防腐性能，钢筋保护层厚度可适当减少，但其净厚度不应小于 15mm，以保证钢筋与混凝土的粘结，板底纵向钢筋与上部纵向钢筋间应设置拉筋。组合楼板在有较大集中（线）荷载作用部位应设置横向钢筋，横向钢筋参与抵抗楼板内的横向弯矩。横向钢筋截面面积不应小于压型钢板肋以上混凝土截面面积的 0.2%，延伸宽度不应小于集中（线）荷载分布的有效宽度。钢筋间距不宜大于 150mm，直径不宜小于 6mm。

4. 组合楼板端部构造要求

当组合楼板支承于钢梁上时，如支承梁为边梁，组合楼板的支承长度不应小于 75mm（图 2-12a）；如支承梁为中间梁，当压型钢板不连续时，组合楼板支承长度不应小于 50mm（图 2-12b），当压型钢板连续时，组合楼板支承长度不应小于 75mm（图 2-12c）。

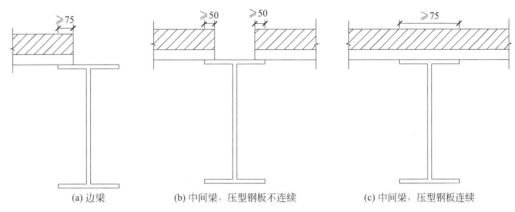

图 2-12　组合楼板支承于钢梁上时的构造要求

当组合楼板支承于混凝土梁上时，应在混凝土梁上设置预埋件。由于膨胀螺栓不能承受振动荷载，因此不应采用膨胀螺栓固定预埋件。如支承梁为边梁，组合楼板在混凝土梁上的支承长度不应小于 100mm（图 2-13a）；如支承梁为中间梁，当压型钢板不连续时，组合楼板支承长度不应小于 75mm（图 2-13b），当压型钢板连续时，组合楼板支承长度不应小于 100mm（图 2-13c）。

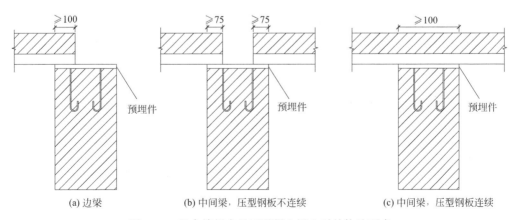

图 2-13　组合楼板支承于混凝土梁上时的构造要求

当组合楼板支承于砌体墙上时，应在砌体墙上设混凝土圈梁，并在圈梁上设置预埋件。组合楼板应支承于预埋件上，其支承长度要求与组合楼板支承于混凝土梁上时相同。

当组合楼板支承于剪力墙侧面时，宜支承在剪力墙侧面设置的预埋件上，剪力墙内宜预留钢筋并与组合楼板负弯矩钢筋连接（图2-14）。

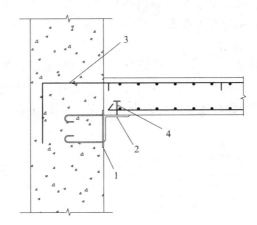

1—预埋件；2—角钢或槽钢；3—剪力墙内预留钢筋；4—栓钉

图2-14 组合楼板与剪力墙连接构造

2.7 组合楼板设计实例

某建筑长廊结构平面布置如图2-15所示，框架梁和楼面梁采用钢梁，楼板采用压型钢板-混凝土组合楼板。经初步分析，确定采用YL65-510型压型钢板，其截面形状和尺寸如图2-16所示，不同厚度钢板的主要设计参数见表2-3，钢板牌号采用S350。混凝土强度等级采用C30，钢筋牌号采用HRB400。施工活荷载标准值为 $1.5kN/m^2$，楼面铺装及吊顶荷载标准值为 $2.5kN/m^2$，楼面活荷载标准值为 $3.0kN/m^2$，准永久值系数为0.4；局部集中荷载（活荷载）标准值为5.0kN，作用面积为 $a_p \times b_p = 50mm \times 50mm$。试设计该组合楼板。

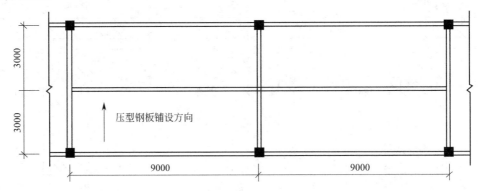

图2-15 建筑长廊结构平面布置图

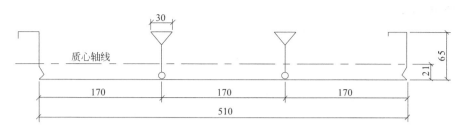

图 2-16　压型钢板截面形状和尺寸

YL65-510 型压型钢板主要技术参数　　　　表 2-3

板型	展开宽度 (mm)	板厚 (mm)	压型板重 (kg/m²)	截面惯性矩 I (cm⁴/m)	截面抵抗矩 W (cm³/m)
YL65-510	1000	0.8	12.31	98.60	22.41
		0.9	13.85	110.93	25.21
		1.0	15.39	123.25	28.01
		1.2	18.47	147.90	33.61

【解】

根据组合楼板的构造要求，初拟组合楼板厚度为 120mm，压型钢板厚度为 1.2mm，计算宽度取为 1000mm。在组合楼板上部配置$\Phi 12@100$ 的纵向受拉钢筋，混凝土保护层厚度为 20mm。

1. 施工阶段压型钢板验算

1）受弯承载力验算

混凝土自重标准值 $g=25\times(0.065+0.055)=3.0\text{kN/m}^2$；

压型钢板上作用的恒荷载标准值 $g_{1k}=3.0+0.185=3.19\text{kN/m}^2$；

压型钢板上作用的恒荷载设计值 $g_1=1.4\times3.0+1.3\times0.185=4.44\text{kN/m}^2$；

压型钢板上作用的活荷载标准值 $p_{1k}=1.5\text{kN/m}^2$，活荷载设计值 $p_1=1.5\times1.5=2.25\text{kN/m}^2$。

单块压型钢板的长度取为 3m，支承于两相邻钢梁上，钢梁上部翼缘宽度至少为 150mm，压型钢板支撑长度取 75mm，假定压型钢板等效支撑点离翼缘边缘的距离为 37.5mm，则压型钢板的计算跨度 $l_e=3000-150+75=2925\text{mm}$。

施工阶段压型钢板跨中最大弯矩值为 $M_1=(4.44+2.25)\times2.925^2/8=7.15\text{kN}\cdot\text{m}$。

压型钢板的受弯承载力为

$$M_u=\frac{fW_a}{\gamma_0}=\frac{290\times33.6}{0.9}=10.8\text{kN}\cdot\text{m}>7.15\text{kN}\cdot\text{m}$$

施工阶段受弯承载力满足要求。

2）挠度验算

作用在压型钢板上的荷载标准值为 $q_{1k}=g_{1k}+p_{1k}=3.19+1.5=4.69\text{kN/m}^2$。

均布荷载作用下压型钢板的挠度为

$$\Delta_1=a\frac{q_{1k}l^4}{E_aI_a}=\frac{5}{384}\times\frac{4.69\times2925^4}{2.06\times10^5\times147.9\times10^4}=14.7\text{mm}<\min\left\{\frac{2925}{180},20\right\}=16.3\text{mm}$$

施工阶段挠度满足要求。

2. 使用阶段组合楼板验算

压型钢板肋顶以上混凝土厚度 $h_c=55\text{mm}$，大于 50mm 且小于 100mm，按单向板计算。

1）荷载及内力计算

组合楼板上的恒荷载标准值 $g_{2k}=3.19+2.5=5.69\text{kN/m}^2$；

组合楼板上的恒荷载设计值 $g_2=1.3\times5.69=7.40\text{kN/m}^2$；

组合楼板上的活荷载标准值 $p_{2k}=3\text{kN/m}^2$，活荷载设计值 $p_2=1.5\times3=4.5\text{kN/m}^2$；

组合楼板上的荷载准永久组合值 $\psi_2=5.69+0.4\times3=6.89\text{kN/m}^2$。

当恒荷载和活荷载均满布在两跨时，结构的内力图如图 2-17 所示，基本组合下的最大负弯矩（-13.39kN·m）和最大剪力（22.31kN）出现在中间支座处。

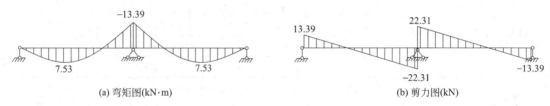

(a) 弯矩图(kN·m)　　　(b) 剪力图(kN)

图 2-17　恒荷载和活荷载均满布在两跨时的内力图

当恒荷载满布，活荷载只均布在任意一跨（以左跨为例）时，结构的内力图如图 2-18 所示，基本组合下的最大正弯矩（8.51kN·m）出现在 $2/5l$ 处。

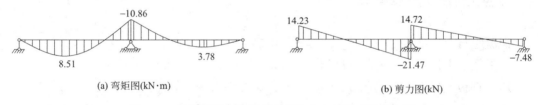

(a) 弯矩图(kN·m)　　　(b) 剪力图(kN)

图 2-18　恒荷载满布且活荷载只均布在左跨时的内力图

当荷载经准永久组合后满布在两跨时，结构的内力图如图 2-19 所示，准永久组合下的最大负弯矩（-7.75kN·m）出现在中间支座处。

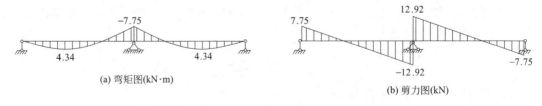

(a) 弯矩图(kN·m)　　　(b) 剪力图(kN)

图 2-19　荷载经准永久组合后满布在两跨时的内力图

2）正弯矩作用下的正截面受弯承载力验算

压型钢板的截面面积 $A_a=1.2\times1000\times\dfrac{1000}{510}\approx2353\text{mm}^2$；

混凝土等效受压区高度 $x=\dfrac{A_af_a}{a_1f_cb}\approx\dfrac{2353\times290}{1.0\times14.3\times1000}\approx47.7\text{mm}$；

组合楼板截面有效高度 $h_0 = 120 - 21 = 99$mm；

相对界限受压区高度 $\xi_b = \dfrac{0.8}{1 + \dfrac{f_a}{E_a \varepsilon_{cu}}} = \dfrac{0.8}{1 + \dfrac{290}{2.06 \times 10^5 \times 0.0033}} = 0.561$，经验证 $x <$

h_c，$x < \xi_b h_0$。

受弯承载力为

$$M_u = \alpha_1 f_c b x \left(h_0 - \frac{x}{2} \right)$$

$$= 1.0 \times 14.3 \times 1000 \times 47.7 \times \left(99 - \frac{47.7}{2} \right)$$

$$= 51.3 \times 10^6 \text{N} \cdot \text{mm} = 51.3 \text{kN} \cdot \text{m} > M_c = 8.51 \text{kN} \cdot \text{m}$$

正弯矩作用下的正截面受弯承载力满足要求。

3）负弯矩作用下的正截面抗弯承载力验算

混凝土等效受压区高度 $x = \dfrac{A_s f_y}{\alpha_1 f_c b} = \dfrac{1131 \times 360}{1.0 \times 14.3 \times 1000} = 28.5$mm；

组合楼板截面有效高度 $h_0' = 99 - 20 - 6 = 73$mm；

相对界限受压区高度 $\xi_b = \dfrac{0.8}{1 + \dfrac{f_y}{E_s \varepsilon_{cu}}} = \dfrac{0.8}{1 + \dfrac{360}{2.0 \times 10^5 \times 0.0033}} = 0.518$，经验证 $x <$

$\xi_b h_0'$；

换算腹板宽度 $b_{\min} = \dfrac{b}{c_s} b_b = \dfrac{1000}{170} \times 170 = 1000$mm。

受弯承载力为

$$M_u = \alpha_1 f_c b_{\min} x \left(h_0' - \frac{x}{2} \right)$$

$$= 1.0 \times 14.3 \times 1000 \times 28.5 \times \left(73 - \frac{28.5}{2} \right)$$

$$= 23.9 \times 10^6 \text{N} \cdot \text{mm} = 23.9 \text{kN} \cdot \text{m} > M_c = 13.39 \text{kN} \cdot \text{m}$$

负弯矩作用下的正截面受弯承载力满足要求。

4）斜截面受剪承载力验算

斜截面受剪承载力 $V_u = 0.7 f_t b_{\min} h_0 = 0.7 \times 1.43 \times 1000 \times 99 = 99.1 \times 10^3$N $= 99.1$kN $> V_c = 22.3$kN。

斜截面受剪承载力满足要求。

5）纵向剪切粘结承载力验算

查附录表 7-1 得，剪切粘结系数 $m = 182.25$N/mm^2，$k = 0.1061$。

由图 2-17 可得，当活荷载满布时，两跨反弯点之间的距离为 1500mm，剪跨 $a = 1500/4 = 375$mm，计算纵向剪切粘结承载力为

$$V_{u1} = m \frac{A_a h_0}{1.25a} + k f_t b h_0$$

$$= 182.25 \times \frac{2353 \times 99}{1.25 \times 375} + 0.1061 \times 1.43 \times 1000 \times 99$$

$$=105.6\times10^3\,N$$
$$=105.6kN>V_c=22.3kN$$

由图 2-18 可得，当活荷载只均布在其中一跨时，反弯点之间的距离为 1588mm，剪跨 $a=1588/4=397$mm，计算纵向剪切粘结承载力为

$$V_{u1}=m\frac{A_ah_0}{1.25a}+kf_tbh_0$$

$$=182.25\times\frac{2353\times99}{1.25\times397}+0.1061\times1.43\times1000\times99$$

$$=100.6\times10^3\,N=100.6kN>V_c=21.5kN$$

纵向剪切粘结承载力满足要求。

6）局部集中荷载作用下的承载力验算

取组合楼板表面铺装层厚度 $h_f=50$mm。

局部荷载在压型钢板中的工作宽度 $b_w=b_p+2(h_c+h_f)=50+2\times(55+50)=260$mm。

局部荷载位于板中时，在组合楼板中的有效工作宽度为

$$b_e=b_w+4l_p(1-l_p/l)/3=260+4\times1500\times(1-1500/3000)/3=1260mm$$

取计算宽度 1260mm，按线荷载计算组合楼板上的恒荷载标准值 $g_{2k}=1.26\times5.69=7.17$kN/m，设计值 $g_2=1.3\times7.17=9.32$kN/m；局部集中荷载标准值 $p_{2k}=5$kN，设计值 $p_2=1.5\times5=7.5$kN。

当局部集中荷载位于左跨板中时，结构的内力图如图 2-20 所示，此时结构的最大正弯矩最大值为 9.82kN·m，最大剪力为 21.93kN。

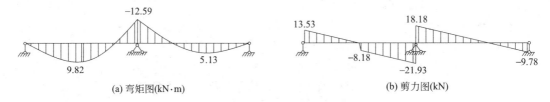

(a) 弯矩图(kN·m)   (b) 剪力图(kN)

图 2-20　局部集中荷载位于左跨板中时的内力图

正弯矩作用下的正截面受弯承载力 $M_u=1.26\times51.3=64.6$kN·m$>M_c=9.82$kN·m，满足要求。

斜截面受剪承载力 $V_u=1.26\times99.1$kN$=124.9$kN$>V_c=21.9$kN，满足要求。

受冲切承载力计算截面的周长 $u_m=2(b_p+a_p+2h_c)=2\times(50+50+2\times55)=420$mm。

当局部荷载位于组合楼板角部时，局部荷载位置的影响系数取最不利值 $\alpha_s=20$，调整系数 $\eta=\min\left\{0.4+\frac{1.2}{\beta_s},\ 0.5+\frac{a_sh_c}{4u_m}\right\}=\min\left\{0.4+\frac{1.2}{2},\ 0.5+\frac{20\times55}{4\times420}\right\}=1.0$。

受冲切承载力为

$$F_{lu}=0.7\beta_hf_t\eta u_mh_c$$
$$=0.7\times1.0\times1.43\times1.0\times420\times55$$
$$=23.1\times10^3\,N=23.1kN>F=1.5\times5=7.5kN$$

局部冲切承载力满足要求。

7）负弯矩区裂缝宽度计算

截面有效高度 $h_0' = 55 - 20 - 6 = 29\text{mm}$；

有效配筋率 $\rho_{te} = \dfrac{A_s}{A_{te}} = \dfrac{1131}{0.5 \times 1000 \times 55} \approx 0.041$；

纵向受拉钢筋的等效应力 $\sigma_{sq} = \dfrac{M_q}{0.87h_0'A_s} = \dfrac{7.75 \times 10^6}{0.87 \times 29 \times 1131} = 271.6\text{N/mm}^2$；

钢筋的应变不均匀系数 $\psi = 1.1 - 0.65 \dfrac{f_{tk}}{\sigma_{sq}\rho_{te}} = 1.1 - 0.65 \times \dfrac{2.01}{271.6 \times 0.041} = 0.983$。

最大裂缝宽度为

$$\begin{aligned}
\omega_{max} &= 1.9\psi \frac{\sigma_{sq}}{E_s}\left(1.9c_s + 0.08\frac{d_{eq}}{\rho_{te}}\right)\\
&= 1.9 \times 0.983 \times \frac{271.6}{2 \times 10^5} \times \left(1.9 \times 20 + 0.08 \times \frac{12}{0.041}\right)\\
&= 0.156\text{mm} < \omega_{lim} = 0.200\text{mm}
\end{aligned}$$

负弯矩区最大裂缝宽度满足要求。

8）挠度验算

钢对混凝土的弹性模量比 $\alpha_E = E_a/E_c = 2.06 \times 10^5/3 \times 10^4 = 6.87$。

未开裂截面中和轴距混凝土顶边距离为

$$\begin{aligned}
y_{cc,u} &= \frac{0.5bh_c^2 + \alpha_E A_a h_0 + b_r h_s(h_0 - 0.5h_s)b/c_s}{bh_c + \alpha_E A_a + b_r h_s b/c_s}\\
&= \frac{0.5 \times 1000 \times 55^2 + 6.87 \times 2353 \times 99 + 170 \times 65 \times (99 - 0.5 \times 65) \times 1000/170}{1000 \times 55 + 6.87 \times 2353 + 170 \times 65 \times 1000/170}\\
&= 54.6\text{mm}
\end{aligned}$$

未开裂截面中和轴距压型钢板截面重心轴距离 $y_{cs,u} = h_0 - y_{cc,u} = 99 - 54.6 = 44.4$。

未开裂换算截面惯性矩为

$$\begin{aligned}
I_u^1 &= \frac{bh_c^3}{12} + bh_c(y_{cc,u} - 0.5h_c)^2 + 2\alpha_E I_a + 2\alpha_E A_a y_{cs,u}^2 + \frac{b_r bh_s}{c_s}\left[\frac{h_s^2}{12} + (h - y_{cc,u} - 0.5h_s)^2\right]\\
&= \frac{1000 \times 55^3}{12} + 1000 \times 55 \times (54.6 - 0.5 \times 55)^2 + 2 \times 6.87 \times 147.9 \times 10^4 + 2 \times 6.87 \times\\
&\quad 2353 \times 44.4^2 + \frac{170 \times 1000 \times 65}{170} \times \left[\frac{65^2}{12} + (120 - 54.6 - 0.5 \times 65)^2\right]\\
&= 2.32 \times 10^8\text{mm}^4
\end{aligned}$$

计算宽度内组合楼板截面压型钢板含钢率 $\rho_a = \dfrac{A_a}{bh_0} = \dfrac{2353}{1000 \times 99} = 0.0238$。

开裂截面中和轴距混凝土顶边距离为

$$\begin{aligned}
y_{cc,c} &= \left(\sqrt{2\rho_a a_E + (\rho_a a_E)^2} - \rho_a a_E\right)h_0\\
&= \left(\sqrt{2 \times 0.0238 \times 6.87 + (0.0238 \times 6.87)^2} - 0.0238 \times 6.87\right) \times 99\\
&= 42.7\text{mm}
\end{aligned}$$

开裂截面中和轴距压型钢板截面重心轴距离 $y_{cs,c} = h_0 - y_{cc,c} = 99 - 42.7 = 56.3\text{mm}$。

开裂换算截面惯性矩为

$$I_c^1 = \frac{by_{cc,c}^3}{3} + 2\alpha_s A_a y_{cs,c}^2 + 2\alpha_E I_a$$

$$= \frac{1000 \times 42.7^3}{3} + 2 \times 6.87 \times 2353 \times 56.3^2 + 2 \times 6.87 \times 147.9 \times 10^4$$

$$= 1.49 \times 10^8 \text{mm}^4$$

长期荷载作用下的截面抗弯刚度为

$$B = 0.5E_c \frac{I_u^1 + I_c^1}{2} = 0.5 \times 3.0 \times 10^4 \times \frac{2.32 \times 10^8 + 1.49 \times 10^8}{2} = 2.86 \times 10^{12} \text{N} \cdot \text{mm}^2$$

为简化计算，按简支板偏于保守地计算组合楼板的最大挠度：

$$\Delta = \alpha \frac{\psi_2 l^4}{B} = \frac{5}{384} \times \frac{6.89 \times 2925^4}{2.86 \times 10^{12}} = 2.30\text{mm} < \frac{3000}{250}\text{mm} = 12\text{mm}$$

组合楼板挠度满足要求。

横向钢筋选配Φ8@150，截面面积 $A_{s1} = 335\text{mm}^2 > 0.15A_s = 169.7\text{mm}^2 > 0.2\%bh_c = 110\text{mm}^2$，满足横向钢筋的构造要求，组合楼板沿压型钢板铺设方向的截面图如图 2-21 所示。

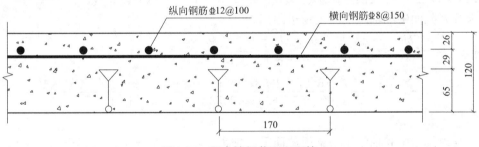

图 2-21 组合楼板截面和配筋

2.8 思考题

（1）组合楼板中采用的压型钢板有哪些类型？如何增强压型钢板与混凝土之间的界面抗剪能力？

（2）相比普通钢筋混凝土楼板，压型钢板-混凝土组合楼板具有哪些优势？

（3）压型钢板-混凝土组合楼板有哪几种破坏模式？各破坏模式与剪跨比之间存在何种关系？

（4）简述组合楼板的配筋要求。

2.9 习题

某大跨楼盖的平面布置如图 2-22 所示，框架梁和楼面梁采用钢梁，楼板采用压型钢板-混凝土组合楼板。经初步分析，确定采用 YL76-915 型压型钢板，其截面形状和尺寸如图 2-23 所示，不同厚度钢板的主要设计参数见表 2-4，钢板牌号采用 S350。混凝土强度等级采用 C30，钢筋牌号采用 HRB400。施工活荷载标准值为 1.5kN/m^2，楼面铺装及吊顶荷载标准值为 2.0kN/m^2，楼面活荷载标准值为 2.5kN/m^2，准永久值系数为 0.4；局部集中荷载（活荷载）标准值为 5.0kN，作用面积为 $a_p \times b_p = 50\text{mm} \times 50\text{mm}$。试设计该组合楼板。（$m = 137.08\text{N/mm}^2$；$k = -0.0153$）

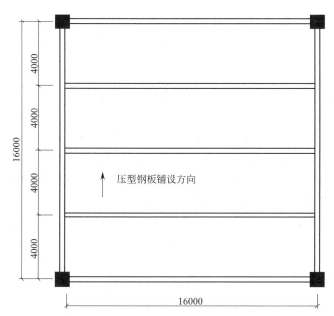

图 2-22　楼盖结构平面布置图

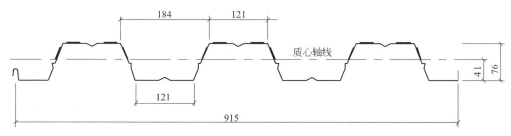

图 2-23　压型钢板截面形状和尺寸

YL76-915 型压型钢板主要技术参数　　　　表 2-4

板型	展开宽度 （mm）	板厚 （mm）	压型板重 （kg/m²）	截面惯性矩 I （cm⁴/m）	截面抵抗矩 W （cm³/m）
YL76-915	1150	0.75	8.20	105.00	23.28
		0.90	9.96	128.10	29.57
		1.20	13.18	175.10	41.94
		1.50	16.40	216.00	52.47

第3章 钢-混凝土组合梁设计

3.1 组合梁的一般构造和工作原理

钢-混凝土组合梁是指在钢梁上翼缘和其上的混凝土板之间设置足够的抗剪连接件，使钢梁和混凝土板形成整体共同抵抗外荷载的组合构件。组合梁中的钢梁一般为工字形截面，也可为箱形截面或其他形式截面。混凝土翼板可采用现浇混凝土板、由预制混凝土板和现浇混凝土面层组成的叠合板或压型钢板-混凝土组合板（图3-1）。钢梁上翼缘和混凝土翼板之间可设置托板（图3-1b），以增加梁高，提高组合梁的抗弯刚度和承载力，但同时也会增加施工难度，是否设置托板应视工程实际情况而定。

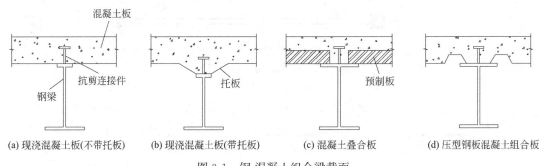

(a) 现浇混凝土板(不带托板)　(b) 现浇混凝土板(带托板)　(c) 混凝土叠合板　(d) 压型钢板混凝土组合板

图 3-1　钢-混凝土组合梁截面

抗剪连接件是使钢梁和混凝土板形成整体共同工作的关键部件。如钢梁和混凝土板之间不设置抗剪连接件，则在弯矩作用下，钢梁和混凝土板的变形将相互独立，两者有各自

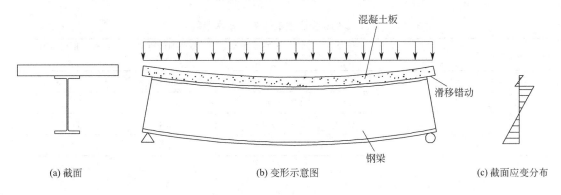

(a) 截面　　　　　　　　(b) 变形示意图　　　　　　　(c) 截面应变分布

图 3-2　非组合梁的受力情况

的中和轴（图 3-2）；虽然钢梁和混凝土板的竖向位移相同，但在两者的交界面上，钢梁和混凝土板之间会发生相对滑移。对于上述情况，结构总的抗弯刚度和承载力为钢梁和混凝土板各自抗弯刚度和承载力的简单叠加。

对于设置足够抗剪连接件的钢–混凝土组合梁，钢梁和混凝土板之间的相对滑移将被阻止，两者形成一个整体共同工作。在弯矩作用下，组合梁截面仅有一个中和轴（图 3-3），混凝土板主要承受压力，钢梁主要承受拉力，组合梁的抗弯刚度和承载力会显著高于非组合梁。值得指出的是，对于实际工程中的组合梁，其抗剪连接件的设置往往无法完全避免钢梁和混凝土翼板之间的相对滑移，因此，实际组合梁的应变分布介于图 3-2 和图 3-3 所示的两种情况之间。

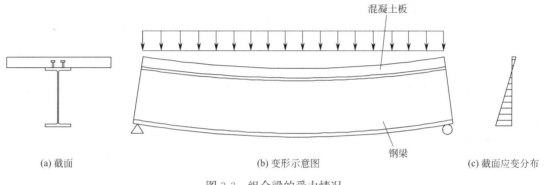

(a) 截面　　　　　　　　　　　(b) 变形示意图　　　　　　　　(c) 截面应变分布

图 3-3　组合梁的受力情况

相比钢梁，组合梁有效利用了混凝土板的受压作用，使梁的抗弯刚度和承载力显著提高，从而降低了梁高和钢材用量。在承受正弯矩作用时，组合梁的混凝土处于受压区，钢梁主要处于受拉区，两种材料的优势都得到了充分发挥。

3.2　抗剪连接件的承载力计算

组合梁的抗剪连接件宜采用圆柱头焊钉（亦称"栓钉"）（图 3-4a），也可采用槽钢（图 3-4b）。

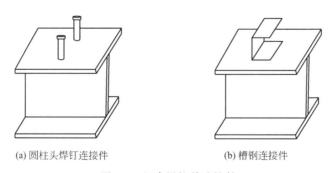

(a) 圆柱头焊钉连接件　　　　　　　　　(b) 槽钢连接件

图 3-4　组合梁抗剪连接件

1. 圆柱头焊钉连接件

圆柱头焊钉的抗剪承载力主要是根据推出试验确定的，推出试验中圆柱头焊钉的受力状态与正弯矩作用下组合梁中圆柱头焊钉的受力状态较为一致。现行行业标准《组合结构设计规范》JGJ 138给出了当圆柱头焊钉长径比 $h/d \geqslant 4.0$（h 为圆柱头焊钉长度，d 为圆柱头焊钉钉杆直径）时，圆柱头焊钉抗剪承载力设计值的计算公式：

$$N_v^c = 0.43 A_s \sqrt{E_c f_c} \leqslant 0.7 f_{at} A_s \tag{3-1}$$

式中　N_v^c——一个抗剪连接件的纵向抗剪承载力；

$\quad\quad A_s$——圆柱头焊钉钉杆截面面积；

$\quad\quad E_c$——混凝土的弹性模量；

$\quad\quad f_c$——混凝土轴心抗压强度设计值；

$\quad\quad f_{at}$——圆柱头焊钉极限强度设计值。

上述公式是在分析各参数影响基础上，通过回归分析得到的。

在负弯矩作用下，组合梁的混凝土翼板受拉，抗剪连接件的刚度和极限承载力比推出试验得到的结果低，因此需要对负弯矩区圆柱头焊钉的抗剪承载力 N_v^c 进行折减，中间支座两侧的折减系数为0.9，悬臂部分的折减系数为0.8。

大量试验研究表明，压型钢板-混凝土组合板做翼板的组合梁中的圆柱头焊钉抗剪承载力低于相应的钢筋混凝土实体板做翼板的情况，因此对于用压型钢板-混凝土组合板做翼板的组合梁，需要按以下规定进行折减：

（1）当压型钢板肋平行于钢梁布置（图3-5a），$b_w/h_e < 15$ 时，焊钉抗剪连接件承载力设计值的折减系数应按下式计算：

$$\beta_v = 0.6 \frac{b_w}{h_e} \left(\frac{h_d - h_e}{h_e} \right) \tag{3-2}$$

（2）当压型钢板肋垂直于钢梁布置（图3-5b）时，焊钉抗剪连接件承载力设计值的折减系数应按下式计算：

$$\beta_v = \frac{0.85}{\sqrt{n_0}} \frac{b_w}{h_e} \left(\frac{h_d - h_e}{h_e} \right) \tag{3-3}$$

式中　β_v——抗剪连接件承载力折减系数，当 $\beta_v \geqslant 1$ 时，取 $\beta_v = 1$；

$\quad\quad b_w$——混凝土凸肋的平均宽度，当肋的上部宽度小于下部宽度时（图3-5c），取其上部宽度；

$\quad\quad h_e$——混凝土凸肋高度；

$\quad\quad h_d$——焊钉高度；

$\quad\quad n_0$——梁截面处一个肋中布置的栓钉数，当多于3个时，按3个计算。

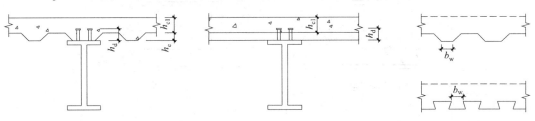

(a) 肋与钢梁平行的组合梁截面　　　(b) 肋与钢梁垂直的组合梁截面　　　(c) 压型钢板作底模的楼板剖面

图3-5　用压型钢板作混凝土翼板底模的组合梁

2. 槽钢连接件

在不具备圆柱头焊钉焊接设备的情况下，槽钢连接件也是一种有效的替代方式。影响槽钢连接件承载力的主要因素为混凝土的强度和槽钢的几何尺寸及材质等。槽钢连接件的抗剪承载力设计值按下式计算：

$$N_v^c = 0.26(t + 0.5t_w)l_c\sqrt{E_c f_c} \tag{3-4}$$

式中　t——槽钢翼缘的平均厚度；

$\quad\quad t_w$——槽钢腹板的厚度；

$\quad\quad l_c$——槽钢的长度。

槽钢连接件通过肢尖肢背两条通长角焊缝与钢梁连接，角焊缝应按承受该连接件的抗剪承载力设计值 N_v^c 进行计算。

在负弯矩作用下，组合梁的混凝土翼板受拉，抗剪连接件的刚度和极限承载力比试验得到的结果低，因此需要对负弯矩区槽钢连接件的抗剪承载力 N_v^c 进行折减，中间支座两侧的折减系数为 0.9，悬臂部分的折减系数为 0.8。

3.3　组合梁混凝土翼板的有效宽度

由于存在剪力滞后效应，组合梁混凝土翼板内的压应力沿翼板宽度方向呈中间大、两边小的不均匀分布，如图 3-6 所示。为方便计算，采用有效宽度的方法考虑混凝土板剪力滞后的影响，假定在有效宽度范围内，混凝土板的压应力均匀分布。现行行业标准《组合结构设计规范》JGJ 138 规定的组合梁截面承载力计算时，跨中及支座处混凝土翼板的有效宽度计算公式如下（图 3-7）：

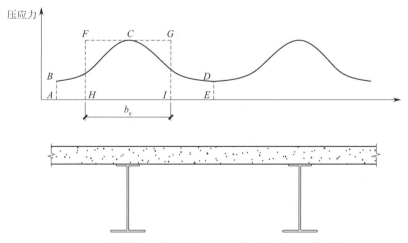

图 3-6　沿混凝土翼板宽度方向的翼板内压应力分布图

$$b_e = b_0 + b_1 + b_2 \tag{3-5}$$

$$b_1 = \frac{1}{6}l_e \leqslant S_1 \tag{3-6}$$

$$b_2 = \frac{1}{6}l_e \leqslant \frac{1}{2}S_0 \tag{3-7}$$

式中　b_e——混凝土翼板的有效宽度；

b_0——板托顶部的宽度，当板托倾角 $\alpha < 45°$ 时，应按 $\alpha = 45°$ 计算板托顶部的宽度；无板托时，则取钢梁上翼缘的宽度；

b_1，b_2——梁外侧和内侧的翼板计算宽度；

l_e——等效跨度，对于简支组合梁，取为简支组合梁的跨度 l；对于连续组合梁，中间跨正弯矩区取为 $0.6l$，边跨正弯矩区取为 $0.8l$，支座负弯矩区取为相邻两跨跨度之和的 0.2 倍；

S_1——翼板实际外伸宽度；

S_0——相邻钢梁上翼缘或板托间净距。

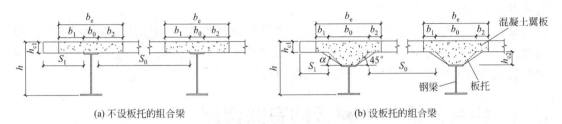

(a) 不设板托的组合梁　　　　　　　　　　　(b) 设板托的组合梁

图 3-7　混凝土翼板的计算宽度

3.4　组合梁的承载力计算

3.4.1　剪跨区划分和纵向剪力计算

采用栓钉等柔性抗剪连接件的组合梁具有良好的剪力重分布能力，为了计算方便，钢梁与混凝土翼板交界面的纵向剪力应以弯矩绝对值最大点和支座为界限划分区段，在每个区段内均匀布置连接件。各剪跨区纵向剪力可按下列公式计算：

(1) 对于正弯矩最大点到边支座区段，即图 3-8 中的 m_1 区段，

$$V_s = \min\{f_a A_a, f_c b_e h_{c1}\} \tag{3-8}$$

式中　V_s——组合梁各剪跨区的纵向剪力；

f_c——混凝土的抗压强度设计值；

f_a——钢梁的抗压和抗拉强度设计值；

A_a——钢梁的截面面积；

b_e——组合梁混凝土翼板的有效宽度，按式(3-5)计算；

h_{c1}——混凝土翼板厚度，不考虑板托、压型钢板肋的高度。

(2) 对于正弯矩最大点到中支座（负弯矩最大点）区段，即图 3-8 中的 m_2 和 m_3 区段，

$$V_s = \min\{f_a A_a, f_c b_e h_{c1}\} + f_y A_s' \tag{3-9}$$

式中　V_s——组合梁各剪跨区的纵向剪力；

f_y——钢筋的抗拉强度设计值；

A_s'——负弯矩区混凝土翼板有效宽度范围内的纵向钢筋截面面积。

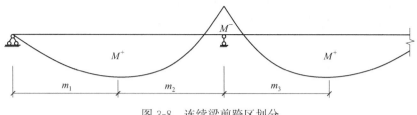

图 3-8　连续梁剪跨区划分

式(3-8) 的推导过程如下:

对于 m_1 区段 (图 3-9), 当 $f_a A_a \leqslant f_c b_e h_{c1}$ 时, 即塑性中和轴位于混凝土翼板内, 钢梁全截面受拉, 则 $V_s = C = T = f_a A_a$; 当 $f_a A_a > f_c b_e h_{c1}$ 时, 即塑性中和轴位于钢梁截面内, 混凝土翼板全截面受压, 则 $V_s = T = C = f_c b_e h_{c1}$。综上, 正弯矩最大点到边支座区段的纵向剪力的计算公式可统一用式(3-8) 表示。

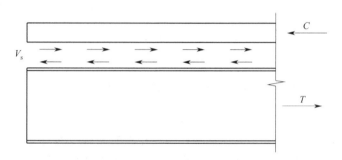

图 3-9　m_1 区段纵向剪力计算简图

式(3-9) 的推导过程如下:

对于 m_2 和 m_3 区段 (图 3-10), 有 $V_s = T + C' = C + T' = C + f_y A_s'$, 由式(3-8) 的推导过程可知 $C = \min\{f_a A_a, f_c b_e h_{c1}\}$, 因此, 正弯矩最大点到中支座 (负弯矩最大点) 区段的纵向剪力的计算公式可用式(3-9) 表示。

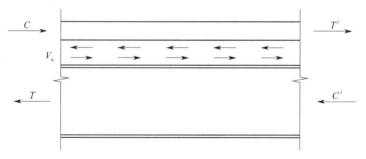

图 3-10　m_2 和 m_3 区段纵向剪力计算简图

3.4.2　组合梁的计算分类和连接件布置

根据钢梁与混凝土板间设置的抗剪连接件数量, 可以将组合梁分为部分抗剪连接组合梁和完全抗剪连接组合梁。完全抗剪连接需满足下式规定:

$$n \geqslant V_s / N_v^c \tag{3-10}$$

式中　n——完全抗剪连接的组合梁在一个剪跨区的抗剪连接件数量；

　　　V_s——每个剪跨区段内钢梁与混凝土翼板交界面的纵向剪力，按 3.4.1 小节规定计算；

　　　N_v^c——一个抗剪连接件的纵向抗剪承载力，按 3.2 小节规定计算。

当满足完全抗剪连接时，增加连接件数量不会增加组合梁最不利截面的抗弯承载力。当不满足上式规定时，为部分抗剪连接。当抗剪连接件的设置受构造等因素影响不能实现完全抗剪连接时，可采用部分抗剪连接设计方法；在满足设计要求的情况下，采用部分抗剪连接也可以获得较好的经济效益。为保证部分抗剪连接的组合梁具有较好的工作性能，在任一剪跨区内，部分抗剪连接时的连接件数量不得少于按完全抗剪连接设计时该剪跨区内所需抗剪连接件总数的 50%，即

$$n \geqslant 0.5 V_s / N_v^c \tag{3-11}$$

如果不满足上式要求，应按单根钢梁计算。

抗剪连接件可在对应的剪跨区段内均匀布置。当在此剪跨区段内有较大集中荷载作用时，考虑到抗剪连接件变形能力的限制，应将连接件个数按剪力图面积比例分配后再各自均匀布置抗剪连接件。

3.4.3　完全抗剪连接组合梁的正截面受弯承载力

完全抗剪连接组合梁具有足够的抗剪连接件承载力，可使组合梁的抗弯承载力得到充分发挥，其正截面受弯承载力可基于简单塑性理论进行计算。在计算时，假定塑性中和轴受拉一侧的混凝土因受拉开裂退出工作，混凝土受压区为均匀受压，并达到轴心抗压强度设计值，板托部分的作用不予考虑。根据塑性中和轴的位置，钢梁可能全部受拉或各有一部分分别受压和受拉；无论何种情况，假定塑性中和轴同一侧的钢板为均匀受力，并达到钢材的抗拉或抗压强度设计值。另外，忽略钢筋混凝土翼板受压区中钢筋的作用。

1. 正弯矩作用下的正截面受弯承载力

当 $f_a A_a \leqslant f_c b_e h_{c1}$ 时，塑性中和轴位于混凝土翼板内（图 3-11），

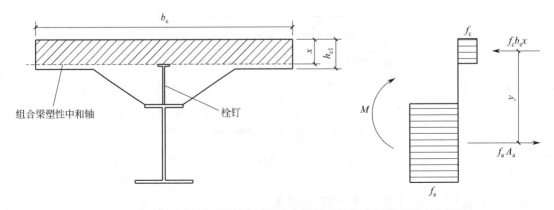

图 3-11　中和轴在混凝土翼板内时的完全抗剪连接组合梁截面及应力图形

$$M_u = f_c b_e x y \tag{3-12}$$

式中　M_u——正弯矩作用下，组合梁的正截面受弯承载力；

f_c——混凝土的抗压强度设计值；

x——混凝土翼板受压区高度；

y——钢梁截面应力的合力点至混凝土受压区截面应力的合力点间的距离；

b_e——组合梁混凝土翼板的有效宽度，按式（3-5）计算。

式（3-12）中的混凝土翼板受压区高度 x 由轴力平衡条件确定，即

$$f_c b_e x = f_a A_a \tag{3-13}$$

式中　f_a——钢梁的抗压和抗拉强度设计值；

A_a——钢梁的截面面积。

当 $f_a A_a > f_c b_e h_{c1}$ 时，塑性中和轴位于钢梁截面内（图 3-12），

$$M_u = f_c b_e h_{c1} y_1 + f_a A_{ac} y_2 \tag{3-14}$$

式中　h_{c1}——混凝土翼板厚度，不考虑板托、压型钢板肋的高度；

y_1——钢梁受拉区截面形心至混凝土翼板受压区截面形心的距离；

y_2——钢梁受拉区截面形心至钢梁受压区截面形心的距离；

A_{ac}——钢梁受压区截面面积。

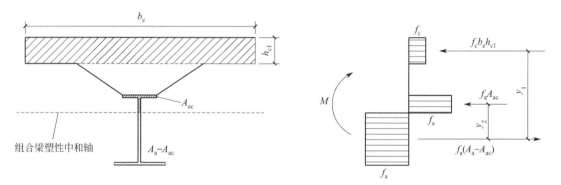

图 3-12　中和轴在钢梁内时的完全抗剪连接组合梁截面及应力图形

式（3-14）根据对钢梁受拉区截面形心取矩得到，式中的钢梁受压区截面面积 A_{ac} 由轴力平衡条件确定，即

$$f_c b_e h_{c1} + f_a A_{ac} = f_a (A_a - A_{ac}) \tag{3-15}$$

由上式可解得

$$A_{ac} = 0.5(A_a - f_c b_e h_{c1} / f_a) \tag{3-16}$$

2. 负弯矩作用下的正截面受弯承载力

在负弯矩作用下，组合梁的塑性中和轴位于钢梁截面内（图 3-13），其应力图形可以分解成图 3-13 所示的两部分，相应的正截面受弯承载力可表示为如下公式：

$$M_u' = M_s + f_y A_s'(y_3 + y_4/2) \tag{3-17}$$

式中　M_u'——负弯矩作用下，组合梁的正截面受弯承载力；

M_s——钢梁塑性弯矩；

f_y——钢筋的抗拉强度设计值；

y_3——钢筋截面形心到钢筋和钢梁组成的组合截面塑性中和轴的距离；

y_4——组合梁塑性中和轴至钢梁塑性中和轴的距离；

A'_s——负弯矩区混凝土翼板有效宽度范围内的纵向钢筋截面面积。

组合梁塑性中和轴的位置可根据轴力平衡条件确定，即

$$f_y A'_s + f_a (A_a - A_{ac}) = f_a A_{ac} \tag{3-18}$$

式中 A_a——钢梁的截面面积；

A_{ac}——钢梁受压区截面面积；

f_a——钢梁的抗压和抗拉强度设计值。

钢梁塑性弯矩 M_s 可按下式计算：

$$M_s = (S_t + S_b) f_a \tag{3-19}$$

式中 S_t——钢梁塑性中和轴以上截面对该轴的面积矩；

S_b——钢梁塑性中和轴以下截面对该轴的面积矩。

由图 3-13 所示第二部分应力图形的平衡条件可得

$$2 f_a y_4 t_w = f_y A'_s \tag{3-20}$$

式中 t_w——钢梁腹板的厚度。

由上式可解得

$$y_4 = 0.5 f_y A'_s / (f_a t_w) \tag{3-21}$$

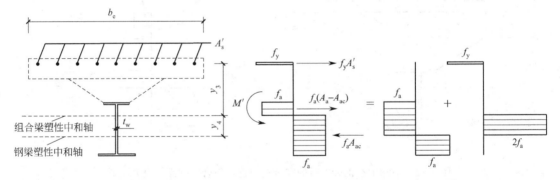

图 3-13 负弯矩作用下的完全抗剪连接组合梁截面和计算简图

对于承受负弯矩的组合梁，当组合梁的剪力设计值 $V_b > 0.5 f_{av} h_w t_w$ 时，应考虑弯矩与剪力间的相互作用，对腹板抗压、抗拉强度设计值进行折减。折减后的钢梁腹板抗压和抗拉强度可按下列公式计算：

$$f_{ae} = (1 - \rho) f_{aw} \tag{3-22}$$

$$\rho = [2 V_b / (f_{av} h_w t_w) - 1]^2 \tag{3-23}$$

式中 f_{ae}——折减后的钢梁腹板抗压和抗拉强度设计值；

f_{aw}——钢梁腹板的抗压和抗拉强度设计值；

ρ——折减系数；

V_b——组合梁的剪力设计值；

$h_w、t_w$——钢梁腹板的高度和厚度；

f_{av}——钢梁腹板的抗剪强度设计值。

3.4.4 部分抗剪连接组合梁的正截面受弯承载力

对于部分抗剪连接组合梁，抗剪连接件的数量少于完全抗剪连接所需的连接件数量，

截面抗弯承载力无法得到充分发挥。在计算部分抗剪连接组合梁的正截面受弯承载力时，假定抗剪连接件全部进入理想的塑性状态，这就要求连接件必须具有一定的柔性。另外，假定钢梁和混凝土翼板间产生相对滑移，混凝土翼板与钢梁中形成各自的塑性中和轴。

1. 正弯矩作用下的正截面受弯承载力

最大正弯矩截面的正截面受弯承载力可按下式计算（图 3-14）：

$$M_{u,r}=f_c b_e x y_1+f_a A_{ac} y_2 \tag{3-24}$$

式中 $M_{u,r}$——最大正弯矩截面的正截面受弯承载力；

   x——混凝土翼板受压区高度；

   y_1——钢梁受拉区截面形心至混凝土翼板受压区截面形心的距离；

   y_2——钢梁受拉区截面形心至钢梁受压区截面形心的距离；

   b_e——组合梁混凝土翼板的有效宽度，按式(3-5)计算；

   f_c——混凝土的抗压强度设计值；

   f_a——钢梁的抗压和抗拉强度设计值；

   A_{ac}——钢梁受压区截面面积。

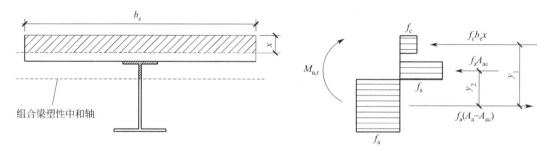

图 3-14　正弯矩作用下的部分抗剪连接组合梁截面和计算简图

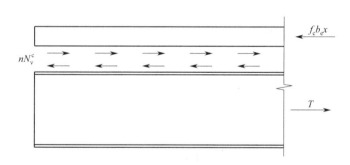

图 3-15　最大弯矩截面到最近零弯矩截面之间的混凝土翼板平衡条件

式(3-24)根据对钢梁受拉区截面形心取矩得到，式中的混凝土翼板受压区高度 x 由最大弯矩截面到最近零弯矩截面之间的混凝土翼板的平衡条件确定（图 3-15），即混凝土翼板受压区应力的合力等于最大弯矩截面与零弯矩截面之间的抗剪连接件可提供的总剪力，

$$f_c b_e x=n N_v^c \tag{3-25}$$

式中 n——部分抗剪连接时，最大弯矩截面与最近零弯矩截面之间的抗剪连接件数量；

   N_v^c——一个抗剪连接件的纵向抗剪承载力，按 3.2 小节计算。

由式（3-25）可得

$$x=\frac{nN_\mathrm{v}^\mathrm{c}}{f_\mathrm{c}b_\mathrm{e}}$$ （3-26）

钢梁受压区截面面积 A_ac 根据截面轴力平衡条件确定，即

$$f_\mathrm{c}b_\mathrm{e}x+f_\mathrm{a}A_\mathrm{ac}=f_\mathrm{a}(A_\mathrm{a}-A_\mathrm{ac})$$ （3-27）

联立式（3-25）和式（3-27）可得

$$A_\mathrm{ac}=0.5(A_\mathrm{a}-nN_\mathrm{v}^\mathrm{c}/f_\mathrm{a})$$ （3-28）

2. 负弯矩作用下的正截面受弯承载力

部分抗剪连接组合梁在负弯矩作用下的正截面受弯承载力计算方法与完全抗剪连接组合梁类似（图3-16）。对于部分抗剪连接组合梁，混凝土翼板中的纵向钢筋的受拉承载力有可能大于剪跨区内抗剪连接件所能提供的总剪力，因此，当采用式（3-17）～式（3-21）计算部分抗剪连接组合梁在负弯矩作用下的正截面受弯承载力时，应将 $f_\mathrm{y}A_\mathrm{s}'$ 替换成 $f_\mathrm{y}A_\mathrm{s}'$ 和 nN_v^c 两者的较小值，其中 n 为最大负弯矩验算截面与最近零弯矩截面之间的抗剪连接件数量。

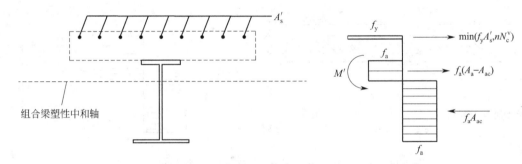

图 3-16　负弯矩作用下的部分抗剪连接组合梁截面和计算简图

3.4.5　组合梁的受剪承载力

组合梁的受剪承载力可按下式计算：

$$V_\mathrm{bu}=f_\mathrm{av}h_\mathrm{w}t_\mathrm{w}$$ （3-29）

式中　V_bu——组合梁的受剪承载力；

　　h_w、t_w——钢梁腹板的高度和厚度；

　　f_av——钢梁腹板的抗剪强度设计值。

式（3-29）只考虑了钢梁腹板的抗剪贡献，未考虑混凝土翼板对组合梁受剪承载力的贡献。实际混凝土翼板的抗剪作用较大，采用式（3-29）计算组合梁的受剪承载力偏于安全。

3.4.6　组合梁的纵向抗剪验算

在剪力连接件的集中剪力作用下，组合梁混凝土板可能发生纵向开裂。图3-17所示为可能发生破坏的界面位置。

对于a-a界面（取左右两个界面中纵向剪力较大的界面），单位长度上的纵向剪力设

计值为

$$V_{bl}=\max\left\{\frac{V_s}{m_i}\times\frac{b_1}{b_e},\frac{V_s}{m_i}\times\frac{b_2}{b_e}\right\} \tag{3-30}$$

式中　V_{bl}——荷载作用引起的单位纵向抗剪界面长度上的剪力设计值；

　　　　V_s——组合梁各剪跨区的纵向剪力，按 3.4.1 小节计算；

　　　　m_i——剪跨区段长度；

　b_1、b_2——混凝土翼板左、右两侧挑出的宽度；

　　　　b_e——混凝土翼板的有效宽度。

对于 b-b、c-c 和 d-d 界面，单位长度上的纵向剪力设计值为

$$V_{bl}=\frac{V_s}{m_i} \tag{3-31}$$

组合梁混凝土板纵向抗剪承载力主要由混凝土和横向钢筋两部分提供。组合梁单位纵向抗剪界面长度上的受剪承载力可按下式计算：

$$V_{blu}=\min\{0.7f_tb_f+0.8f_{yv}A_e,0.25f_cb_f\} \tag{3-32}$$

式中　V_{blu}——组合梁单位纵向抗剪界面长度上的受剪承载力；

　f_t、f_c——混凝土抗拉、抗压强度设计值；

　　　f_{yv}——横向钢筋抗拉强度设计值；

　　　　b_f——垂直于纵向抗剪界面的长度，按图 3-17 所示的 a-a、b-b、c-c、d-d 连线在抗剪连接件以外的最短长度取值；

　　　　A_e——单位纵向抗剪界面长度上的横向钢筋截面面积。对于 a-a 界面，$A_e=A_b+A_t$；对于 b-b 界面，$A_e=2A_b$；对于有托板的 c-c 界面，$A_e=2(A_b+A_{bh})$；对于有托板的 d-d 界面，$A_e=2A_{bh}$，其中 A_b、A_t 和 A_{bh} 的含义见图 3-17。

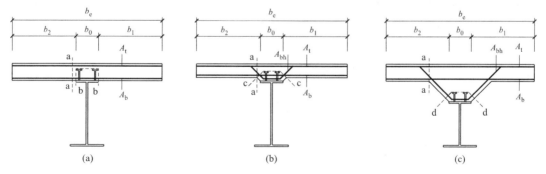

图 3-17　翼板和板托的纵向抗剪界面

为防止组合梁混凝土板发生纵向剪切破坏，组合梁由荷载作用引起的单位纵向抗剪界面长度上的剪力设计值应不超过相应的受剪承载力，即

$$V_{bl}\leqslant V_{blu} \tag{3-33}$$

为防止组合梁混凝土板发生纵向剪切破坏，现行行业标准《组合结构设计规范》JGJ 138 还规定了混凝土板的横向钢筋最小配筋率要求：

$$\frac{f_{yv}A_e}{b_f}>0.75 \tag{3-34}$$

3.5 组合梁正常使用极限状态的验算

3.5.1 组合梁负弯矩区的裂缝宽度计算

对于未施加预应力的组合梁，负弯矩区混凝土翼板处于受拉状态，其受力情况与钢筋混凝土轴心受拉构件相似，因此可采用钢筋混凝土轴心受拉构件的最大裂缝宽度计算方法计算组合梁负弯矩区的最大裂缝宽度：

$$\omega_{\max} = \alpha_{cr} \psi \frac{\sigma_{sk}}{E_s} \left(1.9 c_s + 0.08 \frac{d_{eq}}{\rho_{te}}\right) \tag{3-35}$$

$$\psi = 1.1 - 0.65 \frac{f_{tk}}{\sigma_{sq} \rho_{te}} \tag{3-36}$$

$$d_{eq} = \frac{\sum n_i d_i^2}{\sum n_i \nu_i d_i} \tag{3-37}$$

$$\rho_{te} = \frac{A_s'}{b_e h_{c1}} \tag{3-38}$$

式中 α_{cr}——构件受力特征系数，混凝土翼板可视作轴心受拉构件，$\alpha_{cr} = 2.7$；

     ψ——裂缝间纵向受拉钢筋应变不均匀系数；当 $\psi < 0.2$ 时，取 $\psi = 0.2$，当 $\psi > 1.0$ 时，取 $\psi = 1.0$；对于直接承受重复荷载的组合梁，取 $\psi = 1.0$；

     σ_{sk}——按荷载效应的标准组合计算的组合梁负弯矩区开裂截面纵向受拉钢筋的应力；

     E_s——钢筋弹性模量；

     c_s——组合梁内负弯矩区开裂截面纵向受拉钢筋外边缘至混凝土翼板上表面的距离，当 $c_s < 20\text{mm}$ 时，取 $c_s = 20\text{mm}$；

     d_{eq}——混凝土翼板负弯矩区开裂截面纵向受拉钢筋的等效直径；

     ρ_{te}——按有效受拉混凝土截面面积计算得到的负弯矩区开裂截面纵向受拉钢筋配筋率，当 $\rho_{te} < 0.01$ 时，取 $\rho_{te} = 0.01$；

     f_{tk}——混凝土轴心抗拉强度标准值；

     n_i——第 i 种纵向钢筋的根数；

     d_i——第 i 种纵向钢筋的公称直径；

     ν_i——第 i 种纵向钢筋的相对粘结特性系数，光面钢筋 $\nu_i = 0.7$，带肋钢筋取 $\nu_i = 1.0$；

     A_s'——负弯矩区混凝土翼板有效宽度范围内的纵向钢筋截面面积；

     b_e——混凝土翼板的有效宽度；

     h_{c1}——混凝土翼板厚度，不考虑托板、压型钢板肋的高度。

连续组合梁负弯矩开裂截面纵向受拉钢筋的应力水平 σ_{sk} 是决定裂缝宽度的重要因素之一，其值可按下列公式计算：

$$\sigma_{sk} = \frac{M_k y_s}{I_{cr}} \tag{3-39}$$

$$M_k = M_e (1 - \alpha_r) \tag{3-40}$$

式中　I_{cr}——由纵向普通钢筋和钢梁形成的组合截面惯性矩；

y_s——钢筋截面重心至钢筋和钢梁形成的组合截面中和轴的距离；

M_k——钢和混凝土形成组合截面之后，考虑了弯矩调幅的标准荷载作用下支座截面负弯矩组合值；对于悬臂组合梁，M_k 应根据平衡条件计算得到；

M_e——钢与混凝土形成组合截面之后，标准荷载作用下按照未开裂模型进行弹性计算得到的连续组合梁中支座负弯矩值；

α_r——正常使用极限状态连续组合梁中支座负弯矩调幅系数，其取值不宜超过 15%。

由于支座混凝土的开裂导致截面刚度下降，正常使用极限状态连续组合梁会出现内力重分布现象。式(3-40)考虑了内力重分布对支座负弯矩的降低作用，试验研究表明，正常使用极限状态弯矩调幅系数上限取为 15% 是可行的。

按以上公式计算得到的最大裂缝宽度应小于规范规定的最大裂缝宽度限值。对于一类环境，最大裂缝宽度限值为 0.3mm；对于二、三类环境，最大裂缝宽度限值为 0.2mm。

值得指出的是，现行国家标准《混凝土结构设计规范》GB 50010 中开裂截面纵向受拉钢筋的应力计算采用的是荷载准永久组合，预应力混凝土构件纵向受拉钢筋等效应力计算采用的是荷载标准组合。为了计算偏于安全，现行行业标准《组合结构设计规范》JGJ 138 中开裂截面纵向受拉钢筋的应力计算采用的是荷载标准组合。

3.5.2　组合梁的挠度计算

现行行业标准《组合结构设计规范》JGJ 138 要求按以下两种情况分别计算组合梁的挠度：

（1）采用荷载标准组合，但不考虑荷载长期作用的影响；

（2）采用荷载准永久组合，并考虑荷载长期作用（即混凝土徐变、收缩等）的影响。

以上两种情况分别对应短期荷载效应和长期荷载效应，两种情况计算得到的组合梁挠度值均不应超过规定的挠度限值（表 3-1）。而现行国家标准《混凝土结构设计规范》GB 50010 规定：钢筋混凝土受弯构件的最大挠度按荷载准永久组合计算，预应力混凝土受弯构件的最大挠度按荷载标准组合计算，且都需考虑荷载长期作用的影响。由此可知，钢筋混凝土受弯构件的挠度验算与组合梁的挠度验算存在一定差异。

钢-混凝土组合梁挠度限值（mm）

表 3-1

类型	挠度限值（以计算跨度 l_0 计算）
主梁	$l_0/300(l_0/400)$
其他梁	$l_0/250(l_0/300)$

注：表中 l_0 为构件的计算跨度，悬臂构件的 l_0 按实际悬臂长度的 2 倍取用；表中数值为永久荷载和可变荷载组合产生的挠度允许值，有起拱时可减去起拱值；表中括号内数值为可变荷载标准值产生的挠度允许值。

采用焊钉、槽钢等柔性抗剪连接件的组合梁，连接件在传递钢梁与混凝土翼板交界面的纵向剪力时会发生变形，其周围的混凝土也会发生压缩变形，导致钢梁与混凝土翼板的交界面产生滑移应变，引起附加曲率和相应的附加挠度。

可采用对组合梁的换算截面抗弯刚度 $E_s I_{eq}$ 进行折减的方法来考虑滑移效应的影响，

组合梁考虑滑移效应的折减刚度可按下列公式计算：

$$B=\frac{E_s I_{eq}}{1+\xi} \tag{3-41}$$

$$\xi=\eta\left[0.4-\frac{3}{(jl)^2}\right] \tag{3-42}$$

$$\eta=\frac{36E_s d_c p A_0}{n_s k h l^2} \tag{3-43}$$

$$j=0.81\sqrt{\frac{n_s N_v^c A_1}{E_s I_0 p}} \tag{3-44}$$

$$A_0=\frac{A_{cf}A}{\alpha_E A+A_{cf}} \tag{3-45}$$

$$A_1=\frac{I_0+A_0 d_c^2}{A_0} \tag{3-46}$$

$$I_0=I+\frac{I_{cf}}{\alpha_E} \tag{3-47}$$

式中　B——考虑滑移效应的折减刚度；

　　　E_s——钢的弹性模量；

　　　I_{eq}——组合梁的换算截面惯性矩；对荷载的标准组合，将截面中的混凝土翼板有效宽度除以 α_E 换算为钢截面宽度后，计算整个截面的惯性矩；对荷载的准永久组合，则除以 $2\alpha_E$ 进行换算（即将混凝土的弹性模量折减为原先的 0.5 倍以考虑长期作用的影响）；对于钢梁与压型钢板混凝土组合板构成的组合梁，取其较弱截面的换算截面进行计算，而不计压型钢板作用；

　　　ξ——刚度折减系数，当 $\xi\leqslant0$ 时，取 $\xi=0$；

　　　α_E——钢与混凝土弹性模量的比值；

　　　l——组合梁的跨度；

　　　d_c——钢梁截面形心到混凝土翼板截面（对压型钢板混凝土组合板为其较弱截面）形心的距离；

　　　p——抗剪连接件的纵向平均间距；

　　　A——钢梁截面面积；

　　　A_{cf}——混凝土翼板截面面积；对压型钢板混凝土组合板的翼板，取其较弱截面的面积，且不考虑压型钢板的面积；

　　　n_s——抗剪连接件在一根梁上的列数；

　　　k——抗剪连接件的刚度系数，取 $k=N_v^c$；

　　　h——组合梁的截面高度；

　　　N_v^c——抗剪连接件的承载力设计值；采用圆柱头焊钉连接件时，按式(3-1) 计算，采用槽钢连接件时，按式(3-4) 计算；

　　　I——钢梁的截面惯性矩；

　　　I_{cf}——混凝土翼板的截面惯性矩；对压型钢板混凝土组合板的翼板，取其较弱截面的惯性矩，且不考虑压型钢板。

上述计算公式既适用于完全抗剪连接组合梁，也适用于部分抗剪连接组合梁。

组合梁的挠度计算可根据结构力学公式进行，对于仅受正弯矩作用的组合梁，其抗弯刚度应取考虑滑移效应的折减刚度；对于连续组合梁，应按变截面刚度梁进行计算，在距中间支座两侧各 0.15 倍梁跨度范围内，不计受拉区混凝土对刚度的影响，但应计入纵向钢筋的作用，其余区段仍取折减刚度。

组合梁考虑滑移效应的折减刚度计算公式的推导过程如下：

在分析滑移效应时，将组合梁（图 3-18）作为弹性体考虑，并作以下假设：

（1）交界面上的纵向剪力 V_s 与相对滑移 s 成正比，由此可得

$$pV_s = Ks \tag{3-48}$$

式中　p——抗剪连接件的纵向平均间距；

　　　s——钢梁与混凝土翼板的相对滑移；

　　V_s——钢梁与混凝土翼板交界面单位长度上的纵向剪力；

　　K——抗剪连接件的刚度，可取 $K = \frac{2}{3}n_s k = \frac{2}{3}n_s N_v^c$，其中 n_s 为抗剪连接件在一根梁上的列数，k 为抗剪连接件的刚度系数，N_v^c 为单个抗剪连接件的纵向抗剪承载力。

（2）钢梁和混凝土翼板具有相同的曲率，并分别符合平截面假定，由此可得

$$\phi = \frac{M_s}{E_s I_s} = \frac{\alpha_E M_c}{E_s I_c} \tag{3-49}$$

式中　ϕ——组合梁截面的曲率；

　　α_E——钢与混凝土弹性模量的比值；

　　E_s——钢的弹性模量；

I_s、I_c——钢梁、混凝土翼板的惯性矩；

M_s、M_c——钢梁、混凝土翼板截面的弯矩。

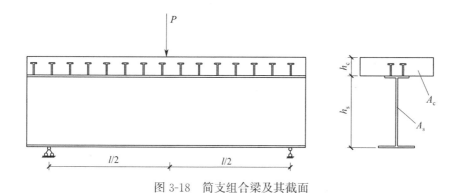

图 3-18　简支组合梁及其截面

由组合梁隔离体（图 3-19）左侧的垂直剪力平衡条件可得

$$V_{cs} + V_{ss} = \frac{P}{2} \tag{3-50}$$

式中　P——跨中集中荷载；

V_{ss}、V_{cs}——钢梁、混凝土翼板截面的剪力。

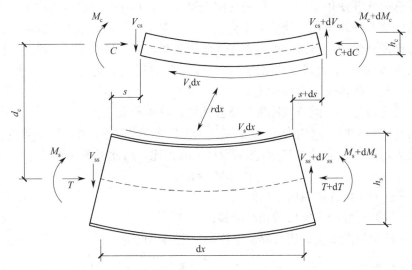

图 3-19　组合梁变形微段图

分别对钢梁和混凝土翼板隔离体左侧形心取距可得

$$\frac{\mathrm{d}M_c}{\mathrm{d}x}+V_{cs}=\frac{V_s h_c}{2}-\frac{r\mathrm{d}x}{2} \tag{3-51}$$

$$\frac{\mathrm{d}M_s}{\mathrm{d}x}+V_{ss}=V_s y_1+\frac{r\mathrm{d}x}{2} \tag{3-52}$$

式中　r——单位长度上的挤压力；

　　　h_c——混凝土翼板的高度。

联立式(3-48)～式(3-52) 可得

$$\frac{\mathrm{d}\phi}{\mathrm{d}x}=\frac{Ksh/p-P/2}{E_s I_0} \tag{3-53}$$

$$I_0=I_s+\frac{I_c}{\alpha_E} \tag{3-54}$$

式中　h——组合梁的截面高度。

混凝土底部拉应变 ε_c^b 和钢梁顶部拉应变 ε_s^t 分别为

$$\varepsilon_c^b=\frac{\phi h_c}{2}-\frac{\alpha_E C}{E_s A_c} \tag{3-55}$$

$$\varepsilon_s^t=\frac{T}{E_s A_s}-\phi y_1 \tag{3-56}$$

式中　ε_c^b——混凝土底部拉应变；

　　　ε_s^t——钢梁顶部拉应变；

　　　T——钢梁截面的拉力；

　　　C——混凝土翼板截面的压力；

A_s、A_c——钢梁、混凝土翼板的截面面积。

钢梁与混凝土翼板交界面的相对滑移应变为

$$\varepsilon_s = s' = \varepsilon_c^b - \varepsilon_s^t = \phi d_c - \frac{\alpha_E C}{E_s A_c} - \frac{T}{E_s A_s} \tag{3-57}$$

式中　ε_s——钢梁与混凝土翼板交界面的相对滑移应变；

　　　d_c——钢梁形心到混凝土翼板形心的距离。

由混凝土翼板的轴力平衡条件可得

$$dC = -V_s dx \tag{3-58}$$

$$C = T \tag{3-59}$$

对式(3-57)求导，并将式(3-53)、式(3-58)和式(3-59)代入可得

$$s'' = \frac{KA_1 s}{E_s I_0 p} - \frac{hP}{4E_s I_0} = \alpha^2 s - \frac{\alpha^2 \beta P}{2} \tag{3-60}$$

$$\alpha^2 = \frac{KA_1}{E_s I_0 p} = \frac{2n_s N_v^c A_1}{3E_s I_0 p} \tag{3-61}$$

$$\beta = \frac{hp}{2KA_1} = \frac{3hp}{4n_s N_v^c A_1} \tag{3-62}$$

$$A_1 = \frac{I_0}{A_0} + d_c^2 \tag{3-63}$$

$$\frac{1}{A_0} = \frac{1}{A_s} + \frac{\alpha_E}{A_c} \tag{3-64}$$

求解式(3-60)，并考虑边界条件 $s_{(x=0)} = 0$ 和 $s'_{(x=l/2)} = 0$ 可得

$$s = \frac{\beta P(1 + e^{-al} - e^{\alpha x - al} - e^{-\alpha x})}{2(1 + e^{-al})} \tag{3-65}$$

式中　l——组合梁的跨度；

　　　x——组合梁横截面到跨中的距离。

对式(3-65)求导可得

$$\varepsilon_s = s' = \frac{\alpha \beta P(e^{-\alpha x} - e^{\alpha x - al})}{2(1 + e^{-al})} \tag{3-66}$$

根据图 3-20 所示的滑移效应的截面应变分布，并考虑钢梁和混凝土翼板具有相同的曲率且分别符合平截面假定，可得附加曲率为

$$\Delta \phi = \frac{\varepsilon_{cs}}{h_c} = \frac{\varepsilon_{ss}}{h_s} = \frac{\varepsilon_s}{h} \tag{3-67}$$

式中　$\Delta \phi$——组合梁截面的附加曲率；

　　　h——组合梁的截面高度；

　　ε_{ss}、ε_{cs}——考虑滑移效应时，钢梁、混凝土翼板的附加应变。

对于常用组合梁，al 在 5～10 之间变化，相应的 $e^{-al} \approx 0$。沿梁长进行积分，可得跨中集中荷载作用下滑移效应引起的跨中附加挠度 $\Delta \delta_1$ 为

$$\Delta \delta_1 = \frac{\beta P}{2h} \left[\frac{l}{2} + \frac{1 - e^{al}}{\alpha(1 + e^{al})} \right] = \frac{\beta P}{2h} \left(\frac{l}{2} - \frac{1}{\alpha} \right) \tag{3-68}$$

同理，可得跨中两点对称荷载作用下滑移效应引起的跨中附加挠度 $\Delta \delta_2$ 为

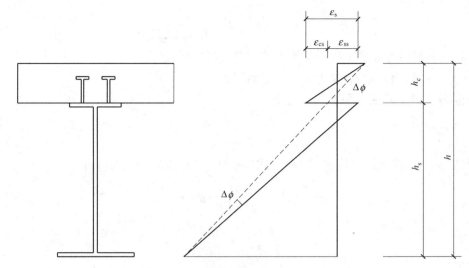

图 3-20　组合梁截面应变分布图

$$\Delta\delta_2=\frac{\beta P}{2h}\left[\frac{l}{2}-b+\frac{e^{ab}-e^{al-ab}}{\alpha(1+e^{al})}\right]=\frac{\beta P}{2h}\left[\frac{l}{2}-b-\frac{e^{-ab}}{\alpha}\right] \tag{3-69}$$

均布荷载作用下滑移效应引起的跨中附加挠度 $\Delta\delta_3$ 为

$$\Delta\delta_3=\frac{\beta q}{h}\left[\frac{l^2}{8}+\frac{2e^{\frac{al}{2}}-1-e^{al}}{\alpha^2(1+e^{al})}\right]=\frac{\beta q}{h}\left[\frac{l^2}{8}-\frac{1}{\alpha^2}\right] \tag{3-70}$$

根据叠加原理,可得考虑滑移效应时组合梁的总挠度为

$$\begin{cases}\delta_1=\delta_{e1}+\Delta\delta_1=\dfrac{Pl^3}{48E_sI_{eq}}+\dfrac{\beta P}{2h}\left(\dfrac{l}{2}-\dfrac{1}{\alpha}\right)=\dfrac{Pl^3}{48E_sI_{eq}}(1+\xi_1)=\dfrac{Pl^3}{48B}\\[4mm]\delta_2=\delta_{e2}+\Delta\delta_2=\dfrac{P\left[2\left(\dfrac{l}{2}-b\right)^3+3b\left(\dfrac{l}{2}-b\right)(l-b)\right]}{12E_sI_{eq}}+\dfrac{\beta P}{2h}\left[\dfrac{l}{2}-b-\dfrac{e^{-ab}}{\alpha}\right]\\[6mm]\qquad=\dfrac{P\left[2\left(\dfrac{l}{2}-b\right)^3+3b\left(\dfrac{l}{2}-b\right)(l-b)\right]}{12E_sI_{eq}}(1+\xi_2)=\dfrac{P\left[2\left(\dfrac{l}{2}-b\right)^3+3b\left(\dfrac{l}{2}-b\right)(l-b)\right]}{12B}\\[6mm]\delta_3=\delta_{e3}+\Delta\delta_3=\dfrac{5ql^4}{384E_sI_{eq}}+\dfrac{\beta q}{h}\left[\dfrac{l^2}{8}-\dfrac{1}{\alpha^2}\right]=\dfrac{5ql^4}{384E_sI_{eq}}(1+\xi_3)=\dfrac{5ql^4}{384B}\end{cases}$$

$$\tag{3-71}$$

式中　δ_1、δ_2、δ_3——跨中集中荷载、跨中两点对称荷载、均布荷载作用下滑移效应引起的跨中总挠度;

$\quad\delta_{e1}$、δ_{e2}、δ_{e3}——跨中集中荷载、跨中两点对称荷载、均布荷载作用下根据弹性换算截面法得到的挠度;

$\quad\xi_1$、ξ_2、ξ_3——跨中集中荷载、跨中两点对称荷载、均布荷载作用下的刚度折减系数;

$\quad b$——集中荷载到跨中的距离;

$\quad q$——均布荷载。

各类荷载作用下的刚度折减系数计算公式如下：

$$\begin{cases} \xi_1 = \eta\left(\dfrac{1}{2} - \dfrac{1}{\alpha l}\right) \\[4mm] \xi_2 = \eta\,\dfrac{\dfrac{1}{2} - \dfrac{b}{l} - \dfrac{e^{-ab}}{\alpha l}}{4\left[2\left(\dfrac{1}{2} - \dfrac{b}{l}\right)^3 + 3\left(\dfrac{1}{2} - \dfrac{b}{l}\right)\left(1 - \dfrac{b}{l}\right)\dfrac{b}{l}\right]} \\[8mm] \xi_3 = \eta\,\dfrac{4\left[\dfrac{1}{2} - \dfrac{4}{(\alpha l)^2}\right]}{5} \end{cases} \tag{3-72}$$

式（3-72）中的 η 仅与组合梁的几何参数和物理参数有关，与荷载作用类型无关，可表达为

$$\eta = \frac{24\beta E_s I_{eq}}{hl^2} = \frac{24\beta E_s(I_0 + A_0 d_c^2)}{hl^2} = \frac{24 E_s d_c p A_0}{K h l^2} = \frac{36 E_s d_c p A_0}{n_s k h l^2} \tag{3-73}$$

刚度折减系数 ξ 主要与 αl 和 b/l 相关，在实际工程中，典型荷载类型的情况很少，为简化计算，式（3-72）可统一简化为如下公式：

$$\xi = \eta\left(0.4 - \frac{3}{(\alpha l)^2}\right) \tag{3-74}$$

3.6　组合梁的构造要求

1. 组合梁截面构造要求

组合梁截面高度不宜超过钢梁截面高度的 2 倍，混凝土板托高度不宜超过翼板厚度的 1.5 倍。有板托的组合梁边梁混凝土翼板伸出长度不宜小于板托高度；无板托时，伸出钢梁中心线不应小于 150mm，伸出钢梁翼缘边不应小于 50mm（图 3-21）。

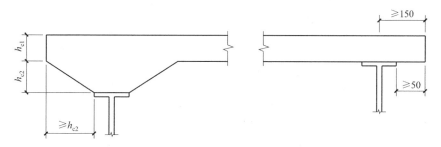

图 3-21　组合梁边梁构造

板托边缘距抗剪连接件外侧的距离不得小于 40mm，同时板托外形轮廓应在抗剪连接件根部算起的 45°仰角线之外。板托中邻近钢梁上翼缘的部分混凝土应配加强筋，板托中横向钢筋的下部水平段应设置在距钢梁上翼缘 50mm 的范围之内。横向钢筋的间距不应大于 $4h_{e0}$ 且不应大于 200mm，其中 h_{e0} 为圆柱头焊钉连接件钉头下表面或槽钢连接件上翼缘下表面高出翼板底部钢筋顶面的距离（图 3-22）。

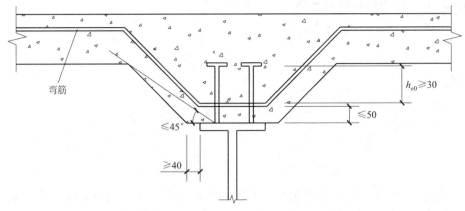

图 3-22　板托的构造规定

2. 钢梁板件宽厚比要求

采用塑性方法（本章方法）设计的组合梁，正弯矩区的钢梁上翼缘的外伸宽度与厚度的比值不应大于 $9\sqrt{235/f_y}$；在没有采取防止局部失稳的特殊措施时，负弯矩区的钢梁下翼缘的外伸宽度与厚度的比值不应大于 $9\sqrt{235/f_y}$，腹板高度与厚度的比值不应大于 $65\sqrt{235/f_y}$。

当组合梁受压上翼缘的外伸宽度与厚度的比值大于 $9\sqrt{235/f_y}$，但连接件设置符合以下规定时，仍可采用塑性方法设计：当混凝土板沿全长和钢梁接触时，抗剪连接件最大间距不大于 $22t_f\sqrt{235/f_y}$；当混凝土板和钢梁沿全长只有部分接触（如混凝土翼板为压型钢板-混凝土组合板的情况）时，抗剪连接件最大间距不大于 $15t_f\sqrt{235/f_y}$；抗剪连接件的外侧边缘与钢梁翼缘边缘之间的距离不大于 $9t_f\sqrt{235/f_y}$，其中 t_f 为钢梁受压上翼缘厚度。

3. 抗剪连接件构造要求

抗剪连接件的外侧边缘与钢梁翼缘边缘之间的距离不应小于 20mm；连接件的外侧边缘至混凝土翼板边缘的距离不应小于 100mm；连接件顶面的混凝土保护层厚度不应小于 15mm。为了保证抗剪连接件在钢梁与混凝土翼板之间发挥抗掀起作用，且底部钢筋能作为抗剪连接件根部附近混凝土的横向钢筋，防止混凝土由于抗剪连接件的局部受压而开裂，圆柱头焊钉连接件钉头下表面或槽钢连接件上翼缘下表面高出翼板底部钢筋顶面的距离不宜小于 30mm。为了防止在钢梁与混凝土翼板接触面间产生过大的裂缝，影响组合梁的整体工作性能和耐久性，抗剪连接件沿梁跨度方向的最大间距不应大于混凝土翼板及板托厚度的 3 倍，且不应大于 30mm。

圆柱头焊钉连接件还应符合下列规定：

（1）钢梁上翼缘承受拉力时，焊钉杆直径不应大于钢梁上翼缘厚度的 1.5 倍；当钢梁上翼缘不承受拉力时，焊钉杆直径不应大于钢梁上翼缘厚度的 2.5 倍。

（2）焊钉长度不应小于其杆径的 4 倍。

（3）焊钉沿梁轴线方向的间距不应小于杆径的 6 倍，垂直于梁轴线方向的间距不应小于杆径的 4 倍。

（4）用压型钢板作底模的组合梁，焊钉杆直径不宜大于 19mm，混凝土凸肋宽度不应小于焊钉杆直径的 2.5 倍；焊钉高度不应小于 (h_e+30)mm，且不应大于 (h_e+75)mm，其中 h_e 为混凝土凸肋高度。

槽钢连接件宜采用 Q235 钢，且截面不宜大于 [12.6。

3.7　组合梁设计实例

某大跨组合楼盖的结构平面布置如图 3-23 所示，框架柱的轴线距离为 16m，次梁等间距布置，相邻次梁间距为 4m，次梁与框架主梁铰接。钢筋混凝土楼板厚度为 150mm，根据建筑使用要求，次梁最大高度（含楼板厚度）限制为 900mm。已知楼面活荷载标准值为 4.5kN/m²，准永久值系数为 0.5，楼面铺装和吊顶荷载标准值为 2.0kN/m²。混凝土采用 C30，钢材牌号为 Q235，钢筋牌号为 HRB400，栓钉采用 $\phi16$。试按塑性方法设计该组合楼盖的次梁（不考虑施工阶段验算）。

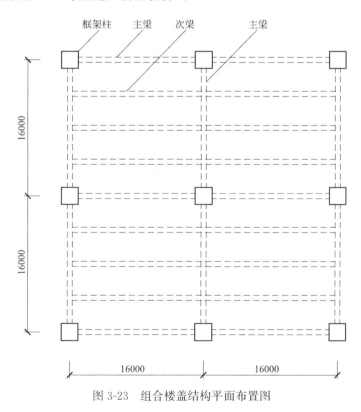

图 3-23　组合楼盖结构平面布置图

【解】

1. 初选截面

初选组合梁高度为 900mm，则相应的钢梁高度为 $900-150=750$mm。

等效跨度 l_e 取为简支组合梁的跨度 $l=16000$mm，相邻钢梁上翼缘间净距 $S_0=4000-300=3700$mm，梁外侧和内侧的翼缘板计算宽度 $b_1=b_2=\min\{l_e/6, S_0/2\}=1850$mm，则混凝土翼板的有效宽度 $b_e=b_0+b_1+b_2=4000$mm。组合梁截面如图 3-24 所示。

67

钢梁上翼缘外伸部分宽厚比 $b/t=140/20=7<9$，满足要求。

混凝土翼板截面面积 $A_{cf}=150\times4000=600000mm^2$。

钢梁的截面面积 $A_a=300\times20+20\times750+450\times30=34500mm^2$。

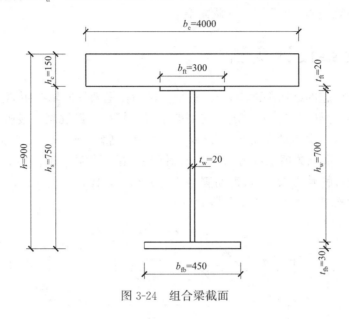

图 3-24　组合梁截面

2. 内力计算

使用阶段组合梁承受的荷载见表 3-2。

使用阶段组合梁荷载列表

表 3-2

荷载	标准值	设计值
钢梁自重	$78.5\times34500\times10^{-6}=2.71kN/m$	$2.71\times1.3=3.52kN/m$
混凝土自重	$25\times4\times0.15=15kN/m$	$15\times1.3=19.5kN/m$
楼面铺装及吊顶	$2.0\times4=8kN/m$	$8\times1.3=10.4kN/m$
楼面活荷载	$4.5\times4=18kN/m$	$18\times1.5=27kN/m$
荷载合计	$q_k=43.7kN/m$	$q=60.4kN/m$

使用阶段组合梁弯矩设计值 $M=60.4\times16^2/8=1932.8kN\cdot m$，剪力设计值 $V=60.4\times16/2=483.2kN$。

3. 正截面受弯承载力验算

对于 C30 混凝土，$f_c=14.3N/mm^2$，$E_c=3\times10^4MPa$；对于 Q235 钢材，$f_a=205N/mm^2$，$f_{av}=120N/mm^2$，$E_s=3\times10^4MPa$，钢与混凝土的弹性模量比 $\alpha_E=6.87$。

按完全抗剪连接组合梁进行设计。

由于 $f_aA_a=205\times34500\times10^{-3}=7072.5kN<f_cb_eh_c=14.3\times4000\times150\times10^{-3}=8580kN$，因此塑性中和轴位于混凝土翼板内。

混凝土受压区高度 $x=\dfrac{f_aA_a}{f_cb_e}=\dfrac{205\times34500}{14.3\times4000}=123.6mm$。

钢梁截面形心到钢梁梁顶的距离 $y_s = \dfrac{300 \times 20 \times 10 + 20 \times 700 \times 370 + 450 \times 30 \times 735}{34500} =$ 439.5mm。

组合梁正截面受弯承载力为

$$M_u = f_c b_e x y = f_c b_e x \left(y_s + h_c - \frac{x}{2} \right)$$

$$= 4000 \times 123.6 \times 14.3 \times \left(439.5 + 150 - \frac{123.6}{2} \right)$$

$$= 3730.8 \times 10^6 \text{N} \cdot \text{mm} = 3730.8 \text{kN} \cdot \text{m} > M = 1932.8 \text{kN} \cdot \text{m}$$

满足抗弯承载力要求。

4. 受剪承载力验算

组合梁受剪承载力 $V_{bu} = f_{av} h_w t_w = 120 \times 422 \times 10 = 506.4 \times 10^3 \text{N} = 506.4 \text{kN} > V = 483.2 \text{kN}$，满足竖向受剪承载力要求。

5. 栓钉设计

单个栓钉抗剪承载力设计值 $N_v^c = 0.43 A_s \sqrt{E_c f_c} \leqslant 0.7 f_{at} A_s$，由于 $0.43 A_s \sqrt{E_c f_c} = 0.43 \times \pi \times 8^2 \times \sqrt{3 \times 10^4 \times 14.3} = 56.6 \text{kN}$, $0.7 f_{at} A_s = 0.7 \times 360 \times \pi \times 8^2 = 50.7 \text{kN}$，故应取 $N_v^c = 50.7 \text{kN}$。

钢梁与混凝土交界面纵向剪力 $V_s = \min\{f_a A_a, f_c b_e h_c\} = 7073 \text{kN}$。

按完全抗剪连接设计时，跨中截面到支座所需的栓钉数 $n_f = \dfrac{V_s}{N_v^c} = \dfrac{7073}{50.7} = 140$，全跨 280 个。

栓钉布置方式为双列，栓钉长度为 90mm $> 4d = 64$mm，横向间距为 150mm $> 4d = 64$mm，纵向间距为 100mm $> 6d = 96$mm，全跨实配栓钉 320 个。

6. 纵向抗剪验算

假定横向钢筋双层布置，并且 $A_t = A_b$，如图 3-25 所示，横向钢筋选用 HRB400 级钢筋，其抗拉强度设计值 $f_{yv} = 360 \text{N/mm}^2$。

1）验算纵向界面 a-a

垂直于纵向抗剪界面的长度 $b_f = 150$mm。

荷载作用引起的单位纵向抗剪界面长度上的剪力设计值为

$$V_{bl} = \max \left\{ \frac{V_s}{m_1} \times \frac{b_1}{b_e}, \frac{V_s}{m_1} \times \frac{b_2}{b_e} \right\} = \frac{7073 \times 10^3}{8000} \times \frac{1850}{4000} = 408.9 \text{N/mm}$$

组合梁单位纵向抗剪界面长度上的受剪承载力 $V_{blu} = \min\{0.7 f_t b_f + 0.8 f_{yv} A_e, 0.25 f_c b_f\}$，其中 $0.25 f_c b_f = 0.25 \times 14.3 \times 150 = 536.3 \text{N/mm}$。

由 $V_{bl} \leqslant V_{blu}$，可得单位纵向抗剪界面长度上的横向钢筋截面面积 $A_e \geqslant \dfrac{V_{bl} - 0.7 f_t b_f}{0.8 f_{yv}} = \dfrac{408.9 - 0.7 \times 1.43 \times 150}{0.8 \times 360} = 0.898 \text{mm}^2/\text{mm}$。

2）验算纵向界面 b-b

栓钉头宽为 45mm，则垂直于纵向抗剪界面的长度 $b_f = 90 \times 2 + 45 + 150 = 375$mm。

荷载作用引起的单位纵向抗剪界面长度上的剪力设计值 $V_{bl} = \dfrac{V_s}{m_1} = \dfrac{7073 \times 10^3}{8000} = $

884.1N/mm。

组合梁单位纵向抗剪界面长度上的受剪承载力 $V_{blu} = \min\{0.7f_tb_f + 0.8f_{yv}A_e,$
$0.25f_cb_f\}$，其中 $0.25f_cb_f = 0.25 \times 14.3 \times 375 = 1340.6$N/mm。

由 $V_{bl} \leqslant V_{blu}$，可得单位纵向抗剪界面长度上的横向钢筋截面面积 $A_e \geqslant \dfrac{V_{bl} - 0.7f_tb_f}{0.8f_{yv}} = $

$\dfrac{884.1 - 0.7 \times 1.43 \times 375}{0.8 \times 360} = 1.77$mm^2/mm。

因为 $A_e = A_t + A_b = 2A_b$，所以 $A_t = A_b \geqslant 0.885$mm^2/mm，取横向钢筋直径为
12mm，间距为 100mm，则 $A_e = 2.26$mm^2/mm，满足要求。

b_f 取最不利值 375mm 对混凝土板的横向钢筋最小配筋率进行验算，$\dfrac{f_{yv}A_e}{b_f} = $

$\dfrac{360 \times 2.26}{375} = 2.17 > 0.75$N/mm^2，满足最小配筋率要求。

综上，选取 HRB400 级钢筋作为横向钢筋，双层布置，且 $A_t = A_b$，每层布置为
Φ12@100。

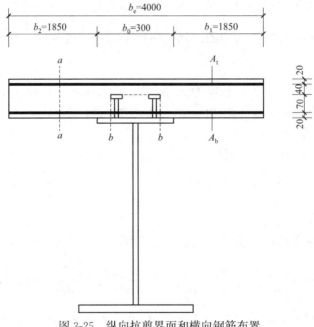

图 3-25　纵向抗剪界面和横向钢筋布置

7. 挠度验算

1）荷载标准组合下的挠度验算

换算截面翼板的宽度 $b_{eq} = \dfrac{b_e}{\alpha_E} = \dfrac{4000}{6.87} = 582.2$mm。

换算截面中和轴距钢梁底部的距离为

$$y=\frac{450\times30\times15+20\times700\times380+300\times20\times740+582.2\times150\times825}{34500+582.2\times150}=673.3\text{mm}$$

换算截面惯性矩为

$$I_{eq}=2.93\times10^9+34500\times(673.3-439)^2+\frac{1}{12}\times582.2\times150^3+150\times582.2\times\left(900-673.3-\frac{150}{2}\right)^2$$

$$=6.99\times10^9\text{mm}^4$$

因为钢梁截面形心到混凝土翼板截面形心的距离 $d_c=440+\frac{150}{2}=515\text{mm}$，抗剪连接件

的纵向平均间距 $p=100\text{mm}$，$A_0=\frac{A_{cf}A}{\alpha_E A+A_{cf}}=\frac{600000\times34500}{6.87\times34500+600000}=2.47\times10^4\text{mm}^2$，

抗剪连接件在一根梁上的列数 $n_s=2$，抗剪连接件的刚度系数 $k=N_v^c=50.7\text{kN}$，故 $\eta=$

$\frac{36E_s d_c pA_0}{n_s khl^2}=\frac{36\times2.06\times10^5\times515\times100\times2.47\times10^4}{2\times50.7\times10^3\times900\times16000^2}=0.404$。

钢梁截面惯性矩为

$$I=\frac{1}{12}\times300\times20^3+300\times20\times(400-10)^2+\frac{1}{12}\times20\times700^3+20\times700\times(400-370)^2$$

$$+\frac{1}{12}\times450\times30^3+450\times30\times(750-440-15)^2$$

$$=2.93\times10^9\text{mm}^4$$

混凝土翼板的截面惯性矩 $I_{cf}=\frac{1}{12}\times4000\times150^3=1.13\times10^9\text{mm}^4$。

则因为 $I_0=I+\frac{I_{cf}}{\alpha_E}=2.93\times10^9+\frac{1.13\times10^9}{6.87}=3.09\times10^9\text{mm}^4$；

$$A_1=\frac{I_0+A_0 d_c^2}{A_0}=\frac{3.09\times10^9+2.47\times10^4\times515^2}{2.47\times10^4}=3.90\times10^5\text{mm}^2;$$

故 $j=0.81\sqrt{\frac{n_s N_v^c A_1}{E_s I_0 p}}=0.81\times\sqrt{\frac{2\times50.7\times10^3\times3.90\times10^5}{2.06\times10^5\times3.09\times10^9\times100}}=6.38\times10^{-4}$。

刚度折减系数 $\xi=\eta\left[0.4-\frac{3}{(jl)^2}\right]=0.404\times\left[0.4-\frac{3}{(6.38\times10^{-4}\times16000)^2}\right]=0.150$。

考虑滑移效应的折减刚度 $B=\frac{E_s I_{eq}}{1+\xi}=\frac{2.06\times10^5\times6.99\times10^9}{1+0.150}=1.25\times10^{15}\text{N}\cdot\text{mm}^2$。

由荷载标准值引起的挠度 $\delta=\frac{5q_k l^4}{384B}=\frac{5\times(25.7+18)\times16000^4}{384\times1.25\times10^{15}}=29.8\text{mm}<\frac{L}{400}=$

40mm，满足要求。

2）荷载准永久组合下的挠度验算

换算截面翼板的宽度 $b_{eq}=\frac{b_e}{2\alpha_E}=\frac{4000}{2\times6.87}=291.1\text{mm}$。

换算截面中和轴距钢梁底部的距离为

$$y=\frac{450\times30\times15+20\times700\times380+300\times20\times740+291\times150\times825}{34500+291\times150}=588\text{mm}$$

换算截面惯性矩为

$$I_{eq}=2.93\times10^9+34500\times(588-439)^2+\frac{1}{12}\times291\times150^3+150\times291\times\left(900-588-\frac{150}{2}\right)^2$$
$$=6.22\times10^9\text{mm}^4$$

因为 $A_0=\dfrac{A_{cf}A}{2\alpha_E A+A_{cf}}=\dfrac{600000\times34500}{2\times6.87\times34500+600000}=1.93\times10^4\text{mm}^2$；

故 $\eta=\dfrac{36E_s d_c p A_0}{n_s k h l^2}=\dfrac{36\times2.06\times10^5\times515\times100\times1.93\times10^4}{2\times50.7\times10^3\times900\times16000^2}=0.316$。

又因为 $I_0=I+\dfrac{I_{cf}}{2\alpha_E}=2.93\times10^9+\dfrac{1.13\times10^9}{2\times6.87}=3.01\times10^9\text{mm}^4$；

$A_1=\dfrac{I_0+A_0 d_c^2}{A_0}=\dfrac{3.09\times10^9+1.93\times10^4\times515^2}{1.93\times10^4}=4.25\times10^5\text{mm}^2$；

故 $j=0.81\sqrt{\dfrac{n_s N_v^c A_1}{E_s I_0 p}}=0.81\times\sqrt{\dfrac{2\times50.7\times10^3\times4.25\times10^5}{2.06\times10^5\times3.01\times10^9\times100}}=6.75\times10^{-4}$。

刚度折减系数 $\xi=\eta\left[0.4-\dfrac{3}{(jl)^2}\right]=0.316\times\left[0.4-\dfrac{3}{(6.75\times10^{-4}\times16000)^2}\right]=0.118$。

考虑滑移效应的折减刚度 $B=\dfrac{E_s I_{eq}}{1+\xi}=\dfrac{2.06\times10^5\times6.22\times10^9}{1+0.118}=1.15\times10^{15}\text{N}\cdot\text{mm}^2$。

由荷载准永久值引起的挠度 $\delta=\dfrac{5q_k l^4}{384B}=\dfrac{5\times(25.7+0.5\times18)\times16000^4}{384\times1.15\times10^{15}}=25.8\text{mm}<$

$\dfrac{L}{400}=40\text{mm}$，满足要求。

3.8　思考题

（1）钢-混凝土组合梁中的混凝土翼板有哪些形式？
（2）简述组合梁中抗剪连接件的作用。
（3）为什么在组合梁截面承载力计算时，需要引入混凝土翼板有效宽度？
（4）何为完全抗剪连接组合梁和部分抗剪连接组合梁？
（5）推导组合梁考虑滑移效应的折减刚度计算公式的基本假定有哪些？
（6）采用塑性方法设计组合梁时，对钢梁和连接件布置有哪些要求？

3.9　习题

某大跨组合楼盖的结构平面布置如图 3-26 所示，框架柱的轴线距离为 15m，次梁呈井字形双向布置，相邻次梁间距为 5m，次梁与框架主梁铰接。钢筋混凝土楼板厚度为

150mm，根据建筑使用要求，次梁最大高度（含楼板厚度）限制为 1000mm。已知楼面活荷载标准值为 $5.0kN/m^2$，准永久值系数为 0.5，楼面铺装和吊顶荷载标准值为 $2.0kN/m^2$。混凝土采用 C30，钢材牌号为 Q235，钢筋牌号为 HRB400，栓钉采用 $\phi 16$。试按塑性方法设计该组合楼盖的次梁（不考虑施工阶段验算）。

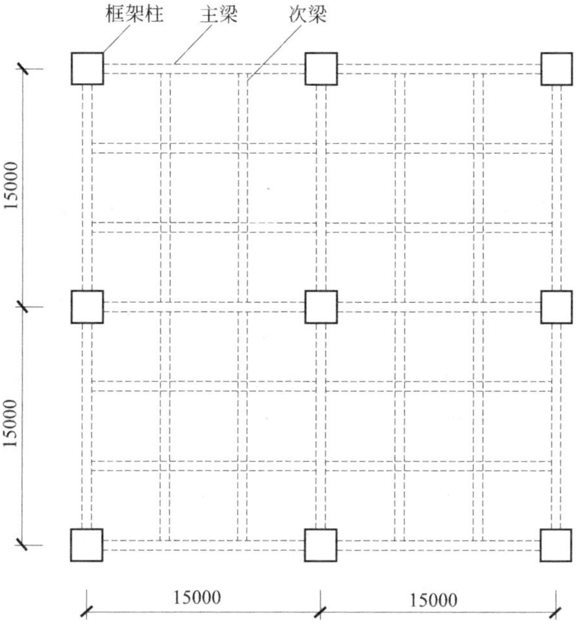

图 3-26　组合楼盖结构平面布置图

第 4 章　型钢混凝土结构设计

4.1　型钢混凝土构件的一般构造和受力特点

　　型钢混凝土构件是指在钢筋混凝土中配置型钢后形成的一类结构构件。型钢混凝土构件可作为梁、柱使用，其中的型钢可采用焊接或轧制型钢。根据型钢形式的不同，型钢混凝土构件可分为实腹式和空腹式两类。实腹式型钢的截面形状主要包括工字形、十字形和箱形等（图 4-1 和图 4-2）；型钢混凝土巨型柱通常采用由多个焊接型钢连接成整体的实腹式焊接型钢（图 4-1d）。空腹式型钢通常为由缀板或缀条连接角钢或槽钢形成的空间桁架式骨架。试验表明，配置实腹式型钢的型钢混凝土柱具有良好的延性和耗能能力，适用于地震区；而配置空腹式型钢的型钢混凝土柱的变形能力和抗剪承载力相对较差。因此，对于地震区，宜优先采用实腹式型钢混凝土构件。

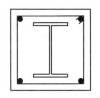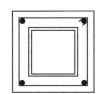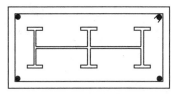

| (a) 工字形实腹
式焊接型钢 | (b) 十字形实腹
式焊接型钢 | (c) 箱形实腹
式焊接型钢 | (d) 钢板连接成整体实腹
式焊接型钢 |

图 4-1　常用型钢混凝土柱截面

　　构造合理的型钢混凝土构件中的型钢和钢筋混凝土能够协同变形，截面的平均应变符合平截面假定。对于如图 4-3（a）所示的型钢混凝土截面，采用 1.2.4 小节方法计算得到的截面压弯承载力相关曲线如图 4-3（b）所示，图 4-3（b）中也绘制了相应钢筋混凝土截面和型钢截面的压弯承载力相关曲线。由图 4-3（b）中曲线的对比可知，相比钢筋混凝土截面和型钢截面，型钢混凝土截面的压弯承载力有了明显提升。由于型钢的贡献，型钢混凝土构件的刚度也明显高于不配置型钢的钢筋混凝土构件。

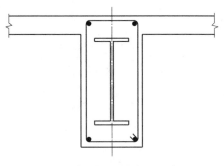

图 4-2　常用型钢混凝土梁截面

　　在型钢混凝土中，钢筋混凝土和型钢之间也存在相互约束作用：混凝土可以约束型钢发

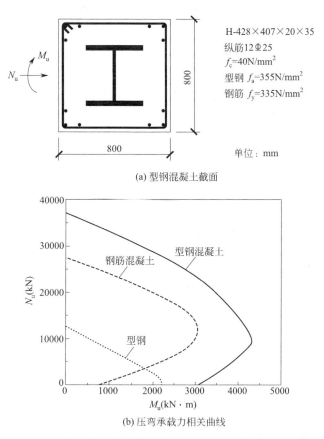

H-428×407×20×35
纵筋12Φ25
f_c=40N/mm^2
型钢 f_a=355N/mm^2
钢筋 f_y=335N/mm^2

单位：mm

(a) 型钢混凝土截面

(b) 压弯承载力相关曲线

图 4-3　型钢混凝土与钢筋混凝土和型钢的压弯承载力对比

生局部屈曲，提高型钢翼缘和腹板的局部稳定性能，从而减少型钢加劲肋用量；型钢也能约束核心混凝土（图 4-4），提高核心混凝土的强度和延性。由于型钢良好的塑性变形能力和型钢与钢筋混凝土之间的相互约束作用，相比钢筋混凝土结构，型钢混凝土结构具有更好的延性和耗能能力。

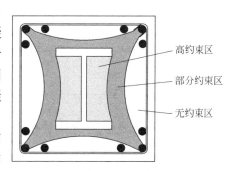

高约束区
部分约束区
无约束区

由于外包钢筋混凝土的作用，型钢混凝土结构的刚度明显大于钢结构，因此更适用于高层结构等需要较大抗侧刚度的结构。另外，型钢混凝土构件中的外包混凝土可为型钢提供防火和防腐保护，因此，相比钢结构，型钢混凝土结构具有更好的防火和防腐性能。

图 4-4　型钢混凝土中的混凝土受约束情况

4.2　型钢混凝土构件的承载力计算

4.2.1　型钢混凝土轴心受压构件的正截面受压承载力

型钢混凝土轴心受压短柱在荷载较小时，型钢、钢筋和混凝土能较好地共同工作，三者变形协调，处于弹性阶段，不产生裂缝。随着荷载不断增加，柱的外表面产生纵向裂缝。在荷载达到极限荷载的 80% 之后，型钢与混凝土之间粘结滑移明显，通常表现为型钢翼缘处有明显的纵向粘结裂缝。当荷载达到一定数值时，纵向裂缝逐渐贯通，最终把型钢混凝土柱分成若干受压小柱而发生劈裂破坏。构件破坏时，在配钢量适当的情况下，型钢不会出现整体失稳或局部屈曲现象，它和纵向钢筋均能达到屈服强度，混凝土能够达到轴心抗压强度。根据上述型钢混凝土轴心受压短柱的受力特点，可得到型钢混凝土轴心受压短柱的正截面受压承载力为

$$N_u = f_c A_c + f_y' A_s' + f_a' A_a' \tag{4-1}$$

式中　A_c、A_s'、A_a'——混凝土、钢筋、型钢的截面面积；

　　　f_c、f_y'、f_a'——混凝土、钢筋、型钢的抗压强度设计值。

对于型钢混凝土轴心受压长柱，由于二阶效应的影响，其承载力低于相同条件下短柱的承载力。因此，在计算型钢混凝土轴心受压长柱的正截面受压承载力时，应考虑长细比的影响，可按下式计算

$$N_u = 0.9\varphi(f_c A_c + f_y' A_s' + f_a' A_a') \tag{4-2}$$

式中　φ——稳定系数，主要和构件的长细比 l_0/i 相关，其中 l_0 为构件的计算长度，i 为
　　　　　截面的最小回转半径。

最小回转半径 i 按下式计算

$$i = \sqrt{\frac{E_c I_c + E_a I_a}{E_c A_c + E_a A_a}} \tag{4-3}$$

式中　E_c、E_a——混凝土弹性模量、型钢弹性模量；

　　　I_c、I_a——混凝土截面惯性矩、型钢截面惯性矩。

计算出构件的长细比 l_0/i 后，按表 4-1 确定稳定系数 φ。式(4-2) 右端的系数 0.9 是为了使轴心受压承载力计算与偏心受压构件正截面承载力计算具有相近的可靠度。

轴心受压稳定系数　　　　　　　　　　　　　　　　　表 4-1

l_0/i	$\leqslant 28$	35	42	48	55	62	69	76	83	90	97	104
φ	1.00	0.98	0.95	0.92	0.87	0.81	0.75	0.70	0.65	0.60	0.56	0.52

4.2.2　型钢混凝土受弯构件的正截面受弯承载力

截面为充满型实腹型钢的型钢混凝土梁，其正截面受弯承载力（图 4-5）可按下列公式计算：

$$M_u = \alpha_1 f_c b x \left(h_0 - \frac{x}{2}\right) + f_y' A_s' (h_0 - a_s') + f_a' A_{af}' (h_0 - a_a') + M_{aw} \tag{4-4}$$

$$h_0 = h - a \tag{4-5}$$

式中　M_u——型钢混凝土梁的正截面受弯承载力；

　　　M_{aw}——型钢腹板承受的轴向合力对型钢受拉翼缘和纵向受拉钢筋合力点的力矩；

　　　α_1——受压区混凝土压应力影响系数，为受压区混凝土矩形应力图的应力值与混
　　　　　凝土轴心抗压强度设计值的比值；

　　　f_c——混凝土轴心抗压强度设计值；

f'_y——钢筋抗压强度设计值；

f'_a——型钢抗压强度设计值；

A'_s——受压钢筋的截面面积；

A'_{af}——型钢受压翼缘的截面面积；

b——截面宽度；

h——截面高度；

h_0——截面有效高度，即型钢受拉翼缘与受拉钢筋合力点至截面受压边缘的距离；

a——型钢受拉翼缘与受拉钢筋合力点至截面受拉边缘的距离；

x——混凝土等效受压区高度；

a'_s、a'_a——受压区钢筋、型钢翼缘合力点至截面受压边缘的距离。

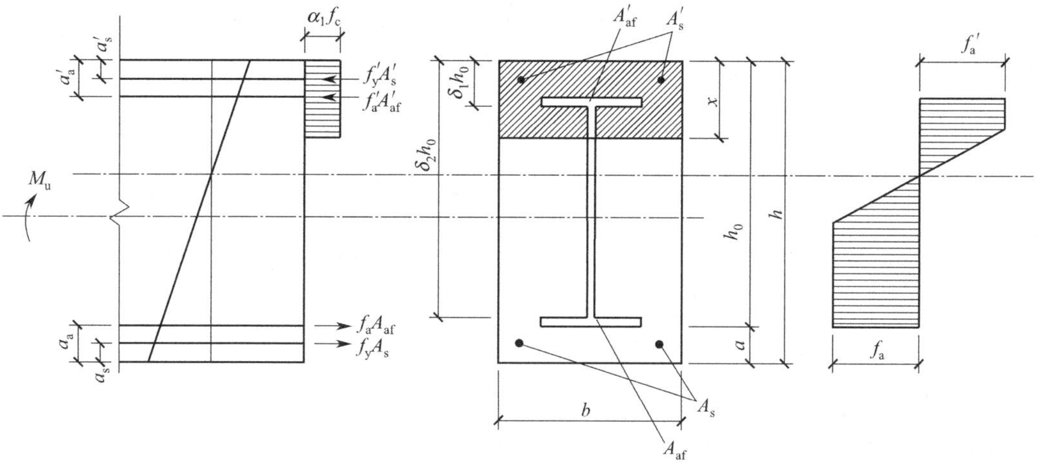

图4-5　型钢混凝土受弯构件的正截面受弯承载力计算参数示意图

式(4-4)根据对型钢受拉翼缘与受拉钢筋合力点取矩得到，式中的混凝土等效受压区高度 x 由轴力平衡条件确定，即

$$\alpha_1 f_c bx + f'_y A'_s + f'_a A'_{af} - f_y A_s - f_a A_{af} + N_{aw} = 0 \tag{4-6}$$

式中　f_y——钢筋抗拉强度设计值；

f_a——型钢抗拉强度设计值；

A_s——受拉钢筋的截面面积；

A_{af}——型钢受拉翼缘的截面面积；

N_{aw}——型钢腹板承受的轴向合力。

对于型钢混凝土受弯构件，中和轴通常位于型钢腹板范围内，即满足下列关系：

$$\delta_1 h_0 < \frac{x}{\beta_1},\ \delta_2 h_0 > \frac{x}{\beta_1} \tag{4-7}$$

式中　δ_1——型钢腹板上端至截面上边的距离与截面有效高度 h_0 的比值；

δ_2——型钢腹板下端至截面上边的距离与截面有效高度 h_0 的比值；

β_1——受压区混凝土压应力图形影响系数，为矩形应力图形受压区高度 x 与中和轴高度 x_c 的比值。

基于式(4-7)，式(4-4) 中的 M_{aw} 和式(4-6) 中的 N_{aw} 可按下列公式进行计算：

$$N_{aw} = \left[2.5\frac{x}{h_0} - (\delta_1 + \delta_2)\right] f_a t_w h_0 \tag{4-8}$$

$$M_{aw} = \left[0.5(\delta_1^2 + \delta_2^2) - (\delta_1 + \delta_2) + 2.5\frac{x}{h_0} - \left(1.25\frac{x}{h_0}\right)^2\right] f_a t_w h_0^2 \tag{4-9}$$

式中　t_w——型钢腹板厚度。

式(4-8) 和式(4-9) 的推导过程如下：

当混凝土强度等级不超过 C50 时，型钢混凝土梁的混凝土受压区高度为 $x/\beta_1 = x/0.8 = 1.25x$，$\beta_1$ 为受压区混凝土压应力图形影响系数。在满足式(4-7) 的条件下，型钢腹板受压部分高度为 $1.25x - \delta_1 h_0$，受拉部分高度为 $\delta_2 h_0 - 1.25x$，但无论是受压区还是受拉区，腹板都是部分屈服部分不屈服，其应力图形为拉压梯形应力图形，为了简化计算，等效为矩形应力图形。故型钢腹板受压部分压应力的合力为 $(1.25x - \delta_1 h_0)f_a t_w$，受拉部分拉应力的合力为 $(\delta_2 h_0 - 1.25x)f_a t_w$，基于此得到型钢腹板承受的轴向合力为

$$N_{aw} = (1.25x - \delta_1 h_0)f_a t_w - (\delta_2 h_0 - 1.25x)f_a t_w = \left[2.5\frac{x}{h_0} - (\delta_1 + \delta_2)\right] f_a t_w h_0 \tag{4-10}$$

型钢腹板承受的轴向合力对型钢受拉翼缘和纵向受拉钢筋合力点的力矩为

$$M_{aw} = (1.25x - \delta_1 h_0)f_a t_w \left(h_0 - \delta_1 h_0 - \frac{1.25x - \delta_1 h_0}{2}\right) - (\delta_2 h_0 - 1.25x)$$

$$f_a t_w \left(h_0 - 1.25x - \frac{\delta_2 h_0 - 1.25x}{2}\right) \tag{4-11}$$

整理即得式(4-9)。

现行行业标准《组合结构设计规范》JGJ 138 规定采用充满型实腹型钢的型钢混凝土梁内的型钢一侧翼缘宜位于截面受压区，另一侧翼缘位于截面受拉区，因此，混凝土等效受压区高度 x 应满足下式规定：

$$x \geqslant a_a' + t_f' \tag{4-12}$$

式中　t_f'——型钢受压翼缘厚度。

上述规定可保证型钢的一侧翼缘位于受压区。

另外，为了使承载能力极限状态时受拉钢筋和型钢受拉翼缘都能屈服，等效受压区高度 x 还应符合下式要求：

$$x \leqslant \xi_b h_0 \tag{4-13}$$

$$\xi_b = \frac{\beta_1}{1 + \frac{f_y + f_a}{2 \times 0.003 E_s}} \tag{4-14}$$

式中　ξ_b——相对界限受压区高度；

　　　E_s——钢材的弹性模量。

相对界限受压区高度 ξ_b 的推导过程如下：

由平截面假定得

$$\frac{\varepsilon_{cu}}{x_b/\beta_1} = \frac{\varepsilon_{cu} + \varepsilon_{s1}}{h_0} \tag{4-15}$$

式中　ε_{s1}——型钢受拉翼缘和纵向受拉钢筋合力点处的应变；

$\quad\quad \varepsilon_{cu}$——受压区混凝土的极限压应变；

$\quad\quad x_b$——界限破坏时的等效受压区高度。

取受压区混凝土的极限压应变 $\varepsilon_{cu}=0.003$，代入式(4-15)得

$$\xi_b=\frac{x_b}{h_0}=\frac{\beta_1\varepsilon_{cu}}{\varepsilon_{cu}+\varepsilon_{s1}}=\frac{\beta_1}{1+\dfrac{\varepsilon_{s1}}{\varepsilon_{cu}}}=\frac{\beta_1}{1+\dfrac{2E_s\varepsilon_{s1}}{2E_s\varepsilon_{cu}}}=\frac{\beta_1}{1+\dfrac{f_y+f_a}{2\times0.003E_s}} \quad\quad (4\text{-}16)$$

值得注意的是，式(4-12)并不能保证型钢受压翼缘屈服，但为了简化计算，将型钢受压翼缘应力统一取为屈服强度，由此产生的误差可以忽略。

4.2.3　型钢混凝土偏心受压构件的正截面受压承载力

型钢截面为充满型实腹型钢的型钢混凝土偏心受压构件，其正截面受压承载力（图4-6）应按下列公式验算：

$$Ne\leqslant\alpha_1 f_c bx\left(h_0-\frac{x}{2}\right)+f_y'A_s'(h_0-a_s')+f_a'A_{af}'(h_0-a_a')+M_{aw} \quad\quad (4\text{-}17)$$

$$h_0=h-a \quad\quad (4\text{-}18)$$

$$e=e_i+\frac{h}{2}-a \quad\quad (4\text{-}19)$$

$$e_i=e_0+e_a \quad\quad (4\text{-}20)$$

$$e_0=\frac{M}{N} \quad\quad (4\text{-}21)$$

式中　e——轴向压力作用点至纵向受拉钢筋和型钢受拉翼缘的合力点之间的距离；

$\quad\quad e_0$——轴向压力对截面形心的偏心距；

$\quad\quad e_i$——初始偏心距；

$\quad\quad e_a$——附加偏心距，其值取 20mm 和偏心方向截面尺寸的 1/30 两者中的较大值；

$\quad\quad \alpha_1$——受压区混凝土压应力影响系数，为受压区混凝土矩形应力图的应力值与混凝土轴心抗压强度设计值的比值；

$\quad\quad M$——柱端较大弯矩设计值，按 1.2.5 小节的规定考虑挠曲产生的二阶效应；

$\quad\quad N$——与弯矩设计值 M 相对应的轴向压力设计值；

$\quad\quad M_{aw}$——型钢腹板承受的轴向合力对受拉或受压较小边型钢翼缘和纵向钢筋合力点的力矩；

$\quad\quad f_c$——混凝土轴心抗压强度设计值；

$\quad\quad f_a'$——型钢抗压强度设计值；

$\quad\quad f_y'$——钢筋抗压强度设计值；

$\quad\quad A_s'$——受压钢筋的截面面积；

$\quad\quad A_{af}'$——型钢受压翼缘的截面面积；

$\quad\quad b$——截面宽度；

$\quad\quad h$——截面高度；

h_0——截面有效高度；

　x——混凝土等效受压区高度；

　a——型钢受拉翼缘与受拉钢筋合力点至截面受拉边缘的距离；

a'_s、a'_a——受压区钢筋、型钢翼缘合力点至截面受压边缘的距离。

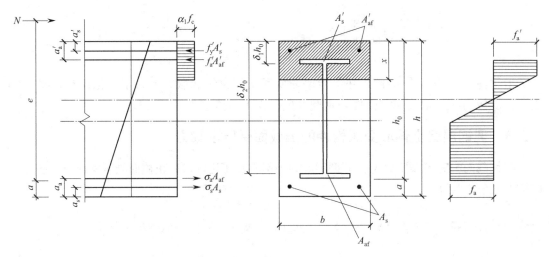

图 4-6　型钢混凝土偏心受压构件的正截面承载力计算参数示意图

　　式(4-17)中的受弯承载力验算是对纵向受拉钢筋和型钢受拉翼缘的合力点取矩得到的，式中的混凝土等效受压区高度 x 由轴力平衡条件得到，即

$$N = \alpha_1 f_c bx + f'_y A'_s + f'_a A'_{af} - \sigma_s A_s - \sigma_a A_{af} + N_{aw} \qquad (4\text{-}22)$$

式中　σ_s——受拉或受压较小边的钢筋应力（计算时假定为受拉）；

　　　σ_a——受拉或受压较小边的型钢翼缘应力（计算时假定为受拉）；

　　N_{aw}——型钢腹板承受的轴向合力；

　　　A_s——受拉钢筋的截面面积；

　　A_{af}——型钢受拉翼缘的截面面积。

　　式(4-22)的 N_{aw}、式(4-17)中的 M_{aw} 可按下列两种情况中的相应公式计算：

　　(1) 当 $\delta_1 h_0 < \dfrac{x}{\beta_1}$，$\delta_2 h_0 > \dfrac{x}{\beta_1}$ 时，中和轴位于型钢腹板范围内，

$$N_{aw} = \left[\frac{2x}{\beta_1 h_0} - (\delta_1 + \delta_2) \right] f_a t_w h_0 \qquad (4\text{-}23)$$

$$M_{aw} = \left[0.5(\delta_1^2 + \delta_2^2) - (\delta_1 + \delta_2) + \frac{2x}{\beta_1 h_0} - \left(\frac{x}{\beta_1 h_0} \right)^2 \right] f_a t_w h_0^2 \qquad (4\text{-}24)$$

式中　t_w——型钢腹板厚度；

　　　β_1——受压区混凝土压应力图形影响系数，为矩形应力图形受压区高度 x 与中和轴高度 x_c 的比值；

　　　δ_1——型钢腹板上端至截面上边的距离与截面有效高度 h_0 的比值；

　　　δ_2——型钢腹板下端至截面上边的距离与截面有效高度 h_0 的比值。

（2）当 $\delta_1 h_0 < \dfrac{x}{\beta_1}$，$\delta_2 h_0 < \dfrac{x}{\beta_1}$ 时，中和轴位于型钢腹板下端至截面下边缘范围内，

$$N_{aw} = (\delta_2 - \delta_1) f_a t_w h_0 \tag{4-25}$$

$$M_{aw} = [0.5(\delta_1^2 - \delta_2^2) + (\delta_2 - \delta_1)] f_a t_w h_0^2 \tag{4-26}$$

一般不会出现中和轴位于型钢腹板上端至截面上边缘范围内的情况，即 $\delta_1 h_0 > \dfrac{x}{\beta_1}$，$\delta_2 h_0 > \dfrac{x}{\beta_1}$ 的情况。

式（4-23）~式（4-26）的推导过程如下：

（1）当 $\delta_1 h_0 < \dfrac{x}{\beta_1}$，$\delta_2 h_0 > \dfrac{x}{\beta_1}$ 时，型钢腹板部分受压、部分受拉，且不管是腹板的受压区还是受拉区，都无法完全屈服，因此其应力图形为拉压梯形应力图形，计算时简化为等效矩形应力图，即近似认为腹板应力沿其全高达到屈服强度设计值。此时型钢腹板受压部分高度为 $\dfrac{x}{\beta_1} - \delta_1 h_0$，受拉部分高度为 $\delta_2 h_0 - \dfrac{x}{\beta_1}$，于是可以得到型钢腹板受压区压应力的合力为 $\left(\dfrac{x}{\beta_1} - \delta_1 h_0\right) f_a t_w$，受拉区拉应力的合力为 $\left(\delta_2 h_0 - \dfrac{x}{\beta_1}\right) f_a t_w$，故型钢腹板承受的轴向合力为

$$N_{aw} = \left(\frac{x}{\beta_1} - \delta_1 h_0\right) f_a t_w - \left(\delta_2 h_0 - \frac{x}{\beta_1}\right) f_a t_w \tag{4-27}$$

整理后得到式（4-23）。

N_{aw} 对型钢受拉翼缘与受拉钢筋的合力点取矩得

$$M_{aw} = \left(\frac{x}{\beta_1} - \delta_1 h_0\right) f_a t_w \left(h_0 - \delta_1 h_0 - \frac{\frac{x}{\beta_1} - \delta_1 h_0}{2}\right) - \left(\delta_2 h_0 - \frac{x}{\beta_1}\right) f_a t_w \left(h_0 - \frac{x}{\beta_1} - \frac{\delta_2 h_0 - \frac{x}{\beta_1}}{2}\right) \tag{4-28}$$

整理后得到式（4-24）。

（2）当 $\delta_1 h_0 < \dfrac{x}{\beta_1}$，$\delta_2 h_0 < \dfrac{x}{\beta_1}$ 时，同样采用等效矩形应力图简化计算，近似认为型钢腹板沿全高受压屈服。型钢腹板高度为 $(\delta_2 - \delta_1) h_0$，因此易得式（4-25）。同理，$N_{aw}$ 对型钢受拉翼缘与受拉钢筋的合力点取矩得

$$M_{aw} = (\delta_2 - \delta_1)\left(1 - \delta_1 - \frac{\delta_2 - \delta_1}{2}\right) f_a t_w h_0^2 \tag{4-29}$$

整理后即得式（4-26）。

按照现行国家标准《混凝土结构设计规范》GB 50010 的规定，小偏心受压时，受拉钢筋和型钢受拉翼缘的应力 σ_s、σ_a 均未达到屈服强度设计值，可近似按下列公式计算：

$$\sigma_s = \frac{f_y}{\xi_b - \beta_1}\left(\frac{x}{h_0} - \beta_1\right) \tag{4-30}$$

$$\sigma_a = \frac{f_a}{\xi_b - \beta_1}\left(\frac{x}{h_0} - \beta_1\right) \tag{4-31}$$

式(4-30) 和式(4-31) 的推导过程如下：

根据我国试验资料显示：实测钢筋应变 ε_s 与相对受压区高度 ξ 近似呈线性关系。当发生界限破坏时，$\xi=\xi_b$，$\varepsilon_s=f_y/E_s$；当 $\xi=\beta_1$，$x=\beta_1 h_0$，受拉钢筋处的应变为 0，即 $\varepsilon_s=0$。将以上两个条件代入线性方程，可得钢筋应变公式为

$$\varepsilon_s=\frac{f_y}{E_s}\frac{\beta_1-\xi}{\beta_1-\xi_b} \tag{4-32}$$

钢筋应力 $\sigma_s=\varepsilon_s E_s$，将式(4-32) 代入即得式(4-30)。同理可得型钢翼缘应力 σ_a 的计算公式，即式(4-31)。

相对界限受压区高度 ξ_b 由下式计算：

$$\xi_b=\frac{\beta_1}{1+\dfrac{f_y+f_a}{2\times0.003E_s}} \tag{4-33}$$

上式的详细推导过程见 4.2.2 小节。

大偏心受压时，受拉钢筋应力 $\sigma_s=f_y$，型钢受拉翼缘的应力 $\sigma_a=f_a$。

无论是小偏心受压还是大偏心受压，受压侧纵向钢筋和型钢翼缘一般都能够达到屈服（型钢受压翼缘的混凝土保护层厚度很大或受压区高度特别小时除外）。计算时可先按大偏心受压的情况考虑，即先取 $\sigma_s=f_y$，$\sigma_a=f_a$。通常情况下，承载力验算时截面尺寸、混凝土强度等级、柱端较大弯矩设计值和相对应的轴向压力设计值已知，同时可以根据构造要求初选型钢规格和初步配置纵筋，求得 e_0、e_i、a、e、a_s、a_a、a_s'、a_a'、h_0 和 δ_1、δ_2 等参数。依据上述条件，并假定 $\delta_1 h_0<\dfrac{x}{\beta_1}$，$\delta_2 h_0>\dfrac{x}{\beta_1}$，将式(4-23) 代入式(4-22) 可以求出等效受压区高度 x。

按上述假定得到等效受压区高度 x 后，应按以下几种情况分别进行验算：

(1) $x\leqslant\xi_b h_0$，$\delta_1 h_0<\dfrac{x}{\beta_1}$，$\delta_2 h_0>\dfrac{x}{\beta_1}$；

(2) $x>\xi_b h_0$，$\delta_1 h_0<\dfrac{x}{\beta_1}$，$\delta_2 h_0>\dfrac{x}{\beta_1}$；

(3) $x>\xi_b h_0$，$\delta_1 h_0<\dfrac{x}{\beta_1}$，$\delta_2 h_0<\dfrac{x}{\beta_1}$。

验算步骤如下所述：

步骤一：判断求出的 x 是否满足条件（1）。若满足，将 x 代入式(4-24)，求得 M_{aw}，之后再将 x 和 M_{aw} 一同代入式(4-17) 进行验算；若不满足条件（1），则进行步骤二。

步骤二：按小偏心受压验算，先假定为（2）的情况，将式(4-23)、式(4-30)、式(4-31) 代入式(4-22)，求出等效受压区高度 x，判断是否满足条件（2）。若满足，则将 x 代入式(4-24)，求得 M_{aw}，接着再将 x 和 M_{aw} 一同代入式(4-17) 进行验算；若 x 不满足条件（2），则进行步骤三。

步骤三：按情况（3）进行验算，将式(4-25)、式(4-30)、式(4-31) 代入式(4-22)，求出 x，并把 x 和式(4-26) 一同代入式(4-17) 进行验算。

上述流程如图 4-7 所示。

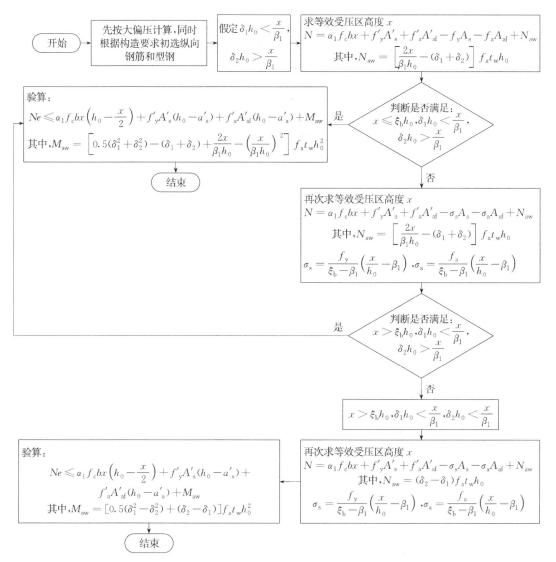

图 4-7　型钢混凝土偏心受压构件正截面受压承载力验算流程

4.2.4　型钢混凝土双向偏心受压构件的正截面受压承载力

对截面具有两个相互垂直的对称轴的型钢混凝土双向偏心受压构件（图 4-8），应符合 x 向和 y 向单向偏心受压承载力的计算要求；还应按以下公式验算其双向偏心受压承载力：

$$N \leqslant \cfrac{1}{\cfrac{1}{N_{ux}} + \cfrac{1}{N_{uy}} - \cfrac{1}{N_{u0}}} \tag{4-34}$$

式中　N——双向偏心轴向压力设计值；

N_{ux}——构件截面的 x 轴方向的单向偏心受压承载力设计值；

N_{uy}——构件截面的 y 轴方向的单向偏心受压承载力设计值；

N_{u0}——构件截面的轴心受压承载力设计值。

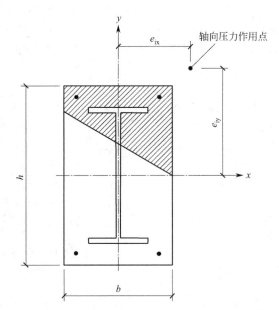

图 4-8　型钢混凝土双向偏心受压构件的承载力计算

N_{u0} 应按下式计算：

$$N_{u0}=f_cA_c+f'_yA'_s+f'_aA'_a \tag{4-35}$$

式中　　f_c——混凝土的轴心抗压强度设计值；

A_c、A'_s、A'_a——混凝土、钢筋、型钢的截面面积；

f'_y、f'_a——钢筋、型钢的抗压强度设计值。

在计算 N_{ux}、N_{uy} 时，首先应确定轴向力 N 对 y 轴和 x 轴的计算偏心距 e_{ix}、e_{iy}。固定偏心距 e_{iy} 下的 N_{uy} 的计算方法如下（图 4-9）：

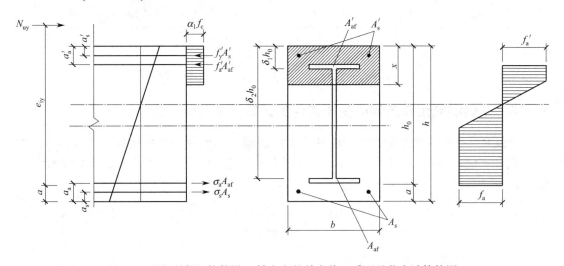

图 4-9　型钢混凝土构件沿 y 轴方向的单向偏心受压承载力计算简图

$$N_{uy}=\alpha_1 f_c bx+f'_yA'_s+f'_aA'_{af}-\sigma_sA_s-\sigma_aA_{af}+N_{aw} \tag{4-36}$$

由对 N_{uy} 作用点的合力矩为 0，即式(4-37)，可求得上式中的混凝土等效受压区高度

x，即

$$\sigma_s A_s\left(e_{iy}+\frac{h}{2}-a_s\right)+\sigma_a A_{af}\left(e_{iy}+\frac{h}{2}-a_a\right)-\alpha_1 f_c bx\left(e_{iy}-\frac{h}{2}+\frac{x}{2}\right)$$
$$-f'_y A'_s\left(e_{iy}-\frac{h}{2}+a'_s\right)-f'_a A'_{af}\left(e_{iy}-\frac{h}{2}+a'_a\right)+M''_{aw}=0 \tag{4-37}$$

式中 M''_{aw}——型钢腹板承受的轴向合力对 N_{uy} 作用点的力矩。

式(4-36) 中的 N_{aw} 以及式(4-37) 中的 M''_{aw} 可按下列两种情况中的相应公式计算：

(1) 当 $\delta_1 h_0<\dfrac{x}{\beta_1}$，$\delta_2 h_0>\dfrac{x}{\beta_1}$时，中和轴位于型钢腹板范围内，

$$N_{aw}=\left[\frac{2x}{\beta_1 h_0}-(\delta_1+\delta_2)\right]f_a t_w h_0 \tag{4-38}$$

$$M''_{aw}=\left[\left(\delta_1+\delta_2-\frac{2x}{\beta_1 h_0}\right)\left(\frac{e_{iy}}{h_0}-1+\frac{x}{2\beta_1 h_0}\right)+\frac{1}{2}\left(\delta_1^2+\delta_2^2-\frac{\delta_1+\delta_2}{\beta_1 h_0}x\right)\right]f_a t_w h_0^2 \tag{4-39}$$

(2) 当 $\delta_1 h_0<\dfrac{x}{\beta_1}$，$\delta_2 h_0<\dfrac{x}{\beta_1}$时，中和轴位于型钢腹板下端至截面下边缘范围内，

$$N_{aw}=(\delta_2-\delta_1)f_a t_w h_0 \tag{4-40}$$

$$M''_{aw}=(\delta_1-\delta_2)\left(\frac{e_{iy}}{h_0}+\frac{\delta_1+\delta_2}{2}-1\right)f_a t_w h_0^2 \tag{4-41}$$

式(4-38)、式(4-40) 的推导过程分别同式(4-23)、式(4-25)；式(4-39)、式(4-41) 的推导过程如下：

(1) 当 $\delta_1 h_0<\dfrac{x}{\beta_1}$，$\delta_2 h_0>\dfrac{x}{\beta_1}$时，$N_{aw}$ 对 N_{uy} 作用点取矩得：

$$M''_{aw}=\left(\delta_2 h_0-\frac{x}{\beta_1}\right)f_a t_w\left(e_{iy}-h_0+\frac{x}{\beta_1}+\frac{\delta_2 h_0-\dfrac{x}{\beta_1}}{2}\right)-\left(\frac{x}{\beta_1}-\delta_1 h_0\right)f_a t_w\left(e_{iy}-h_0+\delta_1 h_0+\frac{\dfrac{x}{\beta_1}-\delta_1 h_0}{2}\right)$$

$$\tag{4-42}$$

整理后得式(4-39)。

(2) 当 $\delta_1 h_0<\dfrac{x}{\beta_1}$，$\delta_2 h_0<\dfrac{x}{\beta_1}$时，$N_{aw}$ 对 N_{uy} 作用点取矩得：

$$M''_{aw}=-(\delta_2-\delta_1)f_a t_w h_0\left(e_{iy}-h_0+\delta_1 h_0+\frac{\delta_2-\delta_1}{2}h_0\right) \tag{4-43}$$

整理后得式(4-41)。

计算时可先按大偏心受压的情况考虑，即先取 $\sigma_s=f_y$，$\sigma_a=f_a$。通常情况下根据构造要求初选型钢规格和初步配置纵筋，并假定 $\delta_1 h_0<\dfrac{x}{\beta_1}$，$\delta_2 h_0>\dfrac{x}{\beta_1}$，将式(4-39) 代入式(4-37) 可以求出等效受压区高度 x。

按上述假定得到等效受压区高度 x 后，应按以下几种情况分别进行验算：

(1) $x\leqslant\xi_b h_0$，$\delta_1 h_0<\dfrac{x}{\beta_1}$，$\delta_2 h_0>\dfrac{x}{\beta_1}$；

(2) $x>\xi_b h_0$，$\delta_1 h_0 < \dfrac{x}{\beta_1}$，$\delta_2 h_0 > \dfrac{x}{\beta_1}$；

(3) $x>\xi_b h_0$，$\delta_1 h_0 < \dfrac{x}{\beta_1}$，$\delta_2 h_0 < \dfrac{x}{\beta_1}$。

首先判断 x 是否满足条件（1）。若满足，则将等效受压区高度 x 代入式(4-38)，求得 N_{aw}，再将 x 和 N_{aw} 代入式(4-36)，求得 N_{uy}。若不满足条件（1），则改为小偏心受压的情况（2）（3）进行计算。

小偏心受压时，受拉钢筋和型钢受拉翼缘的应力 σ_s、σ_a 可近似按下列公式计算：

$$\sigma_s = \frac{f_y}{\xi_b - \beta_1}\left(\frac{x}{h_0} - \beta_1\right) \tag{4-44}$$

$$\sigma_a = \frac{f_a}{\xi_b - \beta_1}\left(\frac{x}{h_0} - \beta_1\right) \tag{4-45}$$

式(4-44)、式(4-45) 的推导过程详见 4.2.3 小节。

按小偏心受压计算时，先假定为（2）的情况，将式(4-39)、式(4-44)、式(4-45) 代入式(4-37)，求出等效受压区高度 x，再判断是否满足条件（2）。若满足，则将 x 代入式(4-38)，求得 N_{aw}，再将 x 和 N_{aw} 代入式(4-36)，求得 N_{uy}。

若不满足条件（2），则改为条件（3）的情况进行计算，将式(4-41)、式(4-44)、式(4-45) 代入式(4-37)，求出 x，将 x 代入式(4-40)，求得 N_{aw}，再将 x 和 N_{aw} 代入式(4-36)，得到 N_{uy}。

上述 N_{uy} 的计算流程如图 4-10 所示。

N_{ux} 的计算方法与 N_{uy} 相同，故不再赘述。

当 e_{iy}/h、e_{ix}/b 不大于 0.6 时，双向偏心受压承载力亦可按下列公式计算：

$$N_u = \frac{A_c f_c + A_s f_y + A_a f_a /(1.7 - \sin\alpha)}{1 + 1.3\left(\dfrac{e_{ix}}{b} + \dfrac{e_{iy}}{h}\right) + 2.8\left(\dfrac{e_{ix}}{b} + \dfrac{e_{iy}}{h}\right)^2} k_1 k_2 \tag{4-46}$$

$$k_1 = 1.09 - 0.015\frac{l_0}{b} \tag{4-47}$$

$$k_2 = 1.09 - 0.015\frac{l_0}{h} \tag{4-48}$$

式中　α——荷载作用点与截面中心点连线相对于 x 轴或 y 轴的较小偏心角；

l_0——柱计算长度；

f_c——混凝土的轴心抗压强度；

f_y、f_a——纵向钢筋、型钢的抗压强度设计值；

A_c——混凝土的截面面积；

A_s、A_a——纵向钢筋、型钢的截面面积；

b、h——柱的截面高度、宽度；

e_{ix}、e_{iy}——轴向力 N 对 y 轴和 x 轴的计算偏心距；

k_1、k_2——x 轴和 y 轴的构件长细比影响系数。

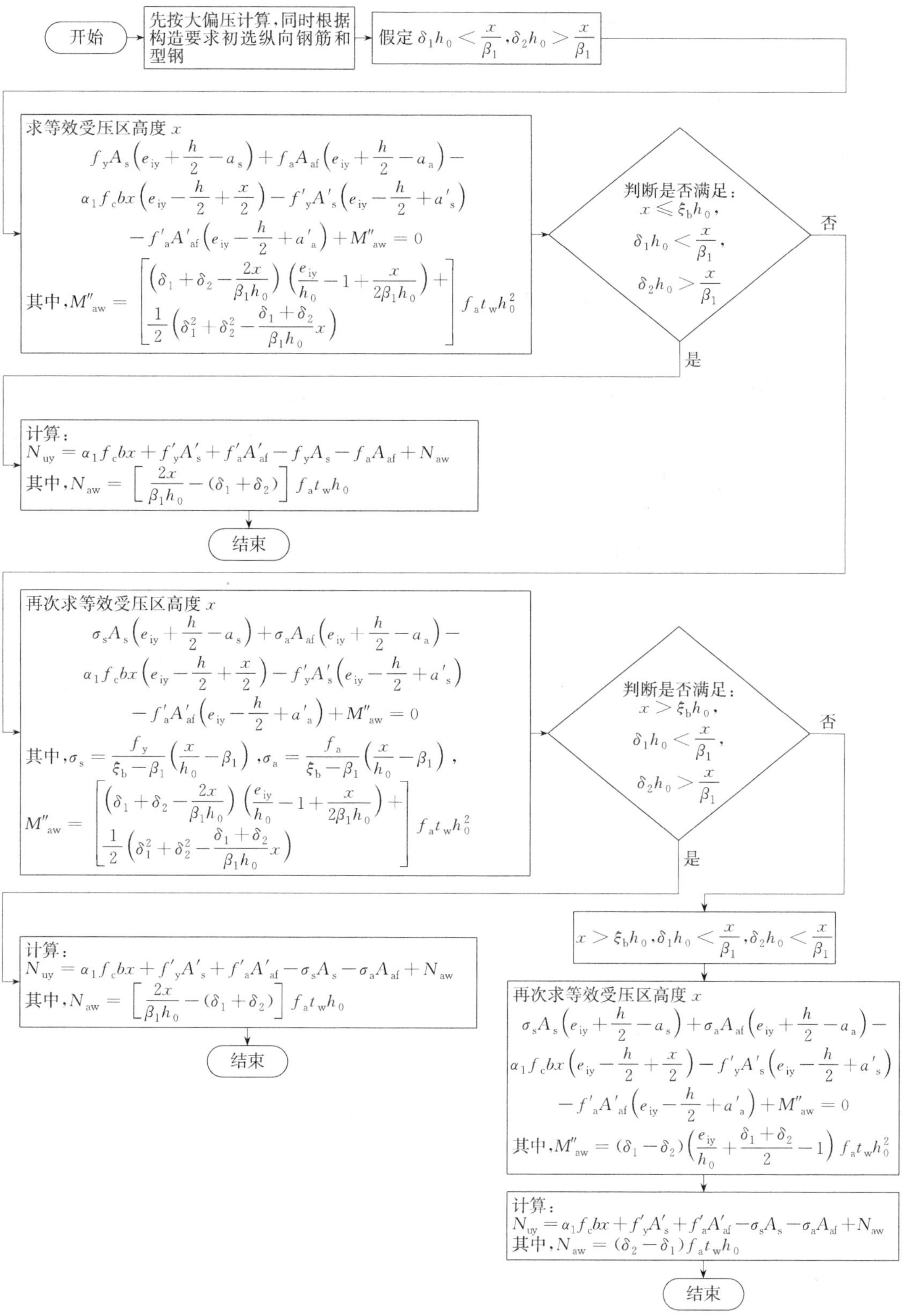

开始

先按大偏压计算,同时根据构造要求初选纵向钢筋和型钢

假定 $\delta_1 h_0 < \dfrac{x}{\beta_1}$,$\delta_2 h_0 > \dfrac{x}{\beta_1}$

求等效受压区高度 x

$$f_y A_s\left(e_{iy}+\frac{h}{2}-a_s\right)+f_a A_{af}\left(e_{iy}+\frac{h}{2}-a_a\right)-$$
$$\alpha_1 f_c bx\left(e_{iy}-\frac{h}{2}+\frac{x}{2}\right)-f'_y A'_s\left(e_{iy}-\frac{h}{2}+a'_s\right)$$
$$-f'_a A'_{af}\left(e_{iy}-\frac{h}{2}+a'_a\right)+M''_{aw}=0$$

其中,$M''_{aw}=\left[\begin{array}{l}\left(\delta_1+\delta_2-\dfrac{2x}{\beta_1 h_0}\right)\left(\dfrac{e_{iy}}{h_0}-1+\dfrac{x}{2\beta_1 h_0}\right)+\\ \dfrac{1}{2}\left(\delta_1^2+\delta_2^2-\dfrac{\delta_1+\delta_2}{\beta_1 h_0}x\right)\end{array}\right]f_a t_w h_0^2$

判断是否满足:
$x \leqslant \xi_b h_0$,
$\delta_1 h_0 < \dfrac{x}{\beta_1}$,
$\delta_2 h_0 > \dfrac{x}{\beta_1}$

否

是

计算:
$N_{uy}=\alpha_1 f_c bx+f'_y A'_s+f'_a A'_{af}-f_y A_s-f_a A_{af}+N_{aw}$
其中,$N_{aw}=\left[\dfrac{2x}{\beta_1 h_0}-(\delta_1+\delta_2)\right]f_a t_w h_0$

结束

再次求等效受压区高度 x

$$\sigma_s A_s\left(e_{iy}+\frac{h}{2}-a_s\right)+\sigma_a A_{af}\left(e_{iy}+\frac{h}{2}-a_a\right)-$$
$$\alpha_1 f_c bx\left(e_{iy}-\frac{h}{2}+\frac{x}{2}\right)-f'_y A'_s\left(e_{iy}-\frac{h}{2}+a'_s\right)$$
$$-f'_a A'_{af}\left(e_{iy}-\frac{h}{2}+a'_a\right)+M''_{aw}=0$$

其中,$\sigma_s=\dfrac{f_y}{\xi_b-\beta_1}\left(\dfrac{x}{h_0}-\beta_1\right)$,$\sigma_a=\dfrac{f_a}{\xi_b-\beta_1}\left(\dfrac{x}{h_0}-\beta_1\right)$,

$M''_{aw}=\left[\begin{array}{l}\left(\delta_1+\delta_2-\dfrac{2x}{\beta_1 h_0}\right)\left(\dfrac{e_{iy}}{h_0}-1+\dfrac{x}{2\beta_1 h_0}\right)+\\ \dfrac{1}{2}\left(\delta_1^2+\delta_2^2-\dfrac{\delta_1+\delta_2}{\beta_1 h_0}x\right)\end{array}\right]f_a t_w h_0^2$

判断是否满足:
$x > \xi_b h_0$,
$\delta_1 h_0 < \dfrac{x}{\beta_1}$,
$\delta_2 h_0 > \dfrac{x}{\beta_1}$

否

是

计算:
$N_{uy}=\alpha_1 f_c bx+f'_y A'_s+f'_a A'_{af}-\sigma_s A_s-\sigma_a A_{af}+N_{aw}$
其中,$N_{aw}=\left[\dfrac{2x}{\beta_1 h_0}-(\delta_1+\delta_2)\right]f_a t_w h_0$

结束

$x > \xi_b h_0$,$\delta_1 h_0 < \dfrac{x}{\beta_1}$,$\delta_2 h_0 < \dfrac{x}{\beta_1}$

再次求等效受压区高度 x

$$\sigma_s A_s\left(e_{iy}+\frac{h}{2}-a_s\right)+\sigma_a A_{af}\left(e_{iy}+\frac{h}{2}-a_a\right)-$$
$$\alpha_1 f_c bx\left(e_{iy}-\frac{h}{2}+\frac{x}{2}\right)-f'_y A'_s\left(e_{iy}-\frac{h}{2}+a'_s\right)$$
$$-f'_a A'_{af}\left(e_{iy}-\frac{h}{2}+a'_a\right)+M''_{aw}=0$$

其中,$M''_{aw}=(\delta_1-\delta_2)\left(\dfrac{e_{iy}}{h_0}+\dfrac{\delta_1+\delta_2}{2}-1\right)f_a t_w h_0^2$

计算:
$N_{uy}=\alpha_1 f_c bx+f'_y A'_s+f'_a A'_{af}-\sigma_s A_s-\sigma_a A_{af}+N_{aw}$
其中,$N_{aw}=(\delta_2-\delta_1)f_a t_w h_0$

结束

图 4-10 型钢混凝土构件沿 y 轴方向的单向偏心受压承载力计算流程

上列各式是以试验为基础，考虑柱的长细比、裂缝发展等因素建立的具有一定适用条件的双向偏压承载力计算公式。

4.2.5 型钢混凝土轴心受拉构件的正截面受拉承载力

在轴向拉力作用下，型钢混凝土构件的混凝土会出现横向裂缝。一旦该裂缝形成并贯穿，意味着混凝土受拉破坏，退出工作，荷载将全部由型钢和钢筋承担。因此，型钢混凝土轴心受拉构件的正截面受拉承载力可按下式计算：

$$N_u = f_y A_s + f_a A_a \tag{4-49}$$

式中　A_s、A_a——纵向受力钢筋和型钢的截面面积；

　　　f_y、f_a——纵向受力钢筋和型钢的材料抗拉强度设计值。

4.2.6 型钢混凝土偏心受拉构件的正截面受拉承载力

型钢截面为充满型实腹型钢的型钢混凝土偏心受拉构件，按轴向拉力作用位置的不同，可分为大偏心受拉和小偏心受拉两种情况（图 4-11）。当轴向拉力作用在受拉钢筋和受拉型钢翼缘的合力点与受压钢筋和受压型钢翼缘的合力点范围之外时，为大偏心受拉；当轴向拉力作用在受拉钢筋和受拉型钢翼缘的合力点与受压钢筋和受压型钢翼缘的合力点范围以内时，为小偏心受拉。

1. 大偏心受拉

大偏心受拉时，截面虽然开裂，但不会裂通，仍然存在受压区。破坏时，受拉钢筋和型钢受拉翼缘、受压钢筋和型钢受压翼缘的应力都能达到屈服强度设计值，其正截面受拉承载力应按下列公式验算：

$$Ne \leqslant \alpha_1 f_c bx \left(h_0 - \frac{x}{2} \right) + f'_y A'_s (h_0 - a'_s) + f'_a A'_{af} (h_0 - a'_a) + M_{aw} \tag{4-50}$$

$$e = e_0 - \frac{h}{2} + a \tag{4-51}$$

$$e_0 = \frac{M}{N} \tag{4-52}$$

式中　e——轴向拉力作用点至纵向受拉钢筋和型钢受拉翼缘的合力点之间的距离；

　　　e_0——轴向拉力对截面形心的偏心距；

　　　α_1——受压区混凝土压应力影响系数，为受压区混凝土矩形应力图的应力值与混凝土轴心抗压强度设计值的比值；

　　　M——柱端较大弯矩设计值；

　　　N——与弯矩设计值 M 相对应的轴向拉力设计值；

　　M_{aw}——型钢腹板承受的轴向合力对型钢受拉翼缘和纵向受拉钢筋合力点的力矩；

　　　f_c——混凝土轴心抗压强度设计值；

　f_a、f'_a——型钢抗拉和抗压强度设计值；

　f_y、f'_y——钢筋抗拉和抗压强度设计值；

　　　A'_s——受压钢筋的截面面积；

　　A'_{af}——型钢受压翼缘的截面面积；

　　　b——截面宽度；

h——截面高度；

h_0——截面有效高度；

x——混凝土等效受压区高度；

a——型钢受拉翼缘与受拉钢筋合力点至截面受拉边缘的距离；

a'_s、a'_a——受压区钢筋、型钢翼缘合力点至截面受压边缘的距离。

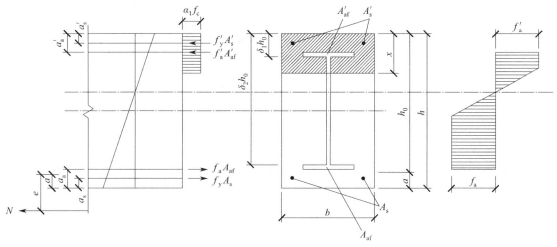

(a) 大偏心受拉

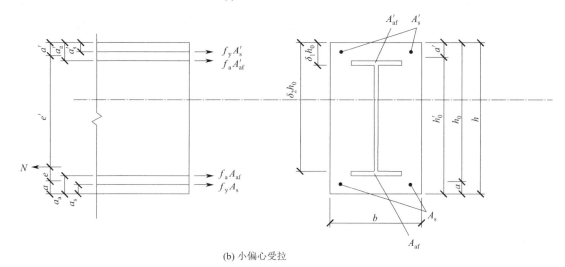

(b) 小偏心受拉

图 4-11 型钢混凝土偏心受拉构件的承载力计算参数示意图

式(4-50) 中的受弯承载力验算是对纵向受拉钢筋和型钢受拉翼缘的合力点取矩得到的，式中的混凝土等效受压区高度 x 由轴力平衡条件得到，即：

$$N=f_yA_s+f_aA_{af}-f'_yA'_s-f'_aA'_{af}-\alpha_1f_cbx+N_{aw} \tag{4-53}$$

式中 N_{aw}——型钢腹板承受的轴向合力。

式(4-53) 中的 N_{aw} 和式(4-50) 中的 M_{aw} 可按下列两种情况中的相应公式计算：

(1) 当 $\delta_1h_0<\dfrac{x}{\beta_1}$，$\delta_2h_0>\dfrac{x}{\beta_1}$ 时，中和轴位于型钢腹板范围内，

$$N_{aw} = \left[(\delta_1 + \delta_2) - \frac{2x}{\beta_1 h_0} \right] f_a t_w h_0 \tag{4-54}$$

$$M_{aw} = \left[(\delta_1 + \delta_2) + \left(\frac{x}{\beta_1 h_0} \right)^2 - \frac{2x}{\beta_1 h_0} - 0.5(\delta_1^2 + \delta_2^2) \right] f_a t_w h_0^2 \tag{4-55}$$

式中　t_w——型钢腹板厚度;

　　　β_1——受压区混凝土压应力图形影响系数,为矩形应力图形受压区高度 x 与中和轴高度 x_c 的比值;

　　　δ_1——型钢腹板上端至截面上边的距离与截面有效高度 h_0 的比值;

　　　δ_2——型钢腹板下端至截面上边的距离与截面有效高度 h_0 的比值。

(2) 当 $\delta_1 h_0 > \dfrac{x}{\beta_1}$, $\delta_2 h_0 > \dfrac{x}{\beta_1}$ 时,中和轴位于型钢腹板上端至截面上边缘范围内,

$$N_{aw} = (\delta_2 - \delta_1) f_a t_w h_0 \tag{4-56}$$

$$M_{aw} = [(\delta_2 - \delta_1) - 0.5(\delta_2^2 - \delta_1^2)] f_a t_w h_0^2 \tag{4-57}$$

截面承受偏心拉力作用时,不会出现 $\delta_1 h_0 < \dfrac{x}{\beta_1}$, $\delta_2 h_0 > \dfrac{x}{\beta_1}$ 的情况。

式(4-54)~式(4-57)的推导过程如下:

(1) 当 $\delta_1 h_0 < \dfrac{x}{\beta_1}$, $\delta_2 h_0 > \dfrac{x}{\beta_1}$ 时,型钢腹板部分受压、部分受拉,且不管是腹板的受压区还是受拉区,都无法完全屈服,因此其应力图形为拉压梯形应力图形,计算时简化为等效矩形应力图,即近似认为腹板应力沿其全高均达到屈服强度设计值。此时型钢腹板受压部分高度为 $\dfrac{x}{\beta_1} - \delta_1 h_0$,受拉部分高度为 $\delta_2 h_0 - \dfrac{x}{\beta_1}$,于是可以得到型钢腹板受压区压应力的合力为 $\left(\dfrac{x}{\beta_1} - \delta_1 h_0 \right) f_a t_w$,受拉区拉应力合力为 $\left(\delta_2 h_0 - \dfrac{x}{\beta_1} \right) f_a t_w$,故型钢腹板承受的轴向合力为

$$N_{aw} = \left(\delta_2 h_0 - \frac{x}{\beta_1} \right) f_a t_w - \left(\frac{x}{\beta_1} - \delta_1 h_0 \right) f_a t_w \tag{4-58}$$

整理后得到式(4-54)。

N_{aw} 对型钢受拉翼缘与纵向受拉钢筋的合力点取矩得

$$M_{aw} = \left(\delta_2 h_0 - \frac{x}{\beta_1} \right) f_a t_w \left(h_0 - \frac{x}{\beta_1} - \frac{\delta_2 h_0 - \frac{x}{\beta_1}}{2} \right) - \left(\frac{x}{\beta_1} - \delta_1 h_0 \right) f_a t_w \left(h_0 - \delta_1 h_0 - \frac{\frac{x}{\beta_1} - \delta_1 h_0}{2} \right) \tag{4-59}$$

整理后得到式(4-55)。

(2) 当 $\delta_1 h_0 > \dfrac{x}{\beta_1}$, $\delta_2 h_0 > \dfrac{x}{\beta_1}$ 时,同样采用等效矩形应力图简化计算,近似认为型钢腹板沿全高受拉屈服。型钢腹板高度为 $(\delta_2 - \delta_1) h_0$,因此易得式(4-56)。同理,$N_{aw}$ 对型钢受拉翼缘与受拉钢筋的合力点取矩得

$$M_{aw} = (\delta_2 - \delta_1) \left(1 - \delta_1 - \frac{\delta_2 - \delta_1}{2} \right) f_a t_w h_0^2 \tag{4-60}$$

整理后即得式(4-57)。

为了使纵向受压钢筋和型钢受压翼缘都能屈服，混凝土的等效受压区高度 x 应符合下式要求：

$$x \geqslant 2a'_a \tag{4-61}$$

当 $x < 2a'_a$ 时，型钢受压翼缘无法屈服，正截面受拉承载力应按下式验算：

$$Ne \leqslant \alpha_1 f_c bx\left(h_0 - \frac{x}{2}\right) + f'_y A'_s(h_0 - a'_s) + \sigma'_a A'_{af}(h_0 - a'_a) + M_{aw} \tag{4-62}$$

式中　σ'_a——型钢受压翼缘的应力。

式(4-62)中的混凝土等效受压区高度 x 由轴力平衡条件得到，即：

$$N = f_y A_s + f_a A_{af} - f'_y A'_s - \sigma'_a A'_{af} - \alpha_1 f_c bx + N_{aw} \tag{4-63}$$

型钢受压翼缘的应力 σ'_a 按下式计算：

$$\sigma'_a = \left(1 - \frac{\beta_1 a'_a}{x}\right)\varepsilon_{cu} E_a \tag{4-64}$$

式中　E_a——钢材的弹性模量；

ε_{cu}——受压区混凝土的极限压应变。

式(4-64)推导过程如下：

由平截面假定得

$$\frac{\varepsilon_{cu}}{x/\beta_1} = \frac{\varepsilon_a}{x/\beta_1 - a'_a} \tag{4-65}$$

于是

$$\varepsilon_a = \left(1 - \frac{\beta_1 a'_a}{x}\right)\varepsilon_{cu} \tag{4-66}$$

故

$$\sigma'_a = E_a \varepsilon_a = \left(1 - \frac{\beta_1 a'_a}{x}\right)\varepsilon_{cu} E_a \tag{4-67}$$

综合以上内容，可得大偏心受拉情况下，正截面受拉承载力验算步骤如下：

(1) 按照构造要求初选钢筋和型钢，初步确定相关截面参数。先假定 $\delta_1 h_0 < \frac{x}{\beta_1}$，$\delta_2 h_0 > \frac{x}{\beta_1}$，$x \geqslant 2a'_a$，将式(4-54)代入式(4-53)，求得等效受压区高度 x。判断 x 是否满足 $\delta_1 h_0 < \frac{x}{\beta_1}$，$\delta_2 h_0 > \frac{x}{\beta_1}$，$x \geqslant 2a'_a$，若满足，则将 x 代入式(4-55)，求出 M_{aw}，并将 x、M_{aw} 代入式(4-50)进行验算。

(2) 若不满足 $\delta_1 h_0 < \frac{x}{\beta_1}$，$\delta_2 h_0 > \frac{x}{\beta_1}$，$x \geqslant 2a'_a$ 的条件，则进一步按 $\delta_1 h_0 < \frac{x}{\beta_1}$，$\delta_2 h_0 > \frac{x}{\beta_1}$，$x < 2a'_a$ 的条件进行验算。将式(4-54)代入式(4-63)，求出等效受压区高度 x。同时判断 x 是否满足 $\delta_1 h_0 < \frac{x}{\beta_1}$，$\delta_2 h_0 > \frac{x}{\beta_1}$，$x < 2a'_a$。若满足，则将 x 代入式(4-55)，求出 M_{aw}，并将 x、M_{aw} 代入式(4-62)进行验算。

(3) 若不满足 $\delta_1 h_0 < \frac{x}{\beta_1}$，$\delta_2 h_0 > \frac{x}{\beta_1}$，$x < 2a'_a$ 的条件，则最后改为 $\delta_1 h_0 > \frac{x}{\beta_1}$，$\delta_2 h_0 > \frac{x}{\beta_1}$，$x < 2a'_a$ 的条件进行验算。将式(4-56)代入式(4-63)，求出等效受压区高度 x。并将

x、式(4-57)代入式(4-62)进行验算。

验算流程如图 4-12 所示。

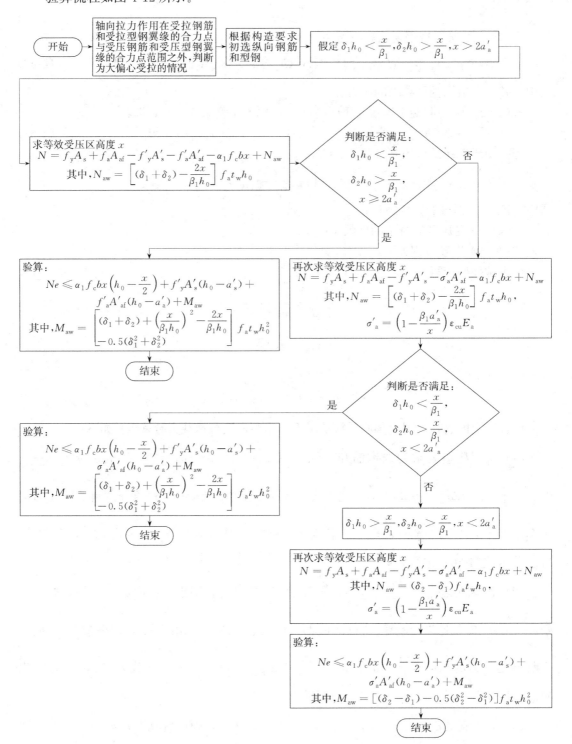

图 4-12　型钢混凝土大偏心受拉构件的正截面受拉承载力验算流程

2. 小偏心受拉

对于小偏心受拉的情况，在承载能力极限状态时，截面全部裂通，拉力完全由钢筋和型钢承担。故偏心受拉承载力计算时不考虑混凝土的受拉作用，且钢筋和型钢的应力都能达到屈服强度设计值。

小偏心受拉构件的正截面受拉承载力应按下列公式验算：

$$Ne \leqslant f'_y A'_s (h_0 - a'_s) + f'_a A'_{af} (h_0 - a'_a) + M_{aw} \tag{4-68}$$

$$Ne' \leqslant f_y A_s (h'_0 - a_s) + f_a A_{af} (h_0 - a_a) + M'_{aw} \tag{4-69}$$

$$M_{aw} = [(\delta_2 - \delta_1) - 0.5(\delta_2^2 - \delta_1^2)] f_a t_w h_0^2 \tag{4-70}$$

$$M'_{aw} = \left[0.5(\delta_2^2 - \delta_1^2) - (\delta_2 - \delta_1) \frac{a'}{h_0} \right] f_a t_w h_0^2 \tag{4-71}$$

$$e' = e_0 + \frac{h}{2} - a \tag{4-72}$$

式中　e——轴向拉力作用点至纵向受拉钢筋和型钢受拉翼缘的合力点之间的距离；

e'——轴向拉力作用点至纵向受压钢筋和型钢受压翼缘的合力点之间的距离；

h'_0——纵向受压钢筋和型钢受压翼缘的合力点至截面受拉边缘的距离；

M'_{aw}——型钢腹板承受的轴向合力对纵向受压钢筋和型钢受压翼缘的合力点的力矩。

式（4-68）是由对纵向受拉钢筋和型钢受拉翼缘的合力点取矩得到的，式（4-69）是由对纵向受压钢筋和型钢受压翼缘的合力点取矩得到的。

式（4-70）和式（4-71）的推导过程如下：

型钢腹板的应力图形为受拉梯形应力图形，计算时采用等效矩形应力图进行简化，近似认为型钢腹板沿全高受拉屈服。型钢腹板承受的轴向合力 N_{aw} 对型钢受拉翼缘与纵向受拉钢筋的合力点取矩得

$$M_{aw} = (\delta_2 - \delta_1) \left(1 - \delta_1 - \frac{\delta_2 - \delta_1}{2} \right) f_a t_w h_0^2 \tag{4-73}$$

整理后得到式（4-70）。

同理，型钢腹板承受的轴向合力 N_{aw} 对型钢受压翼缘与纵向受压钢筋的合力点取矩得

$$M'_{aw} = (\delta_2 - \delta_1) \left(\frac{\delta_2 - \delta_1}{2} + \delta_1 - \frac{a'}{h_0} \right) f_a t_w h_0^2 \tag{4-74}$$

整理后得到式（4-71）。

4.2.7　型钢混凝土构件的受剪截面控制

为了避免发生斜压脆性破坏，型钢混凝土构件的受剪截面尺寸不应过小。同时，考虑到型钢混凝土转换梁和转换柱是比较重要的构件，因此其受剪截面控制条件比型钢混凝土框架梁和框架柱更加严格。

现行行业标准《组合结构设计规范》JGJ 138 对各类型钢混凝土构件的受剪截面作了如下规定：

1. 型钢混凝土框架梁和框架柱

对于持久、短暂设计状况，

$$V_{fb} \leqslant 0.45 \beta_c f_c b h_0 \tag{4-75}$$

$$V_{fc} \leqslant 0.45 \beta_c f_c b h_0 \tag{4-76}$$

对于地震设计状况，

$$V_{fb} \leqslant \frac{1}{\gamma_{RE}} (0.36 \beta_c f_c b h_0) \tag{4-77}$$

$$V_{fc} \leqslant \frac{1}{\gamma_{RE}} (0.36 \beta_c f_c b h_0) \tag{4-78}$$

式中 V_{fb}——型钢混凝土框架梁的剪力设计值；

V_{fc}——型钢混凝土框架柱的剪力设计值；

β_c——混凝土强度影响系数，当混凝土强度等级不超过 C50 时，取 $\beta_c=1$；当混凝土强度等级为 C80 时，取 $\beta_c=0.8$；其间按线性内插法确定；

f_c——混凝土的轴心抗压强度设计值；

b、h_0——型钢混凝土梁、柱的截面宽度和有效高度；

γ_{RE}——承载力抗震调整系数。

2. 型钢混凝土转换梁和转换柱

对于持久、短暂设计状况，

$$V_{tb} \leqslant 0.40 \beta_c f_c b h_0 \tag{4-79}$$

$$V_{tc} \leqslant 0.40 \beta_c f_c b h_0 \tag{4-80}$$

对于地震设计状况，

$$V_{tb} \leqslant \frac{1}{\gamma_{RE}} (0.30 \beta_c f_c b h_0) \tag{4-81}$$

$$V_{tc} \leqslant \frac{1}{\gamma_{RE}} (0.30 \beta_c f_c b h_0) \tag{4-82}$$

式中 V_{tb}——型钢混凝土转换梁的剪力设计值；

V_{tc}——型钢混凝土转换柱的剪力设计值。

为了使型钢腹板能够提供一定的受剪承载力，上述各类构件的受剪截面还应符合下式规定：

$$\frac{f_a t_w h_w}{\beta_c f_c b h_0} \geqslant 0.10 \tag{4-83}$$

式中 f_a——型钢的抗拉强度设计值；

t_w、h_w——型钢腹板的厚度和高度。

4.2.8　型钢混凝土构件的斜截面受剪承载力

1. 型钢截面为充满型实腹型钢的型钢混凝土梁

截面为充满型实腹型钢的型钢混凝土梁，其斜截面受剪承载力可根据其类别按以下公式计算：

1) 一般型钢混凝土梁

对于持久、短暂设计状况，

$$V_u = 0.8f_t bh_0 + f_{yv}\frac{A_{sv}}{s}h_0 + 0.58f_a t_w h_w \tag{4-84}$$

式中　V_u——型钢混凝土梁的斜截面受剪承载力；

f_t——混凝土的抗拉强度设计值；

f_{yv}——箍筋的抗拉强度设计值；

f_a——型钢的抗拉强度设计值；

A_{sv}——配置在同一截面内箍筋各肢的全部截面面积；

s——沿构件长度方向上箍筋的间距；

t_w、h_w——型钢腹板的厚度和高度；

b、h_0——截面的宽度和有效高度。

上式右边第一、二项为混凝土剪压区和箍筋共同承担的剪力，即截面上钢筋混凝土部分承担的剪力。

右边第三项是型钢承担的剪力，更确切地说是型钢腹板对斜截面受剪承载力的贡献。计算时假定型钢腹板全截面处于纯剪状态，主应力 $\sigma_1 = f_{av}$，$\sigma_2 = 0$，$\sigma_3 = -f_{av}$，根据 Von Mises 屈服准则，即

$$\sqrt{\frac{1}{2}\left[(\sigma_1-\sigma_2)^2 + (\sigma_2-\sigma_3)^2 + (\sigma_3-\sigma_1)^2\right]} = \sqrt{3f_{av}^2} = \sqrt{3}f_{av} = f_a \tag{4-85}$$

式中　f_a——钢材的屈服强度设计值；

f_{av}——钢材的抗剪强度设计值。

可得腹板受剪强度为

$$f_{av} = \frac{f_a}{\sqrt{3}} = 0.58f_a \tag{4-86}$$

因此，型钢腹板对斜截面受剪承载力的贡献为 $0.58f_a t_w h_w$。

对于地震设计状况，

$$V_u = \frac{1}{\gamma_{RE}}\left(0.5f_t bh_0 + f_{yv}\frac{A_{sv}}{s}h_0 + 0.58f_a t_w h_w\right) \tag{4-87}$$

式中　γ_{RE}——承载力抗震调整系数。

对比式(4-84)和式(4-87)可知，针对地震设计状况调整了混凝土对受剪承载力贡献那一项的系数，大约乘以了 0.6 的折减系数。这是因为在往复地震作用下会产生交叉斜裂缝，从而削弱了混凝土的抗剪贡献。

2) 集中荷载作用下的型钢混凝土梁

对于持久、短暂设计状况，

$$V_u = \frac{1.75}{\lambda+1}f_t bh_0 + f_{yv}\frac{A_{sv}}{s}h_0 + \frac{0.58}{\lambda}f_a t_w h_w \tag{4-88}$$

对于地震设计状况，

$$V_u = \frac{1}{\gamma_{RE}}\left(\frac{1.05}{\lambda+1}f_t bh_0 + f_{yv}\frac{A_{sv}}{s}h_0 + \frac{0.58}{\lambda}f_a t_w h_w\right) \tag{4-89}$$

式中 λ——计算截面剪跨比，λ 可取 $\lambda=a/h_0$，a 为计算截面至支座截面或节点边缘的距离，计算截面取集中荷载作用点处的截面；当 $\lambda<1.5$ 时，取 $\lambda=1.5$；当 $\lambda>3$ 时，取 $\lambda=3$。

式(4-88) 右边各项的含义同式(4-84)。由于是集中荷载作用下的梁，因而考虑了剪跨比的影响。

对比式(4-88) 和式(4-89) 可知，在地震设计状况下，同样是对混凝土的抗剪贡献项乘以 0.6 的折减系数，原因同前所述。

2. 型钢混凝土柱

1）型钢混凝土偏心受压柱

对于型钢混凝土偏心受压柱，其斜截面受剪承载力应按以下公式计算：

对于持久、短暂设计状况，

$$V_u=\frac{1.75}{\lambda+1}f_t bh_0+f_{yv}\frac{A_{sv}}{s}h_0+\frac{0.58}{\lambda}f_a t_w h_w+0.07N \tag{4-90}$$

对于地震设计状况，

$$V_u=\frac{1}{\gamma_{RE}}\left(\frac{1.05}{\lambda+1}f_t bh_0+f_{yv}\frac{A_{sv}}{s}h_0+\frac{0.58}{\lambda}f_a t_w h_w+0.056N\right) \tag{4-91}$$

式中 N——柱的轴向压力设计值；当 $N>0.3f_c A_c$ 时，取 $N=0.3f_c A_c$。

式(4-90) 右边的前三项含义同式(4-88)，第四项反映了轴向压力对构件受剪承载力的有利作用。试验表明，轴压力的存在，能减小裂缝宽度，增大受压区高度，提高构件的受剪承载力。但轴压力对受剪承载力的提高是有一定限度的，当构件轴压比为 $0.3\sim0.5$ 时，斜截面受剪承载力达到最大值。

往复地震作用下产生的交叉斜裂缝会使混凝土的咬合力降低，从而降低混凝土对受剪承载力的贡献。因此式(4-91) 分别对式(4-90) 右边的第一项和第四项乘以了 0.6 和 0.8 的折减系数。

根据现行行业标准《组合结构设计规范》JGJ 138 的规定，考虑地震作用组合的剪跨比不大于 2.0 的偏心受压柱，其斜截面受剪承载力宜取式(4-91) 和下式的较小值：

$$V_u=\frac{1}{\gamma_{RE}}\left[\frac{4.2}{\lambda+1.4}f_t b_0 h_0+f_{yv}\frac{A_s}{s}h_0+\frac{0.58}{\lambda-0.2}f_a t_w h_w\right] \tag{4-92}$$

式(4-92) 对应于发生粘结破坏的受剪承载力，该种破坏形态一般在剪跨比不大于2.0 时出现。

2）型钢混凝土偏心受拉柱

当型钢混凝土柱偏心受拉时，其斜截面受剪承载力应按以下公式计算：

对于持久、短暂设计状况，

$$V_u=\frac{1.75}{\lambda+1}f_t bh_0+f_{yv}\frac{A_{sv}}{s}h_0+\frac{0.58}{\lambda}f_a t_w h_w-0.2N\geqslant f_{yv}\frac{A_{sv}}{s}h_0+\frac{0.58}{\lambda}f_a t_w h_w \tag{4-93}$$

对于地震设计状况，

$$V_u=\frac{1}{\gamma_{RE}}\left(\frac{1.05}{\lambda+1}f_t bh_0+f_{yv}\frac{A_{sv}}{s}h_0+\frac{0.58}{\lambda}f_a t_w h_w-0.2N\right)\geqslant \frac{1}{\gamma_{RE}}\left(f_{yv}\frac{A_{sv}}{s}h_0+\frac{0.58}{\lambda}f_a t_w h_w\right) \tag{4-94}$$

式中　N——柱的轴向拉力设计值。

式（4-93）右边的前三项$\frac{1.75}{\lambda+1}f_tbh_0$、$f_{yv}\frac{A_{sv}}{s}h_0$、$\frac{0.58}{\lambda}f_at_wh_w$的含义同式（4-88），第四项反映了轴向拉力对构件受剪承载力的不利作用。试验表明，轴向拉力的存在有时会使斜裂缝贯穿全截面，使斜截面末端没有剪压区，从而降低构件的斜截面受剪承载力，降低的程度与轴向拉力的数值有关。

4.3　型钢混凝土构件正常使用极限状态的验算

4.3.1　型钢混凝土构件的裂缝宽度计算

1. 型钢混凝土梁的裂缝宽度计算

当型钢混凝土梁的受拉侧裂缝延伸至型钢受拉翼缘附近后，型钢会抑制裂缝的进一步发展。因此，在相同受力条件下，型钢混凝土梁的裂缝宽度比钢筋混凝土梁的小。基于钢筋混凝土受弯构件的最大裂缝宽度计算公式，并考虑型钢受拉翼缘和部分腹板对控制裂缝宽度的有利作用，型钢混凝土梁的最大裂缝宽度可按下列公式计算（图 4-13）：

$$\omega_{max}=1.9\psi\frac{\sigma_{sa}}{E_s}\left(1.9c_s+0.08\frac{d_e}{\rho_{te}}\right) \tag{4-95}$$

$$\psi=1.1(1-M_{cr}/M_q) \tag{4-96}$$

$$M_{cr}=0.235bh^2f_{tk} \tag{4-97}$$

$$\sigma_{sa}=\frac{M_q}{0.87(A_sh_{0s}+A_{af}h_{0f}+kA_{aw}h_{0w})} \tag{4-98}$$

$$k=\frac{0.25h-0.5t_f-a_a}{h_w} \tag{4-99}$$

$$d_e=\frac{4(A_s+A_{af}+kA_{aw})}{u} \tag{4-100}$$

$$u=n\pi d_s+(2b_f+2t_f+2kh_{aw})\times0.7 \tag{4-101}$$

$$\rho_{te}=\frac{A_s+A_{af}+kA_{aw}}{0.5bh} \tag{4-102}$$

式中　ω_{max}——型钢混凝土梁的最大裂缝宽度；

　　　ψ——考虑型钢翼缘作用的钢筋应变不均匀系数；当$\psi<0.2$时，取$\psi=0.2$；当$\psi>1.0$时，取$\psi=1.0$；

　　　c_s——最外层纵向受拉钢筋的混凝土保护层厚度；当$c_s>65mm$时，取$c_s=65mm$；

　　　a_a——型钢翼缘合力点至截面受拉边缘的距离；

　　　k——型钢腹板影响系数，其值取梁受拉侧 1/4 梁高范围内的腹板高度与整个腹板高度的比值；

　　b、h——型钢混凝土梁截面宽度、高度；

　　　h_w——型钢腹板高度；

d_s——纵向受拉钢筋的直径；

n——纵向受拉钢筋数量；

u——纵向受拉钢筋和型钢受拉翼缘与部分腹板周长之和；

f_{tk}——混凝土轴心抗拉强度标准值；

σ_{sa}——考虑型钢受拉翼缘与部分腹板及受拉钢筋的钢筋应力值；

E_s——钢材的弹性模量；

M_q——按荷载效应的准永久组合计算的弯矩值；

M_{cr}——梁截面抗裂弯矩；

b_f、t_f——受拉翼缘宽度、厚度；

d_e、ρ_{te}——考虑型钢受拉翼缘与部分腹板及受拉钢筋的有效直径、有效配筋率；

A_s、A_{af}——纵向受拉钢筋、型钢受拉翼缘面积；

A_{aw}、h_{aw}——型钢腹板面积、高度；

h_{0s}、h_{0f}、h_{0w}——纵向受拉钢筋、型钢受拉翼缘、kA_{aw} 截面重心至混凝土截面受压边缘的距离。

按以上各式计算得到的型钢混凝土梁的最大裂缝宽度不应大于表 4-2 规定的最大裂缝宽度限值。

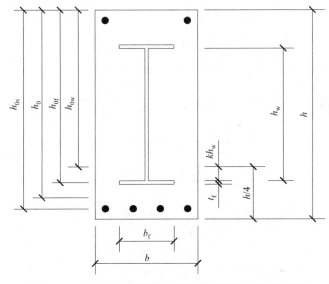

图 4-13 型钢混凝土梁最大裂缝宽度计算参数示意图

型钢混凝土梁最大裂缝宽度限值

表 4-2

耐久性环境等级	裂缝控制等级	最大裂缝宽度限值 ω_{max} (mm)
一	三级	0.30(0.40)
二 a		0.20
二 b		
三 a、三 b		

注：对处于年平均相对湿度小于 60%、地区一类环境下的型钢混凝土梁，其最大裂缝宽度限值可采用括号内的数值。

2. 型钢混凝土轴心受拉构件的裂缝宽度计算

在正常使用极限状态下，当型钢混凝土轴心受拉构件允许出现裂缝时，应验算裂缝宽度。基于钢筋混凝土轴心受拉构件的最大裂缝宽度计算公式，并考虑型钢对控制裂缝宽度的有利作用，配置工字形型钢的型钢混凝土轴心受拉构件的最大裂缝宽度可按下列公式计算：

$$\omega_{\max} = 2.7\psi \frac{\sigma_{sq}}{E_s}\left(1.9c_s + 0.07\frac{d_e}{\rho_{te}}\right) \tag{4-103}$$

$$\psi = 1.1 - 0.65\frac{f_{tk}}{\rho_{te}\sigma_{sq}} \tag{4-104}$$

$$\sigma_{sq} = \frac{N_q}{A_s + A_a} \tag{4-105}$$

$$\rho_{te} = \frac{A_s + A_a}{A_{te}} \tag{4-106}$$

$$d_e = \frac{4(A_s + A_a)}{u} \tag{4-107}$$

$$u = n\pi d_s + 4(b_f + t_f) + 2h_w \tag{4-108}$$

式中　$\omega_{\max}$——型钢混凝土轴心受拉构件的最大裂缝宽度；

ψ——裂缝间受拉钢筋和型钢应变不均匀系数；当 $\psi < 0.2$ 时，取 $\psi = 0.2$；当 $\psi > 1.0$ 时，取 $\psi = 1.0$；

c_s——纵向受拉钢筋的混凝土保护层厚度；

h_w——型钢腹板高度；

d_s——纵向受拉钢筋的直径；

n——纵向受拉钢筋数量；

u——纵向受拉钢筋和型钢截面的总周长；

f_{tk}——混凝土轴心抗拉强度标准值；

σ_{sq}——按荷载效应的准永久组合计算的型钢混凝土构件纵向受拉钢筋和受拉型钢的应力平均值；

E_s——钢材的弹性模量；

N_q——按荷载效应的准永久组合计算的轴向拉力值；

b_f、t_f——型钢截面的翼缘宽度、厚度；

d_e、ρ_{te}——综合考虑受拉钢筋和受拉型钢的有效直径、有效配筋率；

A_s、A_a——受拉钢筋、型钢的截面面积；

A_{te}——轴心受拉构件的横截面面积。

按以上各式计算得到的型钢混凝土轴心受拉构件的最大裂缝宽度不应大于表 4-2 规定的限值。

4.3.2　型钢混凝土构件的挠度计算

试验结果表明：型钢混凝土梁中的型钢和钢筋混凝土能够协同变形，截面的平均应变符合平截面假定。因此，型钢混凝土梁的截面抗弯刚度可由钢筋混凝土截面抗弯刚度和型钢截面抗弯刚度叠加得到。现行行业标准《组合结构设计规范》JGJ 138 给出的型钢混凝

土梁的短期刚度计算公式为

$$B_s = \left(0.22 + 3.75 \frac{E_s}{E_c}\rho_s\right)E_c I_c + E_a I_a \tag{4-109}$$

式中 B_s——型钢混凝土梁的短期刚度；

  ρ_s——纵向受拉钢筋配筋率；

E_c、E_s——混凝土、钢筋的弹性模量；

  E_a——型钢的弹性模量；

  I_c——按截面尺寸计算的混凝土截面惯性矩；

  I_a——型钢的截面惯性矩。

式(4-109)右边第 1 项为钢筋混凝土截面抗弯刚度，基于试验结果分析得到，与受拉钢筋配筋率相关。

长期荷载作用下，由于受压区混凝土的徐变、钢筋与混凝土之间的粘结滑移、混凝土收缩等影响，型钢混凝土梁的截面刚度会降低。通过对钢筋混凝土部分的截面抗弯刚度进行折减，得到型钢混凝土梁考虑长期作用影响的长期刚度计算公式如下：

$$B = \frac{B_s - E_a I_a}{\theta} + E_a I_a \tag{4-110}$$

$$\theta = 2.0 - 0.4 \frac{\rho'_{sa}}{\rho_{sa}} \tag{4-111}$$

式中 B——型钢混凝土梁的长期刚度；

  ρ_{sa}——梁截面受拉区配置的纵向受拉钢筋和型钢受拉翼缘面积之和的截面配筋率；

  ρ'_{sa}——梁截面受压区配置的纵向受压钢筋和型钢受压翼缘面积之和的截面配筋率；

  θ——考虑荷载长期作用对挠度增大的影响系数。

型钢混凝土梁的挠度计算应采用荷载准永久组合，并考虑荷载长期作用的影响。计算得到的型钢混凝土梁的挠度值不应大于表 4-3 规定的限值。

型钢混凝土梁的挠度限值   表 4-3

跨度	挠度限值(mm)
$l_0 < 7\mathrm{m}$	$l_0/200(l_0/250)$
$7\mathrm{m} \leqslant l_0 \leqslant 9\mathrm{m}$	$l_0/250(l_0/300)$
$l_0 > 9\mathrm{m}$	$l_0/300(l_0/400)$

注：1. 表中 l_0 为构件的计算跨度；悬臂构件 l_0 按实际悬臂长度的 2 倍取用；

   2. 构件有起拱时，可将计算所得挠度减去起拱值；

   3. 表中括号内数值适用于使用上对挠度有较高要求的构件。

4.4 型钢混凝土构件的构造要求

4.4.1 型钢混凝土梁的构造要求

1. 截面和型钢尺寸要求

为保证框架梁对框架节点的约束作用，同时便于型钢混凝土梁的混凝土浇筑，型钢混凝土框架梁的截面宽度不宜小于 300mm。对于型钢混凝土托柱转换梁，为保证转换部位的内力传递，其截面宽度不应小于其所托柱在梁宽度方向的截面宽度。对于型钢混凝土托墙转换梁，其截面宽度不宜大于转换柱相应方向的截面宽度，且不宜小于其上墙体截面厚度的 2 倍和 400mm 的较大值。

型钢混凝土框架梁和转换梁中的型钢钢板厚度不宜小于 6mm，为保证钢板的局部稳定性能，型钢钢板宽厚比应符合表 4-4 的规定。为保证型钢、钢筋和混凝土能够协同作用，同时提高构件的防火性能和耐久性，型钢的混凝土保护层最小厚度不宜小于 100mm，且梁内型钢翼缘离两侧边距离 b_1、b_2 之和不宜小于截面宽度的 1/3（图 4-15）。

型钢混凝土梁的型钢钢板宽厚比限值　　　　　　　　　　　　　表 4-4

钢号	b_{f1}/t_f	h_w/t_w
Q235	≤23	≤107
Q345、Q345GJ	≤19	≤91
Q390	≤18	≤83
Q420	≤17	≤80

注：表中的符号含义见图 4-14。

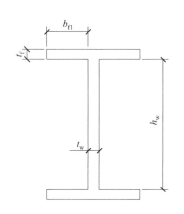
图 4-14　型钢混凝土梁的型钢钢板宽厚比

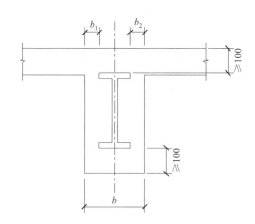
图 4-15　型钢混凝土梁中型钢的混凝土保护层最小厚度

2. 配筋要求

1）纵向钢筋

为保证梁底部混凝土浇筑密实，型钢混凝土框架梁和转换梁中纵向受拉钢筋不宜超过两排。为保证混凝土与钢筋和型钢之间具有良好的粘结作用，同时为了控制正常使用极限状态下梁的裂缝宽度和分布，型钢混凝土梁的纵筋配筋率不宜小于 0.3%，直径宜取 16～25mm，净距不宜小于 30mm 和 1.5d，其中 d 为纵筋最大直径。当转换梁处于偏心受拉时，其支座上部纵向钢筋应至少有 50% 沿梁全长贯通，下部纵向钢筋应全部直通到柱内。

为了控制混凝土收缩引起的收缩裂缝，当型钢混凝土框架梁和转换梁的腹板高度大于或等于 450mm 时，应在梁的两侧沿高度方向每隔 200mm 每侧设置一根纵向腰筋，且每侧腰筋截面面积不宜小于梁腹板截面面积的 0.1%。当转换梁处于偏心受拉时，应沿梁高配置间距不大于 200mm、直径不小于 16mm 的腰筋。

钢-混凝土组合结构设计

2）箍筋

为保证在大变形情况下，箍筋仍能有效约束混凝土，考虑地震作用组合的型钢混凝土框架梁和转换梁应采用带135°弯钩的封闭箍筋，且弯钩端头平直段长度不应小于10倍箍筋直径。

对于考虑地震作用组合的型钢混凝土框架梁，为保证梁端塑性铰区具有足够的变形能力，应在梁端设置箍筋加密区，以增强对混凝土的约束。箍筋加密区长度、加密区箍筋最大间距和箍筋最小直径应符合表4-5的要求。非加密区的箍筋间距不宜大于加密区箍筋间距的2倍。非抗震设计时，型钢混凝土框架梁应采用封闭箍筋，其箍筋直径不应小于8mm，箍筋间距不应大于250mm。梁端设置的第一个箍筋距节点边缘不应大于50mm。沿梁全长箍筋的面积配筋率应符合下列规定：

对于持久、短暂设计状况，

$$\rho_{sv} \geqslant 0.24 f_t / f_{yv} \tag{4-112}$$

对于地震设计状况，当抗震等级为一级时，

$$\rho_{sv} \geqslant 0.30 f_t / f_{yv} \tag{4-113}$$

当抗震等级为二级时，

$$\rho_{sv} \geqslant 0.28 f_t / f_{yv} \tag{4-114}$$

当抗震等级为三、四级时，

$$\rho_{sv} \geqslant 0.26 f_t / f_{yv} \tag{4-115}$$

式中 ρ_{sv}——箍筋的面积配筋率，$\rho_{sv} = A_{sv}/bs$；

f_t——混凝土轴心抗拉强度设计值；

f_{yv}——横向钢筋抗拉强度设计值。

抗震设计型钢混凝土梁箍筋加密区的构造要求　　　　表 4-5

抗震等级	箍筋加密区长度	加密区箍筋最大间距(mm)	箍筋最小直径(mm)
一级	$2h$	100	12
二级	$1.5h$	100	10
三级	$1.5h$	150	10
四级	$1.5h$	150	8

注：h 为梁高；当梁跨度小于梁截面高度4倍时，梁全跨应按箍筋加密区配置；一级抗震等级框架梁箍筋直径大于12mm、二级抗震等级框架梁箍筋直径大于10mm，箍筋数量不少于4肢且肢距不大于150mm时，箍筋加密区最大间距应允许适当放宽，但不得大于150mm。

对于型钢混凝土托柱转换梁，应在离柱边1.5倍梁截面高度范围内设置箍筋加密区，其箍筋直径不应小于12mm，间距不应大于100mm，加密区箍筋的面积配筋率应符合下列公式的规定：

对于持久、短暂设计状况，

$$\rho_{sv} \geqslant 0.9 f_t / f_{yv} \tag{4-116}$$

对于地震设计状况，当抗震等级为一级时，

$$\rho_{sv} \geqslant 1.2 f_t / f_{yv} \tag{4-117}$$

当抗震等级为二级时，

$$\rho_{sv} \geqslant 1.1 f_t / f_{yv} \tag{4-118}$$

当抗震等级为三、四级时，

$$\rho_{sv} \geqslant 1.0 f_t / f_{yv} \tag{4-119}$$

对于托墙转换梁的梁端以及托墙设有门洞的门洞边，应在离柱边和门洞边 1.5 倍梁截面高度范围内设置箍筋加密区。

3. 开孔构造要求

在型钢混凝土梁上开孔时，其孔位宜设置在剪力较小截面附近，且宜采用圆形孔。为保证开孔型钢混凝土梁开孔截面的受剪承载力，应使圆形孔的直径相对于梁高和型钢截面高度的比例不能过大。当孔洞位于离支座 1/4 跨度以外时，圆形孔的直径不宜大于 0.4 倍梁高，且不宜大于型钢截面高度的 0.7 倍；当孔洞位于离支座 1/4 跨度以内时，圆孔的直径不宜大于 0.3 倍梁高，且不宜大于型钢截面高度的 0.5 倍。孔洞周边宜设置钢套管，管壁厚度不宜小于梁型钢腹板厚度，套管与梁型钢腹板连接的角焊缝高度宜取 0.7 倍腹板厚度；腹板孔周围两侧宜各焊上厚度稍小于腹板厚度的环形补强板，其环板宽度可取 75～125mm；且孔边应加设构造箍筋和水平筋（图 4-16）。

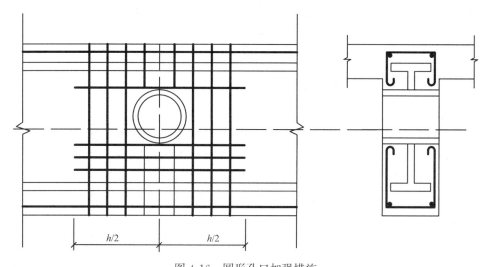

图 4-16 圆形孔口加强措施

型钢混凝土框架梁的圆孔孔洞截面处的受剪承载力可按以下公式计算：

对于持久、短暂设计状况，

$$V_{bu} = 0.8 f_t b h_0 \left(1 - 1.6 \frac{D_h}{h}\right) + 0.58 f_a t_w (h_w - D_h) \gamma + \sum f_{yv} A_{sv} \tag{4-120}$$

对于地震设计状况，

$$V_{bu} = \frac{1}{\gamma_{RE}} \left[0.6 f_t b h_0 \left(1 - 1.6 \frac{D_h}{h}\right) + 0.58 f_a t_w (h_w - D_h) \gamma + 0.8 \sum f_{yv} A_{sv} \right] \tag{4-121}$$

式中 V_{bu}——型钢混凝土框架梁圆孔孔洞截面处的受剪承载力；

b——截面宽度；

h_0——截面有效高度；

D_h——圆孔洞直径；

h——截面高度；

f_a——型钢抗拉强度设计值；

t_w——型钢腹板厚度；

h_w——型钢腹板高度；

γ——孔边条件系数，孔边设置钢套管时取 1.0，孔边不设钢套管时取 0.85；

$\sum f_{yv}A_{sv}$——加强箍筋的受剪承载力；

γ_{RE}——承载力抗震调整系数。

4. 其他构造要求

型钢混凝土托柱转换梁与托柱截面中线宜重合，在托柱位置宜设置正交方向楼面梁或框架梁，且在托柱位置的型钢腹板两侧对称设置支承加劲肋。型钢混凝土托墙转换梁与转换柱截面中线宜重合，在托墙门洞边位置，型钢腹板两侧对称设置支承加劲肋。配置桁架式型钢的型钢混凝土框架梁，为保证压杆稳定，其压杆的长细比不宜大于 120。对于配置实腹式型钢的托墙转换梁、托柱转换梁、悬臂梁和大跨度框架梁等主要承受竖向重力荷载的梁，其荷载大、受力复杂，为增加负弯矩区混凝土和型钢上翼缘的粘结剪应力，应在型钢上翼缘设置栓钉。抗剪栓钉的直径规格宜选用 19mm 和 22mm，其长度不宜小于 4 倍栓钉直径，水平和竖向间距不宜小于 6 倍栓钉直径且不宜大于 200mm。栓钉中心至型钢翼缘边缘距离不应小于 50mm，栓钉顶面的混凝土保护层厚度不宜小于 15mm。

4.4.2 型钢混凝土柱的构造要求

1. 型钢尺寸要求

为有效发挥型钢提高构件承载力和延性的作用，型钢混凝土框架柱和转换柱受力型钢的含钢率不宜小于 4%，但如果型钢只作为构造措施配置，可不受此限制。同时，为了有足够的纵向钢筋和箍筋约束型钢混凝土柱，使型钢、混凝土和纵向钢筋能够协同工作，型钢混凝土框架柱和转换柱的受力型钢的含钢率不宜大于 15%。当含钢率大于 15% 时，应增加箍筋和纵向钢筋的配筋量，并宜通过试验进行专门研究。

型钢混凝土柱中型钢钢板厚度不宜小于 8mm，为保证钢板的局部稳定性能，型钢钢板宽厚比应符合表 4-6 的规定。为提高型钢混凝土柱的防火性能和耐久性、方便箍筋配置，型钢混凝土柱的型钢的混凝土保护层最小厚度不宜小于 200mm（图 4-18）。

型钢混凝土柱中型钢钢板宽厚比限值   表 4-6

钢号	b_{fl}/t_f	h_w/t_w	B/t
Q235	≤23	≤96	≤72
Q345、Q345GJ	≤19	≤81	≤61
Q390	≤18	≤75	≤56
Q420	≤17	≤71	≤54

注：表中符号的含义见图 4-17。

2. 配筋要求

型钢混凝土框架柱和转换柱应配置一定数量的纵向钢筋，以保证外包钢筋混凝土能给型钢提供足够的约束作用。由于型钢混凝土柱承受的弯矩和轴力较大，纵向受力钢筋的直

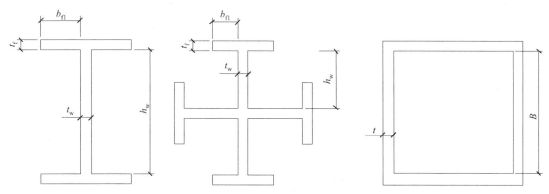

图 4-17　型钢混凝土柱中型钢钢板宽厚比

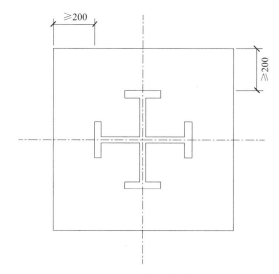

图 4-18　型钢混凝土柱中型钢保护层最小厚度

径不宜小于 16mm，其全部纵向受力钢筋的总配筋率不宜小于 0.8%，每一侧的配筋百分率不宜小于 0.2%。为便于浇筑混凝土，纵向受力钢筋与型钢的最小净距不宜小于 30mm，柱内纵向钢筋的净距不宜小于 50mm 且不宜大于 250mm。

对于抗震设计的型钢混凝土框架柱，应设置箍筋加密区，以有效约束塑性铰区的混凝土，使框架柱具有一定的变形能力。加密区的箍筋最大间距和箍筋最小直径应符合表 4-7 规定。

柱端箍筋加密区的构造要求　　　　　　　　　　　　　　　　　　　　　表 4-7

抗震等级	加密区箍筋最大间距（mm）	箍筋最小直径（mm）
一级	100	12
二级	100	10
三、四级	150（柱根 100）	8

注：底层柱的柱根指地下室的顶面或无地下室情况的基础顶面；二级抗震等级框架柱的箍筋直径大于 10mm 且箍筋采用封闭复合箍、螺旋箍时，除柱根外加密区箍筋最大间距应允许采用 150mm。

箍筋加密区长度，应取柱截面长边尺寸（或圆形截面直径）、柱净高的 1/6 和 500mm 中的最大值；一、二级抗震等级的角柱，应沿柱全高加密箍筋；底层柱根箍筋加密区长度应取不小于该层柱净高的 1/3；当有刚性地面时，除柱端箍筋加密区外，尚应在刚性地面上、下各 500mm 的高度范围内加密箍筋。

　　型钢混凝土框架柱箍筋加密区箍筋的体积配筋率应符合下式规定：

$$\rho_v \geqslant 0.85 \lambda_v \frac{f_c}{f_{yv}} \tag{4-122}$$

式中　ρ_v——柱箍筋加密区箍筋的体积配筋率；

　　　　f_c——混凝土轴心抗压强度设计值；当强度等级低于 C35 时，按 C35 取值；

　　　　f_{yv}——箍筋及拉筋抗拉强度设计值；

　　　　λ_v——最小配箍特征值，按表 4-8 采用。

　　抗震设计的型钢混凝土转换柱的受力大且复杂，应对其箍筋配置从严要求，其箍筋最小配箍特征值应在表 4-8 的数值基础上增大 0.02，且箍筋体积配筋率不应小于 1.5%。

柱箍筋最小配箍特征值　　　　　　　　　　　　表 4-8

抗震等级	箍筋形式	轴压比						
		≤0.3	0.4	0.5	0.6	0.7	0.8	0.9
一级	普通箍、复合箍	0.10	0.11	0.13	0.15	0.17	0.20	0.23
	螺旋箍、复合或连续复合矩形螺旋箍	0.08	0.09	0.11	0.13	0.15	0.18	0.21
二级	普通箍、复合箍	0.08	0.09	0.11	0.13	0.15	0.17	0.19
	螺旋箍、复合或连续复合矩形螺旋箍	0.06	0.07	0.09	0.11	0.13	0.15	0.17
三、四级	普通箍、复合箍	0.06	0.07	0.09	0.11	0.13	0.15	0.17
	螺旋箍、复合或连续复合矩形螺旋箍	0.06	0.06	0.07	0.09	0.11	0.13	0.15

　　注：普通箍指单个矩形箍筋或单个圆形箍筋；螺旋箍指单个螺旋箍筋；复合箍指由多个矩形或多边形、圆形箍筋与拉筋组成的箍筋；复合螺旋箍指矩形、多边形、圆形螺旋箍与拉筋组成的箍筋；连续复合螺旋箍指全部螺旋箍筋为同一根钢筋加工而成的箍筋。在计算复合螺旋箍筋的体积配筋率时，其中非螺旋箍筋的体积应乘以换算系数 0.8。对于一、二、三、四级抗震等级的柱，其箍筋加密的箍筋体积配筋率分别不应小于 0.8%、0.6%、0.4% 和 0.4%。当混凝土强度等级高于 C60 时，箍筋宜采用复合箍、复合螺旋箍或连续复合矩形螺旋箍；当轴压比不大于 0.6 时，其加密区的最小配箍特征值宜按表中数值增加 0.02；当轴压比大于 0.6 时，宜按表中数值增加 0.03。

　　型钢混凝土框架柱的非加密区箍筋的体积配筋率不宜小于加密区的一半；箍筋间距不应大于加密区箍筋间距的 2 倍。当抗震等级为一、二级时，箍筋间距不应大于 10 倍纵向钢筋直径；当抗震等级为三、四级时，箍筋间距不应大于 15 倍纵向钢筋直径。

　　考虑地震作用组合的型钢混凝土框架柱应采用封闭复合箍筋，其末端应有 135° 弯钩，弯钩端头平直段长度不应小于 10 倍箍筋直径。截面中纵向钢筋在两个方向宜有箍筋或拉筋约束。当部分箍筋采用拉筋时，拉筋宜紧靠纵向钢筋并勾住封闭箍筋。箍筋加密区内应配置不少于两道封闭复合箍筋或螺旋箍筋（图 4-19）。当型钢混凝土框架柱的剪跨比不大于 2 时，箍筋间距不应大于 100mm 并应沿全高加密，箍筋体积配筋率不应小于 1.2%；当设防烈度为 9 度时，箍筋体积配筋率不应小于 1.5%。

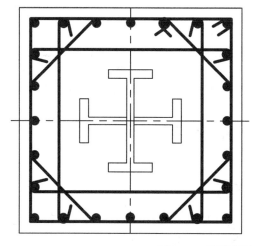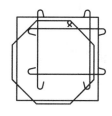

图 4-19　箍筋配置

型钢混凝土转换柱箍筋应采用封闭复合箍或螺旋箍，箍筋直径不应小于 12mm，箍筋间距不应大于 100mm 和 6 倍纵筋直径的较小值并沿全高加密，箍筋末端应有 135° 弯钩，弯钩端头平直段长度不应小于 10 倍箍筋直径。

非抗震设计时，型钢混凝土框架柱和转换柱应采用封闭箍筋，其箍筋直径不应小于 8mm，箍筋间距不应大于 250mm。

3. 轴压比限值

为保证型钢混凝土柱具有足够的变形能力，应对其轴压比进行限制。型钢混凝土框架柱和转换柱的轴轴压比应按式(4-123) 计算，其值不宜大于表 4-9 中的限值。

$$n = \frac{N}{f_c A_c + f_a A_a} \tag{4-123}$$

式中　n——柱轴压比；

　　　N——考虑地震作用组合的柱轴向压力设计值；

　　　f_c——混凝土的轴心抗压强度设计值；

　　　f_a——型钢的抗压强度设计值；

A_c、A_a——混凝土、型钢的截面面积。

型钢混凝土框架柱和转换柱的轴压比限值　　　　　　　　　　表 4-9

结构类型	柱类型	抗震等级			
		一级	二级	三级	四级
框架结构	框架柱	0.65	0.75	0.85	0.90
框架-剪力墙结构	框架柱	0.70	0.80	0.90	0.95
框架-筒体结构	框架柱	0.70	0.80	0.90	—
	转换柱	0.60	0.70	0.80	

结构类型	柱类型	抗震等级			
		一级	二级	三级	四级
筒中筒结构	框架柱	0.70	0.80	0.90	—
	转换柱	0.60	0.70	0.80	—
部分框支剪力墙结构	转换柱	0.60	0.70	—	—

注：剪跨比不大于 2 的柱，其轴压比限值应比表中数值减小 0.05。当混凝土强度等级采用 C65～C70 时，轴压比限值应比表中数值减小 0.05；当混凝土强度等级采用 C75～C80 时，轴压比限值应比表中数值减小 0.10。

4.5　型钢混凝土结构的连接设计

4.5.1　型钢混凝土梁柱节点形式和构造

梁柱节点是结构的关键部位，它承受并传递梁和柱的内力，因此节点的安全可靠是保证结构安全工作的前提。常见的型钢混凝土梁柱节点有以下三种形式：

（1）型钢混凝土柱与钢梁的连接（图 4-20）；

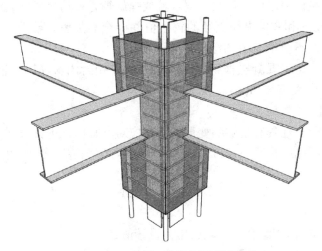

图 4-20　型钢混凝土柱与钢梁的连接节点

（2）型钢混凝土柱与钢筋混凝土梁的连接（图 4-21）；

（3）型钢混凝土柱与型钢混凝土梁的连接（图 4-22）。

型钢混凝土节点核心区的箍筋最小直径宜符合表 4-7 的规定。对于一、二、三级抗震等级的型钢混凝土节点核心区，其箍筋最小体积配箍率分别不宜小于 0.6％、0.5％、0.4％；且箍筋间距不宜大于柱端加密区间距的 1.5 倍，箍筋直径不宜小于柱端箍筋加密区的箍筋直径；柱纵向受力钢筋不应在各层节点中切断。

为保证梁柱节点区以及梁上、下翼缘 500mm 范围型钢的整体受力性能，型钢柱的翼缘与竖向腹板间连接焊缝宜采用坡口全熔透焊缝或部分熔透焊缝；在节点区及梁翼缘上下各 500mm 范围内，应采用坡口全熔透焊缝；在高层建筑底部加强区，应采用坡口全熔透

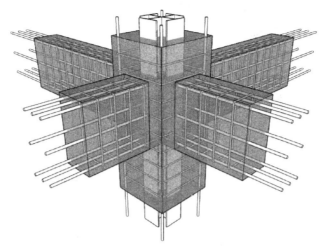

图 4-21　型钢混凝土柱与钢筋混凝土梁的连接节点

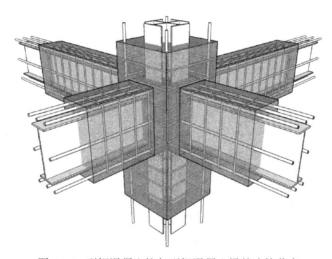

图 4-22　型钢混凝土柱与型钢混凝土梁的连接节点

焊缝；焊缝质量等级应为一级。

　　设置水平加劲肋的目的是确保节点内力可靠传递，但加劲肋会影响混凝土的浇筑，因此应采用合理的加劲肋形式减小对混凝土浇筑质量的影响。对于钢梁或型钢混凝土梁，在柱型钢内部对应于钢梁或型钢混凝土梁内型钢的上、下翼缘处设置水平加劲肋，水平加劲肋厚度不宜小于梁端型钢翼缘厚度，且不宜小于 12mm。对于钢筋混凝土梁，在柱型钢内部对应于梁纵向钢筋水平处设置水平加劲肋，水平加劲肋厚度不宜小于型钢柱腹板厚度。加劲肋与型钢翼缘的连接宜采用坡口全熔透焊缝，与型钢腹板可采用角焊缝，焊缝高度不宜小于加劲肋厚度。

4.5.2　型钢混凝土柱脚形式和构造

　　型钢混凝土柱的柱脚分为埋入式和非埋入式两种类型（图 4-23）。将型钢埋入基础底板（承台）的，称为埋入式柱脚。型钢不埋入基础内部，采用锚栓将型钢下部的钢底板锚

109

固在基础或基础梁顶的，称为非埋入式柱脚。

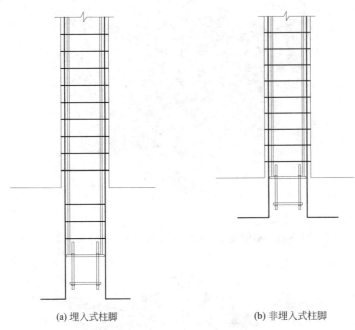

(a) 埋入式柱脚　　　　　　　　　　　　(b) 非埋入式柱脚

图 4-23　型钢混凝土柱脚形式

　　基于以往的震害经验，当无地下室建筑的非埋入式柱脚直接设置在地面标高时，在大震作用下，柱脚往往因抵御不了巨大的往复弯矩和水平剪力的作用而破坏。因此，考虑地震作用组合的偏心受压柱宜采用埋入式柱脚；不考虑地震作用组合的偏心受压柱可采用埋入式柱脚，也可采用非埋入式柱脚；偏心受拉柱应采用埋入式柱脚。

　　型钢混凝土偏心受压柱嵌固端以下有两层及两层以上地下室时，可将型钢伸入基础底板，即采用埋入式柱脚；同时考虑到型钢在嵌固端以下已有一定的埋置深度，为了便于施工，也可将型钢伸至基础底板顶面，但纵向钢筋和锚栓应锚入基础底板并符合锚固要求。此时，应按非埋入式柱脚计算其受压、受弯和受剪承载力，在计算中不考虑型钢作用，轴向压力、弯矩和剪力设计值应取柱底部的相应设计值。

　　型钢混凝土柱埋入式柱脚的型钢底板厚度不应小于柱脚型钢翼缘厚度，且不宜小于25mm。为了保证型钢与混凝土共同工作，型钢混凝土柱的埋入式柱脚在其埋入范围及其上一层的型钢翼缘和腹板部位应设置栓钉，栓钉直径不宜小于19mm，水平和竖向间距不宜大于200mm，栓钉离型钢翼缘板边缘不宜小于50mm，且不宜大于100mm。为保证型钢外侧混凝土对型钢有侧向压力的作用，伸入基础内型钢外侧的混凝土保护层的最小厚度，中柱不应小于180mm，边柱和角柱不应小于250mm（图4-24）。在柱脚埋入部分顶面位置处应设置水平加劲肋以助于传递弯矩和剪力，加劲肋的厚度宜与型钢翼缘等厚，其形状应便于混凝土浇筑。

　　型钢混凝土柱非埋入式柱脚的型钢底板厚度不应小于柱脚型钢翼缘厚度，且不宜小于30mm。非埋入式柱脚型钢底板的锚栓直径不宜小于25mm，锚栓锚入基础底板的长度不宜小于40倍锚栓直径。纵向钢筋锚入基础的长度应符合受拉钢筋锚固规定，外围纵向钢筋锚入基础部分应设置箍筋。在柱与基础的一定范围内，混凝土宜连续浇筑。为保证型钢

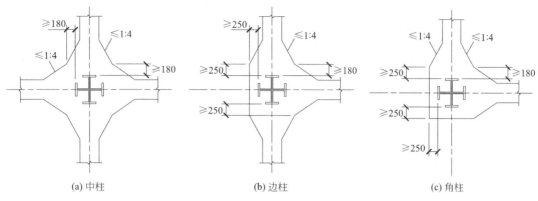

(a) 中柱　　　　　　　　　　(b) 边柱　　　　　　　　　　(c) 角柱

图 4-24　埋入式柱脚混凝土保护层厚度

与混凝土共同工作，非埋入式柱脚上一层的型钢翼缘和腹板部位应设置栓钉，栓钉直径不宜小于 19mm，水平和竖向间距不宜大于 200mm，栓钉离型钢翼缘板边缘不宜小于 50mm，且不宜大于 100mm。

4.6　型钢混凝土结构设计实例

4.6.1　型钢混凝土梁设计实例

某大跨度型钢混凝土框架的立面尺寸如图 4-25 所示，框架柱的轴线距离为 16m，型钢混凝土框架梁上作用有均布荷载，其中恒荷载标准值为 35kN/m，活荷载标准值为 25kN/m，准永久值系数为 0.5。混凝土强度等级采用 C40，钢筋采用 HRB400 级，型钢采用 Q345GJ 钢。根据使用功能要求，梁截面尺寸确定为 500mm×1000mm。假定框架梁与框架柱的线刚度比大于 5，为简化计算，可忽略框架柱对框架梁的转动约束，按连续梁计算该框架梁的内力和变形。不考虑地震作用，试设计该型钢混凝土框架梁。

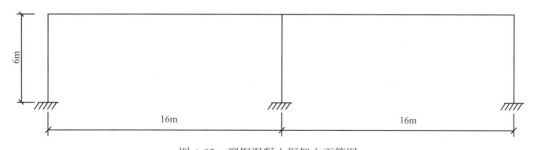

图 4-25　型钢混凝土框架立面简图

【解】

1. 内力计算

当结构上只作用恒载时，结构内力图如图 4-26 所示。其中，框架梁在恒载作用下的最大正弯矩出现在 $2/5l$ 处（627.2kN·m），最大负弯矩出现在中间支座处（-1120kN·m），最大剪力出现在中间支座处（350kN）。

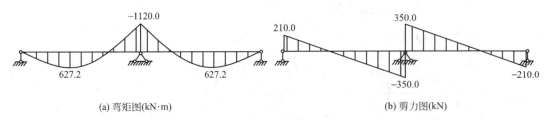

图 4-26　恒载标准值作用下的内力图

当活载均布在两跨梁上时，结构内力图如图 4-27 所示。其中，框架梁在活载作用下的最大负弯矩出现在中间支座处（－800kN・m），最大剪力出现在中间支座处（250kN）。

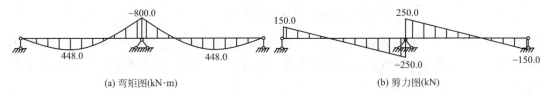

图 4-27　活载标准值均布在两跨梁上的内力图

当活载只均布在任意一跨梁上时（以只均布在左跨为例），结构内力图如图 4-28 所示。其中，框架梁在活载作用下的最大正弯矩出现在 $2l/5$ 处（608kN・m）。

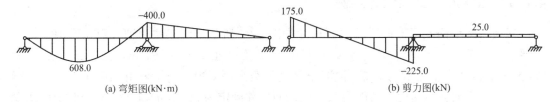

图 4-28　活载只均布在左跨时的内力图

对于框架梁承载能力极限状态验算，需采用基本组合的效应设计值，根据标准要求，在基本组合下，跨中最大正弯矩组合值为 $1.3\times627.2+1.5\times608.0=1727.36$ kN・m，支座最大负弯矩组合值为 $1.3\times(-1120)+1.5\times(-800)=-2656$ kN・m，全梁最大剪力组合值为 $1.3\times(350)+1.5\times(250)=830$ kN。

对于框架梁正常使用极限状态验算，需采用按荷载效应的准永久组合计算的内力值，根据标准要求，在准永久组合下，跨中最大正弯矩组合值为 $627.2+0.5\times608.0=931.2$ kN・m，支座最大负弯矩组合值为 $-1120+0.5\times(-800)=-1520$ kN・m，全梁最大剪力组合值为 $350+0.5\times250=475$ kN。

2. 初拟尺寸

根据型钢混凝土框架梁的纵向受拉钢筋净距及直径要求，以及弯矩绝对值最大的中间支座处负弯矩，首先在框架梁上缘布置 7 根直径 25mm 的钢筋（$A_s=3436$ mm^2），以在中间支座处的梁上缘提供足够的拉力。由于在梁跨 $2l/5$ 处的最大正弯矩约为最大弯矩绝对值的 0.6 倍，故在框架梁下缘布置 4 根直径 25mm 的钢筋（$A'_s=1964$ mm^2）。初选型钢截面尺寸为 700mm$\times300$mm$\times15$mm$\times20$mm。同时为增加箍筋、纵筋、腰筋所形成的整体骨架对混凝土的约束作用，防止由于混凝土收缩引起的收缩裂缝的出现，在梁的两侧沿高度方向每隔 182mm 设置一根直径 14mm 的纵向腰筋（图 4-29）。

型钢钢板宽厚比 $b_{f1}/t_f = 140/24 = 5.83 < 19$，$h_w/t_w = 752/20 = 37.6 < 91$，符合宽厚比限值；当型钢下缘受拉时的纵向受拉钢筋配筋率为 0.39%，满足不小于 0.30% 的配筋率要求；型钢上缘纵向受拉钢筋净距为 41.67mm，满足净距不小于 30mm 和 $1.5d = 37.5$mm 的要求。

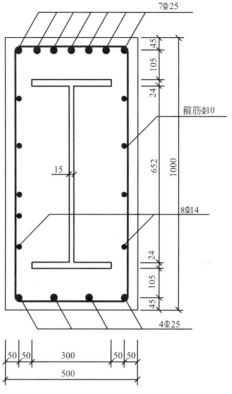

图 4-29　型钢混凝土梁截面

3. 正截面受弯承载力验算

1）正弯矩最大截面

型钢受拉翼缘与受拉钢筋合力作用点与梁底的距离为

$$a = \frac{1964 \times 360 \times 45 + 300 \times 24 \times 295 \times (150 + 12)}{1964 \times 360 + 300 \times 24 \times 295}$$

$$= 132.78\text{mm}$$

梁有效截面高度 $h_0 = h - a = 1000 - 132.78 = 867.22$mm；

型钢腹板上端至截面上边距离 $\delta_1 h_0 = 150 + 24 = 174$mm，$\delta_1 = 0.201$；

型钢腹板下端至截面上边距离 $\delta_2 h_0 = 1000 - 174 = 826$mm，$\delta_2 = 0.952$。

假定 $\delta_1 h_0 < \dfrac{x}{\beta_1} = 1.25x$，$\delta_2 h_0 > \dfrac{x}{\beta_1} = 1.25x$，将 $N_{aw} = \left[\dfrac{2x}{\beta_1 h_0} - (\delta_1 + \delta_2)\right] t_w h_0 f_a$，$\xi = x/h_0$ 代入 $f_c bx + f'_y A'_s + f'_a A'_{af} - f_y A_s - f_a A_{af} + N_{aw} = 0$，可得：

$$x = \frac{f_y A_s + f_a A_{af} - f'_y A'_s - f'_a A'_{af} + (\delta_1 + \delta_2) t_w h_0 f_a}{f_c b + 2.5 t_w f_a}$$

$$= \frac{360 \times 1964 + 295 \times 7200 - 360 \times 3436 - 295 \times 7200 + (0.201 + 0.952) \times 15 \times 867.22 \times 310}{19.1 \times 500 + 2.5 \times 15 \times 310}$$

$$= 199.86\text{mm}$$

相对界限受压区高度 $\xi_b = \dfrac{0.8}{1 + \dfrac{f_y + f_{af}}{2 \times 0.003 E_s}} = \dfrac{0.8}{1 + \dfrac{360 + 295}{2 \times 0.003 \times 2.0 \times 10^5}} = 0.518$，$a'_a = $

162mm，经验证，满足 $\delta_1 h_0 < 1.25x$，$\delta_2 h_0 > 1.25x$，$x \leqslant \xi_b h_0$，$x \geqslant a'_a + t_f$。

相对受压区高度 $\xi = \dfrac{199.86}{867.22} = 0.23$。

型钢腹板承受的轴向合力对型钢受拉翼缘和纵向受拉钢筋合力点的力矩为

$$M_{aw} = [0.5(\delta_1^2 + \delta_2^2) - (\delta_1 + \delta_2) + 2.5\xi - (1.25\xi)^2] t_w h_0^2 f_a$$

$$= [0.5 \times (0.201^2 + 0.952^2) - (0.201 + 0.952) + 2.5 \times 0.23 -$$

钢-混凝土组合结构设计

$$(1.25 \times 0.23)^2] \times 15 \times 867.22^2 \times 310 = -655.02 \text{kN} \cdot \text{m}$$

截面受弯承载力为

$$M = f_c b x \left(h_0 - \frac{x}{2}\right) + f_y' A_s' (h_0 - a_s') + f_a' A_{af}' (h_0 - a_a') + M_{aw}$$

$$= 19.1 \times 500 \times 199.86 \times \left(867.22 - \frac{199.86}{2}\right) + 360 \times 3436 \times (867.22 - 45) +$$

$$295 \times 300 \times 24 \times (867.22 - 162) - 655.02 \times 10^6 = 3324.42 \text{kN} \cdot \text{m} > M_c$$

$$= 1727.36 \text{kN} \cdot \text{m}$$

正截面受弯承载力满足要求。

2）负弯矩最大截面

型钢受拉翼缘与受拉钢筋合力作用点与梁底的距离为

$$a = \frac{3436 \times 360 \times 45 + 300 \times 24 \times 295 \times (150 + 12)}{3436 \times 360 + 300 \times 24 \times 295} = 118.94 \text{mm}$$

梁有效截面高度 $h_0 = h - a = 1000 - 118.94 = 881.06 \text{mm}$；

型钢腹板上端至截面上边距离 $\delta_1 h_0 = 150 + 24 = 174 \text{mm}$，$\delta_1 = 0.197$；

型钢腹板下端至截面上边距离 $\delta_2 h_0 = 1000 - 174 = 826 \text{mm}$，$\delta_2 = 0.938$。

假定 $\delta_1 h_0 < \frac{x}{\beta_1} = 1.25x$，$\delta_2 h_0 > \frac{x}{\beta_1} = 1.25x$，将 $N_{aw} = \left[\frac{2x}{\beta_1 h_0} - (\delta_1 + \delta_2)\right] t_w h_0 f_a$，

$\xi = x/h_0$ 代入 $f_c b x + f_y' A_s' + f_a' A_{af}' - f_y A_s - f_a A_{af} + N_{aw} = 0$，可得

$$x = \frac{f_y A_s + f_a A_{af} - f_y' A_s' - f_a' A_{af}' + (\delta_1 + \delta_2) t_w h_0 f_a}{f_c b + 2.5 t_w f_a}$$

$$= \frac{360 \times 3436 + 295 \times 7200 - 360 \times 1964 - 295 \times 7200 + (0.197 + 0.938) \times 15 \times 881.06 \times 310}{19.1 \times 500 + 2.5 \times 15 \times 310}$$

$$= 244.63 \text{mm}$$

相对界限受压区高度 $\xi_b = \dfrac{0.8}{1 + \dfrac{f_y + f_{af}}{2 \times 0.003 E_s}} = \dfrac{0.8}{1 + \dfrac{360 + 295}{2 \times 0.003 \times 2.0 \times 10^5}} = 0.518$，$a_a' =$

162mm，经验证，满足 $\delta_1 h_0 < 1.25x$，$\delta_2 h_0 > 1.25x$，$x \leqslant \xi_b h_0$，$x \geqslant a_a' + t_f$。

相对受压区高度 $\xi = \dfrac{244.63}{881.06} = 0.278$。

型钢腹板承受的轴向合力对型钢受拉翼缘和纵向受拉钢筋合力点的力矩为

$$M_{aw} = [0.5(\delta_1^2 + \delta_2^2) - (\delta_1 + \delta_2) + 2.5\xi - (1.25\xi)^2] t_w h_0^2 f_a$$

$$= [0.5 \times (0.197^2 + 0.938^2) - (0.197 + 0.938) + 2.5 \times 0.278 - (1.25 \times 0.278)^2] \times 15 \times 881.06^2 \times 310$$

$$= -366.12 \text{kN} \cdot \text{m}$$

截面受弯承载力为

$$M = f_c b x \left(h_0 - \frac{x}{2}\right) + f_y' A_s' (h_0 - a_s') + f_a' A_{af}' (h_0 - a_a') + M_{aw}$$

$$= 19.1 \times 500 \times 244.63 \times \left(881.06 - \frac{244.63}{2}\right) + 360 \times 1964 \times (881.06 - 45)$$

$$+ 295 \times 300 \times 24 \times (881.06 - 162) - 366.12 \times 10^6 = 3524.88 \text{kN} \cdot \text{m} > M_c$$

$=2656$kN・m

正截面受弯承载力满足要求。

4. 斜截面受剪承载力验算

对全梁剪力最大截面，即中间支座截面进行验算。

框架梁的受剪截面：

$V_c=830$kN$<0.45\beta_c f_c bh_0=0.45\times1.0\times19.1\times500\times881.06=3786.36$kN，满足要求。

$\dfrac{f_a t_w h_w}{\beta_c f_c bh_0}=\dfrac{310\times15\times652}{19.1\times500\times881.06}=0.36>0.10$，满足要求。

斜截面受剪承载力为

$$V=0.8f_t bh_0+f_{yv}\frac{A_{sv}}{s}h_0+0.58f_a t_w h_w$$

$$=0.8\times1.71\times500\times881.06+f_{yv}\frac{A_{sv}}{s}h_0+0.58\times310\times15\times652$$

$$=2361.09\times10^3+f_{yv}\frac{A_{sv}}{s}h>V_c=830\times10^3\text{N}$$

斜截面受剪承载力满足要求，按照构造配置箍筋即可。

该框架梁采用直径 10mm 的封闭箍筋，箍筋间距为 150mm，末端设 135°弯钩，端头设 100mm 平直段。箍筋的面积配筋率 $\rho_{sv}=\dfrac{78.5\times2}{500\times150}=0.21\%>0.24f_t/f_{yv}=0.24\times1.71/360=0.11\%$，满足面积配筋率要求。

5. 最大裂缝宽度验算

1）正弯矩最大截面

梁截面抗裂弯矩 $M_{cr}=0.235bh^2f_{tk}=0.235\times500\times1000^2\times2.39=280.83$kN・m；

钢筋应变不均匀系数 $\psi=1.1(1-M_{cr}/M_q)=1.1\times(1-280.83/931.2)=0.768$；

型钢腹板影响系数 $k=76/652=0.117$；

纵向受拉钢筋重心至混凝土截面受压边缘的距离 $h_{0s}=955$mm；

型钢受拉翼缘重心至混凝土截面受压边缘的距离 $h_{0f}=838$mm；

kA_{aw} 截面重心至混凝土截面受压边缘的距离 $h_{0w}=788$mm。

考虑型钢受拉翼缘与部分腹板及受拉钢筋的钢筋应力值为

$$\sigma_{sa}=\frac{M_q}{0.87(A_s h_{0s}+A_{af}h_{0f}+kA_{aw}h_{0w})}$$

$$=\frac{931.2\times10^6}{0.87\times(1964\times955+300\times24\times838+0.117\times15\times652\times788)}$$

$$=121.48\text{N/mm}^2$$

纵向受拉钢筋和型钢受拉翼缘与部分腹板周长之和为

$$u=n\pi d_s+(2b_f+2t_f+2kh_{aw})\times0.7$$

$$=4\times\pi\times25+(2\times300+2\times24+2\times0.117\times652)\times0.7$$

$$=874.56\text{mm}$$

考虑型钢受拉翼缘与部分腹板及受拉钢筋的有效直径为

$$d_e = \frac{4(A_s + A_{af} + kA_{aw})}{u} = \frac{4 \times (1964 + 300 \times 24 + 0.117 \times 15 \times 652)}{874.56} = 47.15\text{mm}$$

考虑型钢受拉翼缘与部分腹板及受拉钢筋的有效配筋率为

$$\rho_{te} = \frac{A_s + A_{af} + kA_{aw}}{0.5bh} = \frac{1964 + 300 \times 24 + 0.117 \times 15 \times 652}{0.5 \times 500 \times 1000} = 0.041$$

最外层纵向受拉钢筋的混凝土保护层厚度 $c_s = 32.5\text{mm}$。

最大裂缝宽度为

$$\begin{aligned}
\omega_{max} &= 1.9\psi \frac{\sigma_{sa}}{E_s}\left(1.9c_s + 0.08\frac{d_e}{\rho_{te}}\right) \\
&= 1.9 \times 0.768 \times \frac{121.48}{2.0 \times 10^5} \times \left(1.9 \times 32.5 + 0.08 \times \frac{47.15}{0.041}\right) \\
&= 0.136\text{mm} < 0.200\text{mm}
\end{aligned}$$

最大裂缝宽度满足要求。

2）负弯矩最大截面

梁截面抗裂弯矩 $M_{cr} = 0.235bh^2 f_{tk} = 0.235 \times 500 \times 1000^2 \times 2.39 = 280.83\text{kN·m}$；
钢筋应变不均匀系数 $\psi = 1.1(1 - M_{cr}/M_q) = 1.1 \times (1 - 280.83/1520) = 0.897$；
型钢腹板影响系数 $k = 76/652 = 0.117$；
纵向受拉钢筋重心至混凝土截面受压边缘的距离 $h_{0s} = 955\text{mm}$；
型钢受拉翼缘重心至混凝土截面受压边缘的距离 $h_{0f} = 838\text{mm}$；
kA_{aw} 截面重心至混凝土截面受压边缘的距离 $h_{0w} = 788\text{mm}$。

考虑型钢受拉翼缘与部分腹板及受拉钢筋的钢筋应力值为

$$\begin{aligned}
\sigma_{sa} &= \frac{M_q}{0.87(A_s h_{0s} + A_{af}h_{0f} + kA_{aw}h_{0w})} \\
&= \frac{1520 \times 10^6}{0.87 \times (3436 \times 955 + 300 \times 24 \times 838 + 0.117 \times 15 \times 652 \times 788)} \\
&= 171.01\text{N/mm}^2
\end{aligned}$$

纵向受拉钢筋和型钢受拉翼缘与部分腹板周长之和为

$$\begin{aligned}
u &= n\pi d_s + (2b_f + 2t_f + 2kh_{aw}) \times 0.7 \\
&= 7 \times \pi \times 25 + (2 \times 300 + 2 \times 24 + 2 \times 0.117 \times 652) \times 0.7 \\
&= 1110.18\text{mm}
\end{aligned}$$

考虑型钢受拉翼缘与部分腹板及受拉钢筋的有效直径为

$$d_e = \frac{4(A_s + A_{af} + kA_{aw})}{u} = \frac{4 \times (3436 + 300 \times 24 + 0.117 \times 15 \times 652)}{1110.18} = 42.44\text{mm}$$

考虑型钢受拉翼缘与部分腹板及受拉钢筋的有效配筋率为

$$\rho_{te} = \frac{A_s + A_{af} + kA_{aw}}{0.5bh} = \frac{3436 + 300 \times 24 + 0.117 \times 15 \times 652}{0.5 \times 500 \times 1000} = 0.047$$

最外层纵向受拉钢筋的混凝土保护层厚度 $c_s = 32.5\text{mm}$。

最大裂缝宽度为

$$\omega_{\max} = 1.9\psi \frac{\sigma_{sa}}{E_s}\left(1.9c_s + 0.08\frac{d_e}{\rho_{te}}\right)$$

$$= 1.9 \times 0.897 \times \frac{171.01}{2.0 \times 10^5} \times \left(1.9 \times 32.5 + 0.08 \times \frac{42.44}{0.047}\right)$$

$$= 0.195\,\mathrm{mm} < 0.200\,\mathrm{mm}$$

最大裂缝宽度满足要求。

6. 挠度验算

取对挠度的荷载最不利布置，采用准永久组合的效应设计值，绘制弯矩图如图 4-30 所示。

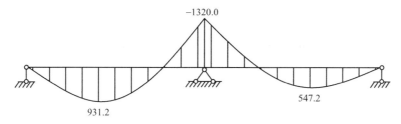

图 4-30　荷载最不利布置准永久组合弯矩图（kN・m）

1）正弯矩段梁的长期刚度

纵向受拉钢筋配筋率 $\rho_s = \dfrac{A_s}{bh_0} = \dfrac{1964}{500 \times 867.22} = 0.0045$；

纵向受拉钢筋和型钢受拉翼缘面积之和的截面配筋率 $\rho_{sa} = \dfrac{A_s + A_{af}}{bh_0} = \dfrac{1964 + 300 \times 24}{500 \times 867.22} = 0.021$；

纵向受压钢筋和型钢受压翼缘面积之和的截面配筋率 $\rho'_{sa} = \dfrac{A'_s + A'_{af}}{bh_0} = \dfrac{3436 + 300 \times 24}{500 \times 867.22} = 0.025$；

考虑荷载长期作用对挠度增大的影响系数 $\theta = 2.0 - 0.4 \times \dfrac{\rho'_{sa}}{\rho_{sa}} = 2.0 - 0.4 \times \dfrac{0.025}{0.021} = 1.524$；

混凝土截面惯性矩 $I_c = bh^3/12 = 500 \times 1000^3/12 = 4.17 \times 10^{10}$ mm^4；

型钢的截面惯性矩 $I_a = b_f h_a^3/12 - (b_f - t_w)h_w^3/12 = 300 \times 700^3/12 - (300 - 15) \times 652^3/12 = 1.99 \times 10^9$ mm^4。

梁的短期刚度为

$$B_s = \left(0.22 + 3.75\frac{E_s}{E_c}\rho_s\right)E_c I_c + E_a I_a$$

$$= \left(0.22 + 3.75 \times \frac{2.0 \times 10^5}{3.25 \times 10^4} \times 0.0045\right) \times 3.25 \times 10^4 \times 4.17 \times 10^{10} + 2.06 \times 10^5 \times 1.99 \times 10^9$$

$$= 8.49 \times 10^5\,\mathrm{kN \cdot m^2}$$

梁的长期刚度为

$$B = \frac{B_s - E_a I_a}{\theta} + E_a I_a$$

$$= \frac{8.49 \times 10^{14} - 2.06 \times 10^5 \times 1.99 \times 10^9}{1.524} + 2.06 \times 10^5 \times 1.99 \times 10^9$$

$=6.98\times10^5\,\mathrm{kN\cdot m^2}$

2) 负弯矩段梁的长期刚度

纵向受拉钢筋配筋率 $\rho_s=\dfrac{A_s}{bh_0}=\dfrac{3436}{500\times881.06}=0.0078$;

纵向受拉钢筋和型钢受拉翼缘面积之和的截面配筋率 $\rho_{sa}=\dfrac{A_s+A_{af}}{bh_0}=\dfrac{3436+300\times24}{500\times881.06}=0.024$;

纵向受压钢筋和型钢受压翼缘面积之和的截面配筋率 $\rho'_{sa}=\dfrac{A'_s+A'_{af}}{bh_0}=\dfrac{1964+300\times24}{500\times881.06}=0.021$;

考虑荷载长期作用对挠度增大的影响系数 $\theta=2.0-0.4\times\dfrac{\rho'_{sa}}{\rho_{sa}}=2.0-0.4\times\dfrac{0.021}{0.024}=1.65$;

混凝土截面惯性矩 $I_c=bh^3/12=500\times1000^3/12=4.17\times10^{10}\,\mathrm{mm^4}$;

型钢截面惯性矩 $I_a=b_f h_a^3/12-(b_f-t_w)h_w^3/12=300\times700^3/12-(300-15)\times652^3/12=1.99\times10^9\,\mathrm{mm^4}$。

梁的短期刚度为

$$
\begin{aligned}
B_s&=\left(0.22+3.75\frac{E_s}{E_c}\rho_s\right)E_c I_c+E_a I_a\\
&=\left(0.22+3.75\times\frac{2.0\times10^5}{3.25\times10^4}\times0.0078\right)\times3.25\times10^4\times4.17\times10^{10}+2.06\times10^5\times1.99\times10^9\\
&=9.52\times10^5\,\mathrm{kN\cdot m^2}
\end{aligned}
$$

梁的长期刚度为

$$
\begin{aligned}
B&=\frac{B_s-E_a I_a}{\theta}+E_a I_a\\
&=\frac{9.52\times10^{14}-2.06\times10^5\times1.99\times10^9}{1.65}+2.06\times10^5\times1.99\times10^9\\
&=7.38\times10^5\,\mathrm{kN\cdot m^2}
\end{aligned}
$$

为简化计算并保证验算结果偏于安全,取正、负弯矩段刚度的较小值($6.98\times10^5\,\mathrm{kN\cdot m^2}$)计算梁的挠度,计算得到的最大挠度为 $28.44\mathrm{mm}<l_0/300=53.3\mathrm{mm}$,框架梁挠度满足要求。

4.6.2 型钢混凝土柱设计实例

某高层型钢混凝土框架-核心筒结构,7 度抗震设防,设计基本地震加速度为 $0.1g$,设计地震分组为第一组,Ⅱ类场地。经初步设计确定的某中间层框架柱的截面尺寸为 $900\mathrm{mm}\times900\mathrm{mm}$。该框架柱的抗震等级为二级,计算长度为 5m。该框架柱有两组最不利组合的内力设计值:(1) $M^t=1800\mathrm{kN\cdot m}$,$M^b=1800\mathrm{kN\cdot m}$,$N=-17000\mathrm{kN}$;(2) $M^t=2500\mathrm{kN\cdot m}$,$M^b=2500\mathrm{kN\cdot m}$,$N=-5600\mathrm{kN}$;$M^t$ 和 M^b 分别为柱上端和下端弯矩设计值。框架柱的混凝土强度等级采用 C50,纵筋和箍筋采用 HRB400 级钢筋,型钢采用 Q345GJ 钢。试设计该型钢混凝土柱。

【解】

1. 初选截面

根据型钢混凝土框架柱的构造要求，初选型钢截面尺寸为 $500\text{mm} \times 400\text{mm} \times 20\text{mm} \times 30\text{mm}$，纵筋为 20 根直径 22mm 的钢筋（图 4-31）。

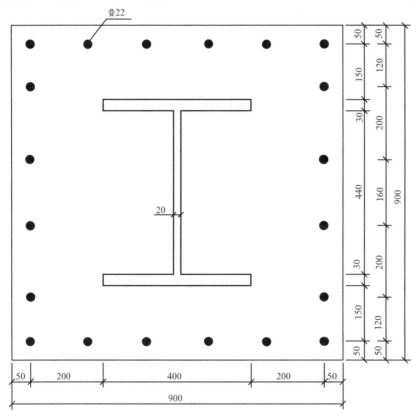

图 4-31　柱截面及型钢和纵筋配置

该框架柱中型钢的含钢率为 4.05%，满足含钢率不小于 4% 且不大于 15% 的要求；翼缘和腹板厚度分别为 30mm 和 20mm，钢板宽厚比 $b_{f1}/t_f = 190/30 = 6.33 < 19$，$h_w/t_w = 440/20 = 22 < 81$，满足钢板厚度不小于 8mm 以及钢板宽厚比限值的要求；框架柱中全部纵向受力钢筋配筋率为 1.17%，柱内纵向钢筋净距为 98～178mm，满足总配筋率不小于 0.8% 及纵向钢筋净距不小于 50mm 且不大于 250mm 的要求；纵向受力钢筋与型钢的最小净距为 139mm，满足纵向受力钢筋与型钢的最小净距不小于 30mm 的要求；型钢的混凝土保护层最小厚度为 200mm，满足型钢的混凝土保护层最小厚度不小于 200mm 的要求。

型钢受拉翼缘与受拉钢筋合力点至截面受拉边缘的距离为

$$a = \frac{2281 \times 360 \times 50 + 400 \times 30 \times 295 \times (200 + 15)}{2281 \times 360 + 400 \times 30 \times 295} = 183.9\text{mm}$$

受压区钢筋合力点至截面受压边缘的距离 $a'_s = 50\text{mm}$，受压区型钢翼缘合力点至截面受压边缘的距离 $a'_a = 200 + \dfrac{30}{2} = 215\text{mm}$，截面有效高度 $h_0 = h - a = 900 - 182.05 = 716.1\text{mm}$。

型钢腹板上端至截面上边距离 $\delta_1 h_0 = 200 + 30 = 230\text{mm}$，$\delta_1 = 0.32$。

型钢腹板下端至截面上边距离 $\delta_2 h_0 = 900 - 230 = 670\text{mm}$，$\delta_2 = 0.94$。

2. 第一组最不利荷载组合下的承载力验算

1）轴压比限值

柱轴压比 $n = \dfrac{N}{f_c A_c + f_a A_a} = \dfrac{17 \times 10^6}{23.1 \times 8.1 \times 10^5 + 295 \times 32800} = 0.6$，当抗震等级为二级时，框架-核心筒结构的型钢混凝土框架柱轴压比限值为 0.8，轴压比满足要求。对于轴压比不小于 0.15 的偏心受压柱，承载力抗震调整系数 $\gamma_{RE} = 0.8$。

2）正截面受压承载力

假定 $\delta_1 h_0 < \dfrac{x}{\beta_1} = 1.25x$，$\delta_2 h_0 > \dfrac{x}{\beta_1} = 1.25x$，将 $N_{aw} = \left[\dfrac{2x}{\beta_1 h_0} - (\delta_1 + \delta_2)\right] t_w h_0 f_a$ 代

入 $N = \dfrac{1}{\gamma_{RE}}(f_c b x + f_y' A_s' + f_a' A_{af}' - f_y A_s - f_a A_{af} + N_{aw})$，可得：

$$x = \frac{\gamma_{RE} N + f_y A_s + f_a A_{af} - f_y' A_s' - f_a' A_{af}' + (\delta_1 + \delta_2) t_w h_0 f_a}{f_c b + 2.5 t_w f_a}$$

$$= \frac{0.8 \times 17000 \times 10^3 + (0.32 + 0.94) \times 20 \times 716.1 \times 295}{23.1 \times 900 + 2.5 \times 20 \times 295}$$

$$= 532.1\text{mm}$$

相对界限受压区高度 $\xi_b = \dfrac{0.8}{1 + \dfrac{f_y + f_{af}}{2 \times 0.003 E_s}} = \dfrac{0.8}{1 + \dfrac{360 + 295}{2 \times 0.003 \times 2.0 \times 10^5}} = 0.518$，经验

证，$x > \xi_b h_0$，为小偏心受压。

受拉钢筋应力 $\sigma_s = \dfrac{f_y}{\xi_b - 0.8}(x/h_0 - 0.8) = \dfrac{360}{0.518 - 0.8}\left(\dfrac{x}{716.1} - 0.8\right) = (-1.78x + 1021.3)\ \text{N/mm}^2$。

受拉翼缘应力 $\sigma_a = \dfrac{f_a}{\xi_b - 0.8}(x/h_0 - 0.8) = \dfrac{295}{0.518 - 0.8}\left(\dfrac{x}{716.1} - 0.8\right) = (-1.46x + 836.9)\ \text{N/mm}^2$。

型钢腹板承受的轴向合力为

$$N_{aw} = \left[2.5\dfrac{x}{h_0} - (\delta_1 + \delta_2)\right] t_w h_0 f_a$$

$$= \left[2.5\dfrac{x}{716.1} - (0.32 + 0.94)\right] \times 20 \times 716.1 \times 295$$

$$= (14750x - 5.32 \times 10^6)\ \text{N}$$

将 σ_s、σ_a 和 N_{aw} 代入 $N = \dfrac{1}{\gamma_{RE}}(f_c b x + f_y' A_s' + f_a' A_{af}' - \sigma_s A_s - \sigma_a A_{af} + N_{aw})$ 中，解得等效受压区高度 $x = 471.5\text{mm}$，经验证 $x > \xi_b h_0$，$\delta_1 h_0 < 1.25x$，$\delta_2 h_0 > 1.25x$，相对受压区高度 $\xi = \dfrac{471.5}{716.1} = 0.66$。

该框架柱上下两端弯矩比 $\dfrac{M^t}{M^b} = -1 < 0.9$，轴压比 $n = 0.6 < 0.9$；

混凝土截面惯性矩 $I_c = \dfrac{900 \times 900^3}{12} = 5.47 \times 10^{10}$ mm^4；

型钢截面惯性矩 $I_a = \dfrac{400 \times 500^3}{12} - 2 \times \dfrac{190 \times 440^3}{12} = 1.47 \times 10^9$ mm^4；

偏心方向的截面回转半径 $i = \sqrt{\dfrac{E_c I_c + E_a I_a}{E_c A_c + E_a A_a}} = \sqrt{\dfrac{3.45 \times 10^4 \times 5.47 \times 10^{10} + 2.06 \times 10^5 \times 1.47 \times 10^9}{3.45 \times 10^4 \times 8.1 \times 10^5 + 2.06 \times 10^5 \times 32800}} =$ 251.2mm；

长细比 $\dfrac{l_c}{i} = \dfrac{5000}{251.2} = 19.9 < 34 - 12\left(\dfrac{M_1}{M_2}\right) = 46$，故不考虑轴向压力在框架柱中产生的附加弯矩影响。

轴向力对截面重心的偏心距 $e_0 = \dfrac{M}{N} = \dfrac{1800 \times 10^6}{17000 \times 10^3} = 105.9$mm，附加偏心距 $e_a = h/30 = 30$mm，初始偏心距 $e_i = e_0 + e_a = 135.9$mm，则轴向力作用点至纵向受拉钢筋和型钢受拉翼缘的合力点之间的距离 $e = e_i + \dfrac{h}{2} - a = 402$mm。

型钢腹板承受的轴向合力对受拉或受压较小边型钢翼缘和纵向钢筋合力点的力矩为

$$
\begin{aligned}
M_{aw} &= [0.5(\delta_1^2 + \delta_2^2) - (\delta_1 + \delta_2) + 2.5\xi - (1.25\xi)^2] t_w h_0^2 f_a \\
&= [0.5 \times (0.32^2 + 0.94^2) - (0.32 + 0.94) + 2.5 \times 0.66 - (1.25 \times 0.66)^2] \times 20 \times 716.1^2 \times 295 \\
&= 6.11 \times 10^8 \, \text{N} \cdot \text{mm}
\end{aligned}
$$

由于

$$
\begin{aligned}
&\frac{1}{\gamma_{RE}}\left[\alpha_1 f_c b x\left(h_0 - \frac{x}{2}\right) + f_y' A_s'(h_0 - a_s') + f_a' A_{af}'(h_0 - a_a') + M_{aw}\right] \\
&= \frac{1}{0.8}\left[\begin{array}{l} 1.0 \times 23.1 \times 900 \times 471.5 \times \left(716.1 - \dfrac{471.5}{2}\right) + 360 \times 2281 \times (716.1 - 50) \\ + 295 \times 12000 \times (716.1 - 215) + 6.11 \times 10^8 \end{array}\right] \\
&= 9.55 \times 10^9 \, \text{N} \cdot \text{mm} > Ne = 17000 \times 10^3 \times 402 = 6.83 \times 10^9 \, \text{N} \cdot \text{mm}
\end{aligned}
$$

正截面受压承载力满足要求。

3）斜截面受剪承载力

该框架柱的抗震等级为二级，考虑地震作用组合的剪力设计值为

$$
V_c = 1.2\frac{(M_c^t + M_c^b)}{H_n} = 1.2 \times \frac{1800 + 1800}{5} = 864 \text{kN}
$$

验算框架柱的受剪截面：

$$
V_c = 864 \times 10^3 \, \text{N} < \frac{1}{\gamma_{RE}}(0.36\beta_c f_c b h_0) = \frac{1}{0.8}(0.36 \times 23.1 \times 900 \times 716.1) = 6699.4 \times
$$
10^3N，满足要求。

$$
\frac{f_a t_w h_w}{\beta_c f_c b h_0} = \frac{295 \times 20 \times 440}{23.1 \times 900 \times 716.1} = 0.17 > 0.10，满足要求。
$$

框架柱的剪跨比 $\lambda = M/V h_0 = 1800 \times 10^6/(864 \times 10^3 \times 716.1) = 2.91$。

柱的轴向压力设计值 $N = 17000$kN $> 0.3 f_c A_c = 0.3 \times 23.1 \times (900 \times 900 - 32800) =$

5386kN，取 $N=5386$kN。

斜截面受剪承载力为

$$V=\frac{1}{\gamma_{RE}}\left(\frac{1.05}{\lambda+1}f_t bh_0+f_{yv}\frac{A_{sv}}{s}h_0+\frac{0.58}{\lambda}f_a t_w h_w+0.056N\right)$$

$$=\frac{1}{0.8}\left(\frac{1.05}{2.91+1}\times1.89\times900\times716.1+f_{yv}\frac{A_{sv}}{s}h_0+\frac{0.58}{2.91}\times295\times20\times440+0.056\times5386\times10^3\right)$$

$$=1432.7\times10^3+\frac{1}{0.8}f_{yv}\frac{A_{sv}}{s}h_0>V_c=864\times10^3 N$$

框架柱满足斜截面受剪要求，按照构造配置箍筋即可。

3. 第二组最不利荷载组合下的承载力验算

1）轴压比限值

柱轴压比 $n=\frac{N}{f_c A_c+f_a A_a}=\frac{5.6\times10^6}{23.1\times8.1\times10^5+295\times32800}=0.2$，当抗震等级为二级时，框架-核心筒结构的型钢混凝土框架柱轴压比限值为0.8，轴压比满足要求。对于轴压比不小于0.15的偏心受压柱，承载力抗震调整系数 $\gamma_{RE}=0.8$。

2）正截面受压承载力

假定 $\delta_1 h_0<\frac{x}{\beta_1}=1.25x$，$\delta_2 h_0>\frac{x}{\beta_1}=1.25x$，将 $N_{aw}=\left[\frac{2x}{\beta_1 h_0}-(\delta_1+\delta_2)\right]t_w h_0 f_a$，

代入 $N=\frac{1}{\gamma_{RE}}(f_c bx+f_y'A_s'+f_a'A_{af}'-f_y A_s-f_a A_{af}+N_{aw})$，可得：

$$x=\frac{\gamma_{RE}N+f_y A_s+f_a A_{af}-f_y'A_s'-f_a'A_{af}'+(\delta_1+\delta_2)t_w h_0 f_a}{f_c b+2.5t_w f_a}$$

$$=\frac{0.8\times5600\times10^3+(0.32+0.94)\times20\times716.1\times295}{23.1\times900+2.5\times20\times295}$$

$$=275.5mm$$

经验证，$\delta_1 h_0<1.25x$，$\delta_2 h_0>1.25x$，$x<\xi_b h_0$，为大偏心受压，相对受压区高度 $\xi=\frac{275.5}{716.1}=0.38$。

由于该框架柱上下两端弯矩比 $\frac{M^t}{M^b}=-1<0.9$，轴压比 $n=0.2<0.9$，长细比 $\frac{l_c}{i}=\frac{5000}{251.2}=19.9<34-12\left(\frac{M_1}{M_2}\right)=46$，故不考虑轴向压力在框架柱中产生的附加弯矩影响。

轴向力对截面重心的偏心距 $e_0=\frac{M}{N}=\frac{2500\times10^6}{5600\times10^3}=446.4mm$，附加偏心距 $e_a=h/30=30mm$，初始偏心距 $e_i=e_0+e_a=476.4mm$，则轴向力作用点至纵向受拉钢筋和型钢受拉翼缘的合力点之间的距离 $e=e_i+\frac{h}{2}-a=742.5mm$。

型钢腹板承受的轴向合力对受拉或受压较小边型钢翼缘和纵向钢筋合力点的力矩为

$$M_{aw}=[0.5(\delta_1^2+\delta_2^2)-(\delta_1+\delta_2)+2.5\xi-(1.25\xi)^2]t_w h_0^2 f_a$$

$$=[0.5\times(0.32^2+0.94^2)-(0.32+0.94)+2.5\times0.38-(1.25\times0.38)^2]\times20\times716.1^2\times295$$

$$=-1.12 \times 10^8 \, \text{N} \cdot \text{mm}$$

由于

$$\frac{1}{\gamma_{RE}} \left[\alpha_1 f_c bx \left(h_0 - \frac{x}{2} \right) + f'_y A'_s (h_0 - a'_s) + f'_a A'_{af} (h_0 - a'_a) + M_{aw} \right]$$

$$= \frac{1}{0.8} \left[\begin{array}{l} 1.0 \times 23.1 \times 900 \times 275.5 \times \left(716.1 - \dfrac{275.5}{2} \right) + 360 \times 2281 \times (716.1 - 50) \\ + 295 \times 12000 \times (716.1 - 215) - 1.12 \times 10^8 \end{array} \right]$$

$$= 6.90 \times 10^9 \, \text{N} \cdot \text{mm} > Ne = 5600 \times 10^3 \times 742.5 = 4.16 \times 10^9 \, \text{N} \cdot \text{mm}$$

正截面受压承载力满足要求。

3）斜截面受剪承载力

该框架柱的抗震等级为二级，考虑地震作用组合的剪力设计值为

$$V_c = 1.2 \, \frac{(M^t_c + M^b_c)}{H_n} = 1.2 \times \frac{2500 + 2500}{5} = 1200 \, \text{kN}$$

验算框架柱的受剪截面：

$$V_c = 1200 \times 10^3 \, \text{N} < \frac{1}{\gamma_{RE}} (0.36 \beta_c f_c b h_0) = \frac{1}{0.8} (0.36 \times 23.1 \times 900 \times 716.1) = 6699.4 \times 10^3 \, \text{N}$$，满足要求。

$$\frac{f_a t_w h_w}{\beta_c f_c b h_0} = \frac{295 \times 20 \times 440}{23.1 \times 900 \times 716.1} = 0.17 > 0.10$$，满足要求。

框架柱的剪跨比 $\lambda = M/V h_0 = 2500 \times 10^6 / (1200 \times 10^3 \times 716.1) = 2.91$。

柱的轴向压力设计值 $N = 5600 \, \text{kN} > 0.3 f_c A_c = 0.3 \times 23.1 \times (900 \times 900 - 32800) = 5386 \, \text{kN}$，取 $N = 5386 \, \text{kN}$。

斜截面受剪承载力为

$$V = \frac{1}{\gamma_{RE}} \left(\frac{1.05}{\lambda + 1} f_t b h_0 + f_{yv} \frac{A_{sv}}{s} h_0 + \frac{0.58}{\lambda} f_a t_w h_w + 0.056 N \right)$$

$$= \frac{1}{0.8} \left(\frac{1.05}{2.91 + 1} \times 1.89 \times 900 \times 716.1 + f_{yv} \frac{A_{sv}}{s} h_0 + \frac{0.58}{2.91} \times 295 \times 20 \times 440 + 0.056 \times 5386 \times 10^3 \right)$$

$$= 1432.7 \times 10^3 + \frac{1}{0.8} f_{yv} \frac{A_{sv}}{s} h_0 > V_c = 1200 \times 10^3 \, \text{N}$$

框架柱满足斜截面受剪要求，按照构造配置箍筋即可。

4. 箍筋配置

在柱上下两端，各取 900mm 范围为箍筋加密区，加密区箍筋间距为 100mm，箍筋直径为 12mm；其余区域为非加密区，箍筋间距为 150mm，箍筋直径为 12mm。外围为封闭箍筋，内部设不穿过型钢的独立拉筋，末端设 135° 弯钩，端头设平直段 120mm（图 4-32）。

查表 4-8，按轴压比 $n = 0.6$ 取较大值，并增加 0.02，得最小配箍特征值 $\lambda_v = 0.13 + 0.02 = 0.15$。对于抗震等级为二级的柱，加密区箍筋体积配筋率不应小于 0.6%，加密区箍筋的体积配筋率 $\rho_v = \dfrac{4 \times 226 \times 846 + 4 \times 226 \times 846 + 4 \times 226 \times 452.5}{846^2 \times 100} = 2.71\% > 0.85 \lambda_v \cdot \dfrac{f_c}{f_{yv}} =$

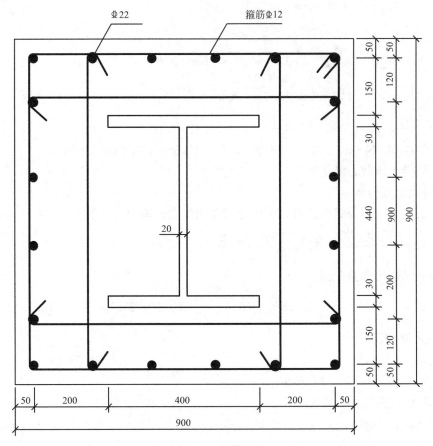

图 4-32　箍筋配置

$0.85 \times 0.15 \times \dfrac{23.1}{360} = 0.82\% > 0.6\%$，非加密区箍筋的体积配筋率 $\rho_v = \dfrac{4 \times 226 \times 846 + 4 \times 226 \times 846 + 4 \times 226 \times 452.5}{846^2 \times 150} = 1.81\% > \dfrac{2.71\%}{2} = 1.36\%$，箍筋的体积配筋率满足要求。

4.7　思考题

（1）按型钢形式的不同，型钢混凝土构件分为哪几种类型？其在受力性能上有何差异？

（2）简述型钢混凝土构件中的约束效应。

（3）相比钢筋混凝土结构和钢结构，型钢混凝土结构具有哪些优势？

（4）型钢混凝土柱脚有哪些类型？分别适用于何种设计条件？

（5）影响型钢混凝土柱斜截面受剪承载力的因素有哪些？

4.8 习题

(1) 某型钢混凝土简支梁的跨度为 18m，承受均布荷载作用，其中恒荷载标准值为 40kN/m，活荷载标准值为 30kN/m，准永久值系数为 0.5。混凝土强度等级采用 C40，钢筋采用 HRB400 级，型钢采用 Q345GJ 钢。根据使用功能要求，梁截面尺寸确定为 600mm×1200mm。不考虑地震作用，试设计该型钢混凝土梁。

(2) 某高层型钢混凝土框架-核心筒结构，7 度抗震设防，设计基本地震加速度为 0.1g，设计地震分组为第一组，Ⅱ 类场地。经初步设计确定的某中间层框架柱的截面尺寸为 1000mm×1000mm。该框架柱的抗震等级为一级，计算长度为 4m。该框架柱有两组最不利组合的内力设计值：(1) $M^t = 2000$kN·m，$M^b = 2000$kN·m，$N = -21000$kN；(2) $M^t = 3000$kN·m，$M^b = 3000$kN·m，$N = -2000$kN；M^t 和 M^b 分别为柱上端和下端弯矩设计值。框架柱的混凝土强度等级采用 C60，纵筋和箍筋采用 HRB400 级钢筋，型钢采用 Q345GJ 钢。试设计该型钢混凝土柱。

第5章　钢管混凝土结构设计

5.1　钢管混凝土构件的一般构造和工作原理

钢管混凝土构件是指在钢管中填充混凝土，并由钢管和混凝土共同承担荷载的一类结构构件。最常见的钢管混凝土截面形状包括圆形、矩形和方形（图 5-1）；方形钢管混凝土可视作矩形钢管混凝土的特例。

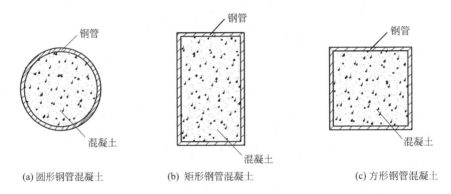

(a) 圆形钢管混凝土　　　(b) 矩形钢管混凝土　　　(c) 方形钢管混凝土

图 5-1　常见钢管混凝土截面

对于承受轴向压力的钢管混凝土构件，钢管会限制核心混凝土的横向膨胀，使混凝土处于三向受压状态，从而提高核心混凝土的抗压强度和变形能力。另一方面，核心混凝土可为钢管提供侧向支撑作用，防止钢管发生向内的局部屈曲，提高钢管的局部稳定性能。由于上述组合作用，钢管混凝土构件的受压力学性能要明显优于钢管和混凝土各自受压力学性能的简单叠加（图 5-2）。值得指出的是，在加载初期，由于混凝土的泊松比小于钢管的泊松比，钢管和混凝土之间不会发生横向相互作用，只有当混凝土的应力达到一定水平，横向变形超过钢管时，上述组合作用才会开始发挥。对于承受压弯荷载的钢管混凝土构件，钢管和核心混凝土的受力状态更为复杂，但上述组合作用仍然存在。

圆形钢管混凝土和矩形钢管混凝土各有优势。在相同含钢量下，圆形钢管对混凝土的约束作用更强，因为混凝土的横向膨胀使圆钢管产生环向拉应力，约束效果显著（图 5-3a）；而在矩形钢管混凝土中，混凝土的横向膨胀会使钢管壁发生面外弯曲，钢管对混凝土的约束作用主要集中在四个角部，约束效果不如圆形钢管（图 5-3b）。相较矩形钢管，圆形钢管的局部稳定性能也更好。矩形钢管混凝土相比圆形钢管混凝土的

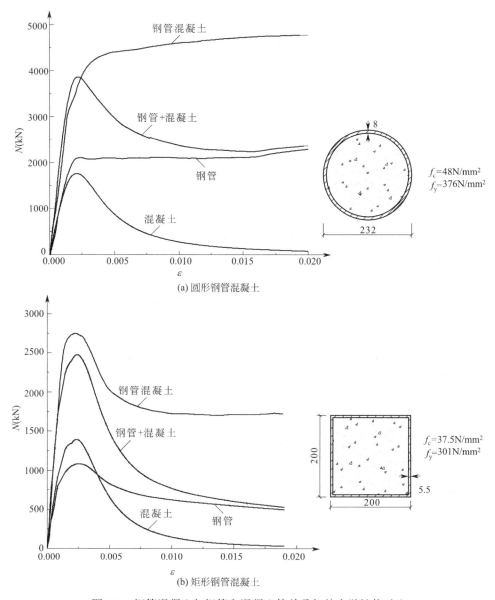

(a) 圆形钢管混凝土

(b) 矩形钢管混凝土

图 5-2　钢管混凝土与钢管和混凝土简单叠加的力学性能对比

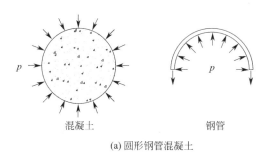

(a) 圆形钢管混凝土

图 5-3　钢管混凝土中的约束作用（一）

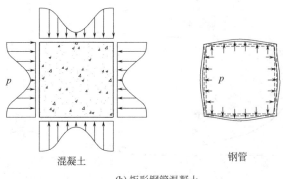

混凝土 　　　　　　　 钢管

(b) 矩形钢管混凝土

图 5-3　钢管混凝土中的约束作用（二）

主要优势包括：更大的弯曲刚度和受弯承载力，相对简单的梁柱连接节点，更易于满足建筑室内空间布置要求。

　　除了具有较高的承载力和良好的变形能力与抗震性能外，钢管混凝土构件的施工也较为方便。钢管可作为核心混凝土浇筑的模板，省去了支模和拆模工序，加快了施工速度。

5.2　圆形钢管混凝土构件的承载力计算

5.2.1　圆形钢管混凝土轴心受压构件的正截面受压承载力

　　《组合结构设计规范》JGJ 138—2016 中规定的圆形钢管混凝土轴心受压构件的正截面受压承载力公式为：

当 $\theta \leqslant [\theta]$ 时，

$$N_u = 0.9\varphi_l f_c A_c(1+\alpha\theta) \tag{5-1}$$

当 $\theta > [\theta]$ 时，

$$N_u = 0.9\varphi_l f_c A_c(1+\sqrt{\theta}+\theta) \tag{5-2}$$

式中　f_c、A_c——钢管内核心混凝土抗压强度设计值、横截面面积；

　　　　φ_l——考虑长细比影响的承载力折减系数；

　　　　α——与混凝土强度等级有关的系数，按表 5-1 取值；

　　　　$[\theta]$——与混凝土强度等级有关的套箍指标界限值，按表 5-1 取值；

　　　　θ——套箍指标。

　　套箍指标 θ 应按下式计算：

$$\theta = \frac{f_a A_a}{f_c A_c} \tag{5-3}$$

式中　A_a、f_a——钢管的横截面面积、抗拉和抗压强度设计值。

　　式(5-1) 和式(5-2) 右端的系数 0.9 是为了使轴心受压承载力计算与偏心受压构件正截面承载力计算具有相近的可靠度。

128

系数 α、套箍指标界限值 $[\theta]$　　　　　　　　　　　　表 5-1

混凝土等级	≤C50	C55～C80
α	2.00	1.8
$[\theta]=1/(\alpha-1)^2$	1.00	1.56

对于钢管混凝土轴心受压长柱，由于二阶效应的影响，其承载力低于相同条件下短柱的承载力。圆形钢管混凝土轴心受压柱考虑长细比影响的承载力折减系数 φ_l 应按下列公式计算：

当 $L_e/D>4$ 时，

$$\varphi_l=1-0.115\sqrt{L_e/D-4} \tag{5-4}$$

当 $L_e/D\leqslant4$ 时，

$$\varphi_l=1 \tag{5-5}$$

式中　L_e——柱的等效计算长度；

　　　D——钢管的外直径。

式(5-4) 和式(5-5) 是总结国内外大量试验结果得出的经验公式。相关试验数据表明，钢管径厚比 D/t、钢材品种、混凝土强度等级和套箍指标等的变化，对 φ_l 值的影响无明显规律，其变化幅度都在试验结果的离散程度以内，故公式中未考虑这些因素。

将式(5-1)、式(5-2) 中的 φ_l 取为 1，即为轴心受压短柱的承载力计算公式。该公式的基本形式(即混凝土强度等级≤C50 时的公式) 由蔡绍怀和焦占拴建立，公式的推导过程如下：

对于圆形钢管混凝土轴心受压短柱，其各组成单元的受力简图如图 5-4 所示。由于钢管和混凝土的相互作用，混凝土处于三向受压状态；由于钢管的径厚比 D/t 一般较大($\geqslant20$)，其所受的径向应力远小于环向应力，因此，可近似认为钢管处于纵向受压、环向受拉的双向应力状态。考虑到钢管较薄，钢管的横截面面积可近似取为

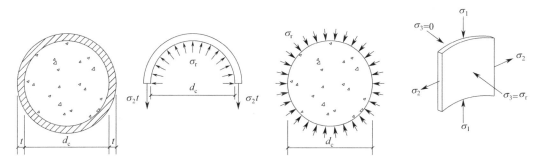

图 5-4　钢管和核心混凝土的受力简图

$$A_a=\pi d_c t \tag{5-6}$$

式中　A_a——钢管的横截面面积；

　　　d_c——钢管内核心混凝土的直径；

　　　t——钢管壁厚。

钢管和混凝土的截面面积之比则为

$$\frac{A_a}{A_c} = \frac{4t}{d_c} \tag{5-7}$$

式中　A_c——钢管内核心混凝土的面积。

由半圈钢管的平衡条件得

$$\sigma_2 t = \frac{d_c}{2}\sigma_r \tag{5-8}$$

式中　σ_r——混凝土的侧压力；

　　　σ_2——钢管的环向拉应力。

由上式可得

$$\sigma_2 = \sigma_r \frac{d_c}{2t} = \sigma_r \frac{2A_c}{A_a} \tag{5-9}$$

假定钢管满足 Von Mises 屈服准则，则

$$\sigma_1^2 + \sigma_1\sigma_2 + \sigma_2^2 = f_a^2 \tag{5-10}$$

式中　σ_1——钢管的纵向压应力；

　　　f_a——钢管抗压和抗拉强度设计值。

将式(5-9) 代入上式，得

$$\sigma_1 = \sqrt{f_a^2 - 3\sigma_r^2\left(\frac{A_c}{A_a}\right)^2} - \sigma_r\frac{A_c}{A_a} \tag{5-11}$$

三向受压混凝土的强度可用下式计算

$$f_{cc} = f_c\left[1 + 1.5\sqrt{\frac{\sigma_r}{f_c}} + 2\frac{\sigma_r}{f_c}\right] \tag{5-12}$$

式中　f_{cc}——三向受压混凝土的强度；

　　　f_c——混凝土在无侧压时的强度。

基于式(5-11) 和式(5-12)，钢管混凝土短柱的轴压承载力可表示为

$$\begin{aligned}
N &= A_c f_{cc} + A_a \sigma_1 \\
&= A_c f_c\left(1 + 1.5\sqrt{\frac{\sigma_r}{f_c}} + 2\frac{\sigma_r}{f_c}\right) + \sqrt{A_a^2 f_a^2 - 3A_c^2\sigma_r^2} - A_c\sigma_r \\
&= A_c f_c\left[1 + \sqrt{1 - \frac{3}{\theta^2}\left(\frac{\sigma_r}{f_c}\right)^2} + \frac{1.5}{\theta}\sqrt{\frac{\sigma_r}{f_c}} + \frac{1}{\theta}\cdot\frac{\sigma_r}{f_c}\cdot\theta\right]
\end{aligned} \tag{5-13}$$

上式中，σ_r 为未知量。假定式中的 N 的最大值为所求的轴压承载力。由极值条件

$$\frac{dN}{d\sigma_r} = 0 \tag{5-14}$$

得对应于最大荷载 N_u 的 σ_r 值应满足下列方程：

$$\frac{3\frac{\sigma_r}{f_c}}{\sqrt{\theta^2 - 3\left(\frac{\sigma_r}{f_c}\right)^2}} - \frac{0.75}{\sqrt{\frac{\sigma_r}{f_c}}} - 1 = 0 \tag{5-15}$$

由式(5-15) 可以解出对应于不同 θ 值的实根 σ_r^*/f_c（上角标 * 表示极限状态时的应力

值）。将其代入式（5-13），即得圆形钢管混凝土轴心受压短柱的极限承载力为

$$N_u = A_c f_c (1 + \alpha\theta) \tag{5-16}$$

式中

$$\alpha = \sqrt{1 - \frac{3}{\theta^2}\left(\frac{\sigma_r^*}{f_c}\right)^2} + \frac{1.5}{\theta}\left(\frac{\sigma_r^*}{f_c}\right)^{0.5} + \frac{1}{\theta} \cdot \frac{\sigma_r^*}{f_c} \tag{5-17}$$

再将 σ_r^*/f_c 值代入式（5-11），可得极限状态时的钢管纵向应力和环向应力为

$$\frac{\sigma_1^*}{f_a} = \sqrt{1 - \frac{3}{\theta^2}\left(\frac{\sigma_r^*}{f_c}\right)^2} - \frac{1}{\theta} \cdot \frac{\sigma_r^*}{f_c} \tag{5-18}$$

$$\frac{\sigma_2^*}{f_a} = \sqrt{1 - \frac{3}{4}\left(\frac{\sigma_1^*}{f_c}\right)^2} - \frac{1}{2} \cdot \frac{\sigma_1^*}{f_a} \tag{5-19}$$

基于 θ 与 σ_r^*/f_c 的对应关系，式（5-17）可简化为

$$\alpha = 1.1 + 1/\sqrt{\theta} \tag{5-20}$$

按式（5-20）算得的 α 的近似值与按式（5-17）算得的精确值非常接近，误差不超过 1.5%。

根据钢管混凝土轴心受压短柱的实际受力情况，式（5-18）和式（5-19）还应满足下述条件：

$$\begin{cases} \sigma_1^*/f_a \geqslant 0 & （不为拉力） \\ \sigma_2^*/f_a \leqslant 0 & （不超过屈服极限） \end{cases} \tag{5-21}$$

当 $\theta < 0.281$ 时，恰好不能满足上述条件。因此，应取 $\sigma_1^*/f_a = 0$ 和 $\sigma_2^*/f_a = 1$，即钢管如同普通螺旋箍筋一样工作。根据半圈钢管的极限平衡条件，得

$$\frac{\sigma_r^*}{f_c} = \frac{\theta}{2} \tag{5-22}$$

此时，钢管混凝土短柱的轴压承载力可表示为

$$N_u = A_c f_c\left(1 + 1.5\sqrt{\frac{\sigma_r^*}{f_c}} + 2\frac{\sigma_r^*}{f_c}\right) = A_c f_c(1 + 1.061\sqrt{\theta} + \theta) = A_c f_c(1 + \alpha\theta) \tag{5-23}$$

式中

$$\alpha = 1 + 1.061/\sqrt{\theta} \tag{5-24}$$

在 $\theta > 0.281$ 的范围内，按式（5-24）算得的结果与式（5-20）算得的非常接近，误差不超过 0.5%。因此，圆形钢管混凝土轴心受压短柱的极限承载力可按下式计算：

$$N_u = A_c f_c(1 + \sqrt{\theta} + 1.1\theta) \tag{5-25}$$

如果三向受压混凝土的强度采用下式表示：

$$f_{cc} = f_c + K\sigma_r \tag{5-26}$$

式中 K——由试验确定的侧压系数，一般取 $K = 4$。

采用上述相同的方法，可解得

$$N_u = A_c f_c(1 + 2\theta) \tag{5-27}$$

令式（5-25）和式（5-27）的 N_u 相等，可得二式交汇点的 θ 分界值 $[\theta] = 1.235$。在计算承载力时，为了偏于安全，当 $\theta \leqslant 1.235$ 时，采用式（5-27）；当 $\theta > 1.235$ 时，采用式

(5-25)。在实际应用时，为了计算方便，将式(5-25)简化为

$$N_u = A_c f_c (1 + \sqrt{\theta} + \theta) \tag{5-28}$$

当采用高强度混凝土（C55~C80）时，α 应取为 1.8，相应的 $[\theta] = 1/(\alpha-1)^2 = 1.56$。

5.2.2 圆形钢管混凝土受弯构件的正截面受弯承载力

对于承受纯弯作用的圆钢管混凝土构件，受压侧的钢管处于非均匀的纵向受压、环向受拉的双向应力状态；受压区混凝土的受约束状态也是非均匀的，其强度和变形性能较难确定。因此，圆钢管混凝土构件受弯承载力的精细分析较为困难。为简化计算，蔡绍怀提出了如下圆钢管混凝土构件正截面受弯承载力的计算公式形式：

$$M_u = \alpha r_c N_0 \tag{5-29}$$

式中 M_u——圆形钢管混凝土受弯构件的正截面受弯承载力计算值；

r_c——核心混凝土横截面的半径；

N_0——圆形钢管混凝土轴心受压短柱的承载力计算值，取 $\varphi_l = 1$ 按式(5-1)和式(5-2)计算；

α——待定系数。

根据多组圆钢管混凝土构件受弯试验实测得到的 M_u 值，采用式(5-29)反算 α，取平均得到的 α 值近似为 0.3。因此，圆形钢管混凝土受弯构件的正截面受弯承载力可按下式计算：

$$M_u = 0.3 r_c N_0 \tag{5-30}$$

5.2.3 圆形钢管混凝土偏心受压构件的正截面受压承载力

对于无侧移且两端弯矩相同的圆形钢管混凝土偏心受压构件，其正截面受压承载力可按下列公式计算：

当 $\theta \leqslant [\theta]$ 时，

$$N_u = 0.9 \varphi_l \varphi_e f_c A_c (1 + \alpha\theta) \tag{5-31}$$

当 $\theta > [\theta]$ 时，

$$N_u = 0.9 \varphi_l \varphi_e f_c A_c (1 + \sqrt{\theta} + \theta) \tag{5-32}$$

式中 φ_l——考虑长细比影响的承载力折减系数，按式(5-4)或式(5-5)计算；

φ_e——考虑偏心率影响的承载力折减系数；

f_c——钢管内核心混凝土的抗压强度设计值；

A_c——钢管内核心混凝土的横截面面积；

α——与混凝土强度等级有关的系数，按表 5-1 取值；

θ——套箍指标；

$[\theta]$——与混凝土强度等级有关的套箍指标界限值，按表 5-1 取值。

考虑偏心率影响的承载力折减系数 φ_e 应按下列公式计算：

当 $e_0/r_c \leqslant 1.55$ 时，

$$\varphi_e = \frac{1}{1 + 1.85 \dfrac{e_0}{r_c}} \tag{5-33}$$

当 $e_0/r_c > 1.55$ 时，

$$\varphi_e = \frac{1}{3.92 - 5.16\varphi_l + \varphi_l \dfrac{e_0}{0.3r_c}} \tag{5-34}$$

式中　e_0——柱端轴向压力偏心距；

　　　r_c——核心混凝土横截面的半径。

以上计算公式的推导过程如下：

将圆钢管混凝土构件的压弯承载力相关曲线简化为直线 AB 和 BC（图 5-5），其中 A 点对应轴心受压；B 点为大小偏压的分界点，其对应的受弯承载力为 $0.4N_0r_c$，偏心率 e_0/r_c 为 1.55，轴力为 $0.26N_0$；C 点对应纯弯受力状态，其对应的受弯承载力为 $0.3N_0r_c$。由此可得直线 AB 的方程为

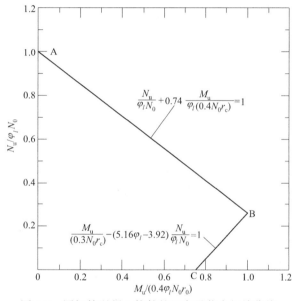

图 5-5　圆钢管混凝土构件的压弯承载力相关曲线

$$\frac{N_u}{\varphi_l N_0} + 0.74\frac{M_u}{\varphi_l(0.4N_0 r_c)} = 1 \tag{5-35}$$

直线 BC 的方程为

$$\frac{M_u}{0.3N_0 r_c} - (5.16\varphi_l - 3.92)\frac{N_u}{\varphi_l N_0} = 1 \tag{5-36}$$

将 $M_u = N_u e_0$ 分别带入式(5-35) 和式(5-36) 可得

$$\varphi_e = \frac{N_u}{\varphi_l N_0} = \frac{1}{1 + 1.85\dfrac{e_0}{r_c}} \tag{5-37}$$

和

$$\varphi_e = \frac{N_u}{\varphi_l N_0} = \frac{1}{3.92 - 5.16\varphi_l + \varphi_l \dfrac{e_0}{0.3r_c}} \tag{5-38}$$

上述两式即为式(5-33) 和式(5-34)。

对于构件两端弯矩不相同的情况（图 5-6），需考虑柱身弯矩分布梯度的影响，在采用式(5-4) 和式(5-5) 计算考虑长细比影响的承载力折减系数 φ_l 时，等效计算长度应乘以系数 k，k 应按下列公式计算：

无侧移时，

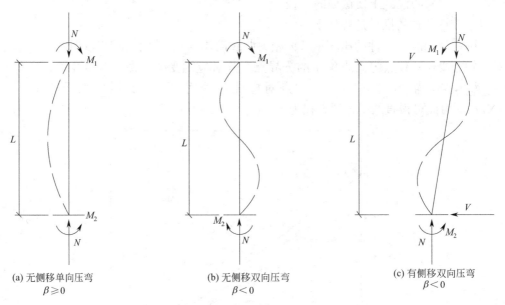

(a) 无侧移单向压弯
$\beta \geqslant 0$

(b) 无侧移双向压弯
$\beta < 0$

(c) 有侧移双向压弯
$\beta < 0$

图 5-6　框架有无侧移示意图

$$k = 0.5 + 0.3\beta + 0.2\beta^2 \tag{5-39}$$

$$\beta = M_1/M_2 \tag{5-40}$$

有侧移时，当 $e_0/r_c \leqslant 0.8$ 时，

$$k = 1 - 0.625 e_0/r_c \tag{5-41}$$

当 $e_0/r_c > 0.8$ 时，

$$k = 0.5 \tag{5-42}$$

式中　β——构件两端弯矩设计值之绝对值较小者 M_1 与较大者 M_2 的比值；单向压弯时，β 为正值；双向压弯时，β 为负值。

对于此种情况，$\varphi_l \varphi_e$ 还应符合以下规定：

$$\varphi_l \varphi_e \leqslant \varphi_0 \tag{5-43}$$

式中　φ_0——按轴心受压柱考虑的长细比影响的承载力折减系数 φ_l 值。

5.2.4　圆形钢管混凝土轴心受拉构件的正截面受拉承载力

对于钢管混凝土轴心受拉构件，在加载初期，核心混凝土和钢管共同变形，两者都处于弹性受力状态；当荷载增大到一定值后，核心混凝土开始出现受拉塑性变形，应变增长速度大于应力增长速度，而钢管仍处于弹性受力状态；随着荷载的继续增加，核心混凝土和钢管应力继续增大，当核心混凝土应力达到抗拉强度时，核心混凝土开裂并退出工作，拉力由钢管承担；当钢管应力达到抗拉屈服强度时，截面达到受拉承载力极限状态。

由于承载力极限状态时，混凝土已退出工作，拉力全部由钢管承担，因此，圆形钢管混凝土轴心受拉构件的正截面受拉承载力可按下式计算：

$$N_u = f_a A_a \tag{5-44}$$

式中　f_a——钢管的抗拉和抗压强度设计值；

　　　A_a——钢管的横截面面积。

5.2.5　圆形钢管混凝土偏心受拉构件的正截面受拉承载力

圆形钢管混凝土偏心受拉构件的正截面受拉承载力可按下式计算：

$$N_u = \cfrac{1}{\cfrac{1}{N_{ut}} + \cfrac{e_0}{M_u}} \tag{5-45}$$

式中　N_{ut}——圆形钢管混凝土轴心受拉构件的正截面受拉承载力，按式（5-44）计算；

　　　M_u——圆形钢管混凝土受弯构件的正截面受弯承载力，按式（5-30）计算；

　　　e_0——轴向拉力偏心距。

以上公式是基于圆钢管混凝土构件的拉弯承载力相关曲线为直线这一假定推导得到的。基于该假定，拉弯承载力相关曲线可表示为

$$\frac{N_u}{N_{ut}} + \frac{N_u e_0}{M_u} = 1 \tag{5-46}$$

上式中的 $N_u e_0$ 为拉弯承载力极限状态时的弯矩。式（5-46）可直接转化成式（5-45）。

5.2.6　圆形钢管混凝土构件斜截面受剪承载力

以往的试验结果表明，当圆形钢管混凝土构件的剪跨大于构件直径 D 的 2 倍时，一般都发生弯曲破坏，无需验算其抗剪承载力。当圆形钢管混凝土构件的剪跨小于构件直径 D 的 2 倍时，应验算其斜截面受剪承载力。斜截面受剪承载力可按下列公式计算：

对于持久、短暂设计状况，

$$V_u = \left[0.2 f_c A_c (1+3\theta) + 0.1N\right] \left(1 - 0.45 \sqrt{\frac{a}{D}}\right) \tag{5-47}$$

对于地震设计状况，

$$V_u = \frac{1}{\gamma_{RE}} \left[0.2 f_c A_c (0.8+3\theta) + 0.1N\right] \left(1 - 0.45 \sqrt{\frac{a}{D}}\right) \tag{5-48}$$

$$a = \frac{M}{V} \tag{5-49}$$

式中　V_u——圆形钢管混凝土偏心受压构件的斜截面受剪承载力；

　　　θ——套箍指标；

　　　a——剪跨；

　　　D——钢管混凝土构件的外径；

　　　N——与剪力设计值对应的轴向力设计值；

　　　V——剪力设计值；

　　　M——与剪力设计值对应的弯矩设计值。

以上公式的由来如下：

由于核心混凝土对钢管的支撑作用和钢管对核心混凝土的套箍约束作用，钢管混凝土在横向剪力作用下可以保持横截面几何形状的稳定性，并呈现出良好的塑性。因此，可根据极限平衡条件，将钢管和核心混凝土的受剪承载力叠加来确定构件的受剪承载力。为使计算公式简化，不考虑套箍作用对混凝土抗剪强度的有利影响，取混凝土的抗剪强度为

$$f_{cv} = 2f_t \approx 0.2f_c \tag{5-50}$$

钢材的抗剪强度为

$$f_{av} = \frac{f_a}{\sqrt{3}} \approx 0.6f_a \tag{5-51}$$

由此得到的钢管混凝土的"纯剪"承载力为

$$V_0 = V_c + V_s = A_c f_{cv} + A_a f_{av} = 2A_c f_t + 0.6A_a f_a \approx 0.2A_c f_c(1+3\theta) \tag{5-52}$$

根据试验结果，当 $a/D \leq 2$ 时，钢管混凝土柱的受剪承载力与剪跨柱径比的关系可用下式描述：

$$V_u = V_0(1 - 0.45\sqrt{a/D}) \tag{5-53}$$

当钢管混凝土柱中有轴向压力作用时，由于轴向压力能够抑制斜裂缝的开展，其受剪承载力会有所提高，但该提高量在总的斜截面受剪承载力中所占的比例是有限的。为了简化计算，根据试验结果保守地将该提高量取为 0.1 倍的轴向压力设计值，故有轴向压力作用的钢管混凝土的斜截面受剪承载力可按下式计算：

$$V_u = (V_0 + 0.1N)(1 - 0.45\sqrt{a/D}) \tag{5-54}$$

将式(5-52)代入式(5-54)即得式(5-47)。

相比式(5-47)，式(5-48)对混凝土的受剪承载力贡献进行了折减，这是由于混凝土在往复地震作用下会产生交叉斜裂缝，从而削弱了其抗剪贡献。

5.3 矩形钢管混凝土构件的承载力计算

5.3.1 矩形钢管混凝土轴心受压构件的正截面受压承载力

矩形钢管混凝土轴心受压柱的受压承载力应按下式计算：

$$N_u = 0.9\varphi(\alpha_1 f_c b_c h_c + 2f_a bt + 2f_a h_c t) \tag{5-55}$$

式中 φ——稳定系数，主要和构件的长细比 l_0/i 相关，其中 l_0 为构件的计算长度，i 为截面的最小回转半径；

α_1——受压区混凝土压应力影响系数，当混凝土强度等级不超过 C50 时，取 1.00，当混凝土强度等级为 C80 时，取 0.94，其间按线性内插法确定；

f_a、f_c——矩形钢管抗压和抗拉强度设计值、内填混凝土抗压强度设计值；

b——矩形钢管截面宽度；

b_c、h_c——矩形钢管内填混凝土的截面宽度、高度；

t——矩形钢管的管壁厚度。

最小回转半径 i 按下式计算

$$i=\sqrt{\frac{E_cI_c+E_aI_a}{E_cA_c+E_aA_a}} \tag{5-56}$$

式中　E_c、E_a——混凝土弹性模量、钢管弹性模量；

　　　I_c、I_a——混凝土截面惯性矩、钢管截面惯性矩。

计算出构件的长细比 l_0/i 后，按表 5-2 确定稳定系数 φ。式(5-55) 右端的系数 0.9 是为了使轴心受压承载力计算与偏心受压构件正截面承载力计算有相近的可靠度。

轴心受压稳定系数　　　　　　　　　　　　表 5-2

l_0/i	≤28	35	42	48	55	62	69	76	83	90	97	104
φ	1.00	0.98	0.95	0.92	0.87	0.81	0.75	0.70	0.65	0.60	0.56	0.52

将式(5-55) 中的 φ 取为 1，并去掉与可靠度相关的系数 0.9，可得矩形钢管混凝土轴心受压短柱的承载力计算公式：

$$N_u=\alpha_1f_cb_ch_c+2f_abt+2f_ah_ct \tag{5-57}$$

上式等号右边为混凝土和钢管受压强度的简单叠加，这是因为矩形钢管混凝土内的约束效应对混凝土强度的提高作用有限，因此可忽略约束效应的影响。

5.3.2　矩形钢管混凝土受弯构件的正截面受弯承载力

基于图 5-7 所示的应力分布，矩形钢管混凝土受弯构件的正截面受弯承载力（图 5-7）可按下列公式计算：

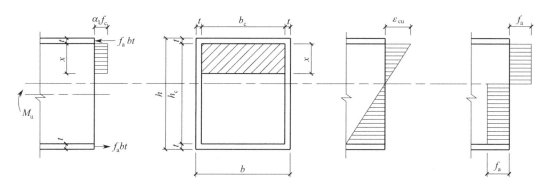

图 5-7　矩形钢管混凝土受弯构件的正截面受弯承载力计算示意图

$$M_u=\alpha_1f_cb_cx(h_c+0.5t-0.5x)+f_abt(h_c+t)+M_{aw} \tag{5-58}$$

$$M_{aw}=f_at\frac{x}{\beta_1}\left(2h_c+t-\frac{x}{\beta_1}\right)-f_at\left(h_c-\frac{x}{\beta_1}\right)\left(h_c+t-\frac{x}{\beta_1}\right) \tag{5-59}$$

式中　M_u——矩形钢管混凝土受弯构件的正截面受弯承载力计算值；

　　　α_1——受压区混凝土压应力影响系数，为受压区混凝土矩形应力图的应力值与混凝土轴心抗压强度设计值的比值；

　　　β_1——受压区混凝土压应力图形影响系数，为矩形应力图形受压区高度 x 与中和轴高度 x_c 的比值；

　　　f_c——钢管内核心混凝土的轴心抗压强度设计值；

　　　f_a——钢材的抗拉和抗压强度设计值；

b_c——钢管内核心混凝土横截面的宽度；

b——截面宽度；

h_c——钢管内核心混凝土横截面的高度；

x——混凝土等效受压区高度；

t——钢管的壁厚；

M_{aw}——钢管腹板轴向合力对钢管受拉侧翼缘厚度中心的力矩。

式(5-58)由对受拉端钢管翼缘厚度中心取矩得到，式中的混凝土等效受压区高度 x 由轴力平衡条件确定，即

$$\alpha_1 f_c b_c x + 2 f_a t \left(2\frac{x}{\beta_1} - h_c\right) = 0 \tag{5-60}$$

由上式可解得

$$x = \frac{2 f_a h_c t}{\alpha_1 f_c b_c + \dfrac{4 f_a t}{\beta_1}} \tag{5-61}$$

式(5-59)的推导过程如下：

为简化计算，假定钢管腹板受压区和受拉区的应力图形为矩形，应力值为钢管的屈服强度。腹板受压区的高度为 $\dfrac{x}{\beta_1}$，其轴向合力为 $2 f_a t \dfrac{x}{\beta_1}$，对钢管受拉侧翼缘厚度中心的力矩为 $2 f_a t \dfrac{x}{\beta_1}\left(h_c + \dfrac{t}{2} - \dfrac{x}{2\beta_1}\right)$；腹板受拉区的高度为 $h_c - \dfrac{x}{\beta_1}$，其轴向合力为 $2 f_a t$· $\left(h_c - \dfrac{x}{\beta_1}\right)$，对钢管受拉侧翼缘厚度中心的力矩为 $2 f_a t\left(h_c - \dfrac{x}{\beta_1}\right)\left(\dfrac{h_c}{2} + \dfrac{t}{2} - \dfrac{x}{2\beta_1}\right)$。因此，钢管腹板轴向合力对钢管受拉侧翼缘厚度中心的力矩为

$$M_{aw} = 2 f_a t \frac{x}{\beta_1}\left(h_c + \frac{t}{2} - \frac{x}{2\beta_1}\right) - 2 f_a t\left(h_c - \frac{x}{\beta_1}\right)\left(\frac{h_c}{2} + \frac{t}{2} - \frac{x}{2\beta_1}\right) \tag{5-62}$$

整理后得到式(5-59)。

5.3.3 矩形钢管混凝土偏心受压构件的正截面受压承载力

基于图 5-8 所示的应力分布，矩形钢管混凝土偏心受压构件的正截面受压承载力应按下列公式进行验算：

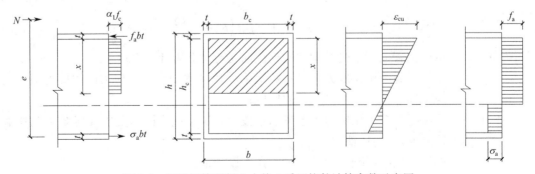

图 5-8 矩形钢管混凝土小偏心受压构件计算参数示意图

$$Ne \leqslant \alpha_1 f_c b_c x (h_c + 0.5t - 0.5x) + f_a bt (h_c + t) + M_{aw} \tag{5-63}$$

$$M_{aw} = f_a t \frac{x}{\beta_1} \left(2h_c + t - \frac{x}{\beta_1} \right) - \sigma_a t \left(h_c - \frac{x}{\beta_1} \right) \left(h_c + t - \frac{x}{\beta_1} \right) \tag{5-64}$$

$$e = e_i + \frac{h}{2} - t \tag{5-65}$$

$$e_i = e_0 + e_a \tag{5-66}$$

$$e_0 = M/N \tag{5-67}$$

式中　e——轴力作用点至矩形钢管远端翼缘钢板厚度中心的距离；

e_i——初始偏心距；

e_0——轴力对截面重心的偏心距；

e_a——附加偏心距；

f_a——钢材的抗拉和抗压强度设计值；

σ_a——受拉或受压较小端钢管翼缘应力；

M_{aw}——钢管腹板轴向合力对受拉或受压较小端钢管翼缘厚度中心的力矩；

M——柱端较大弯矩设计值，按 1.2.5 小节的规定考虑挠曲产生的二阶效应；

N——与弯矩设计值相应的轴向压力设计值；

α_1——受压区混凝土压应力影响系数，为受压区混凝土矩形应力图的应力值与混凝土轴心抗压强度设计值的比值；

β_1——受压区混凝土压应力图形影响系数，为矩形应力图形受压区高度 x 与中和轴高度 x_c 的比值；

f_c——混凝土轴心抗压强度设计值；

x——混凝土等效受压区高度；

b_c——钢管内填混凝土的宽度；

b——截面宽度；

h_c——钢管内填混凝土的高度；

h——截面高度；

t——钢管壁厚。

式(5-63) 中的受弯承载力验算由对受拉端钢管翼缘合力点取矩得到，式中的混凝土等效受压区高度 x 由截面的轴力平衡条件确定，即

$$N = \alpha_1 f_c b_c x + f_a bt + 2f_a t \frac{x}{\beta_1} - 2\sigma_a t \left(h_c - \frac{x}{\beta_1} \right) - \sigma_a bt \tag{5-68}$$

在进行正截面受压承载力验算时，可先假定为大偏心受压的情况（图 5-9），即取 $\sigma_a = f_a$。于是式(5-68) 便转化为下式：

$$N = \alpha_1 f_c b_c x + 2f_a t \left(2\frac{x}{\beta_1} - h_c \right) \tag{5-69}$$

因此，由式(5-69) 便可求出等效受压区高度 x，并判断 x 是否满足 $x \leqslant \xi_b h_c$。ξ_b 为相对界限受压区高度。若满足 $x \leqslant \xi_b h_c$ 的条件，$\sigma_a = f_a$ 成立，式(5-64) 转化为下式：

$$M_{aw} = f_a t \frac{x}{\beta_1} \left(2h_c + t - \frac{x}{\beta_1} \right) - f_a t \left(h_c - \frac{x}{\beta_1} \right) \left(h_c + t - \frac{x}{\beta_1} \right) \tag{5-70}$$

钢-混凝土组合结构设计

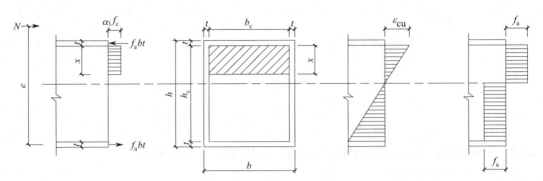

图 5-9　矩形钢管混凝土大偏心受压构件计算参数示意图

将等效受压区高度 x 代入式(5-70)求出 M_{aw} 后，再将 x 和 M_{aw} 一同带入式(5-63)进行正截面受压承载力验算。

若由式(5-69)求出的 x 不满足 $x \leqslant \xi_b h_c$ 的条件，则应改为小偏心受压（图 5-8），即 $x > \xi_b h_c$ 的情况进行验算。小偏心受压时，钢管受拉侧翼缘未屈服，其应力 σ_a 可按照现行国家标准《混凝土结构设计规范》GB 50010 的相关规定，近似按下列公式计算：

$$\sigma_a = \frac{f_a}{\xi_b - \beta_1}\left(\frac{x}{h_0} - \beta_1\right) \tag{5-71}$$

将式(5-71)代入式(5-68)求出等效受压区高度 x，之后再将 x 代入式(5-64)求出 M_{aw}，最后将 x、M_{aw} 一同代入式(5-63)进行正截面受压承载力验算。

相对界限受压区高度 ξ_b 由下式计算：

$$\xi_b = \frac{\beta_1}{1 + \dfrac{f_a}{E_a \varepsilon_{cu}}} \tag{5-72}$$

式中　ε_{cu}——受压区混凝土的极限压应变；

　　　E_a——钢材的弹性模量。

式(5-72)的推导过程如下：

由平截面假定得

$$\frac{\varepsilon_{cu}}{x_b/\beta_1} = \frac{\varepsilon_a}{h_c - x_b/\beta_1} \tag{5-73}$$

故

$$\frac{\varepsilon_a}{\varepsilon_{cu}} = \frac{\beta_1 h_c}{x_b} - 1 = \frac{\beta_1}{\xi_b} - 1 \tag{5-74}$$

于是

$$\xi_b = \frac{\beta_1}{1 + \dfrac{\varepsilon_a}{\varepsilon_{cu}}} = \frac{\beta_1}{1 + \dfrac{E_a \varepsilon_a}{E_a \varepsilon_{cu}}} = \frac{\beta_1}{1 + \dfrac{f_a}{E_a \varepsilon_{cu}}} \tag{5-75}$$

式中　ε_a——内填混凝土与钢管受拉翼缘交界处的纤维的拉应变；

　　　x_b——界限破坏时的等效受压区高度。

5.3.4 矩形钢管混凝土轴心受拉构件的正截面受拉承载力

对于钢管混凝土轴心受拉构件，在加载初期，核心混凝土和钢管共同变形，两者都处于弹性受力状态；当荷载增大到一定值后，核心混凝土开始出现受拉塑性变形，应变增长速度大于应力增长速度，而钢管仍处于弹性受力状态；随着荷载的继续增加，核心混凝土和钢管应力继续增大，当核心混凝土应力达到抗拉强度时，核心混凝土开裂并退出工作，拉力由钢管承担；当钢管应力达到抗拉屈服强度时，截面达到受拉承载力极限状态。

由于承载力极限状态时，混凝土已退出工作，拉力全部由钢管承担，因此，矩形钢管混凝土轴心受拉构件的正截面受拉承载力可按下式计算：

$$N_u = 2f_a bt + 2f_a h_c t \qquad (5\text{-}76)$$

式中 f_a——钢管的抗拉和抗压强度设计值；

$\quad\ \ b$——矩形钢管截面宽度；

$\quad\ \ t$——矩形钢管的管壁厚度；

$\quad\ \ h_c$——矩形钢管内填混凝土的截面高度。

5.3.5 矩形钢管混凝土偏心受拉构件的正截面受拉承载力

在进行矩形钢管混凝土偏心受拉构件的正截面受拉承载力计算时，假定矩形钢管上、下管壁分别为上、下翼缘，侧管壁为腹板。

矩形钢管混凝土偏心受拉构件，按轴向拉力作用位置的不同，可分为大偏心受拉（图 5-10）和小偏心受拉两种情况（图 5-11）。当轴向拉力作用在上、下翼缘范围之外时，为大偏心受拉；当轴向拉力作用在上、下翼缘范围以内时，为小偏心受拉。

基于如图 5-10 所示的应力分布，矩形钢管混凝土大偏心受拉构件的正截面受拉承载力应按下列公式进行验算：

$$Ne \leqslant \alpha_1 f_c b_c x(h_c + 0.5t - 0.5x) + f_a bt(h_c + t) + M_{aw} \qquad (5\text{-}77)$$

$$M_{aw} = f_a t \frac{x}{\beta_1}\left(2h_c + t - \frac{x}{\beta_1}\right) - f_a t\left(h_c - \frac{x}{\beta_1}\right)\left(h_c + t - \frac{x}{\beta_1}\right) \qquad (5\text{-}78)$$

$$e = e_0 - \frac{h}{2} + \frac{t}{2} \qquad (5\text{-}79)$$

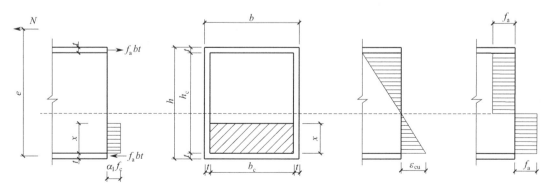

图 5-10 矩形钢管混凝土大偏心受拉构件计算参数示意图

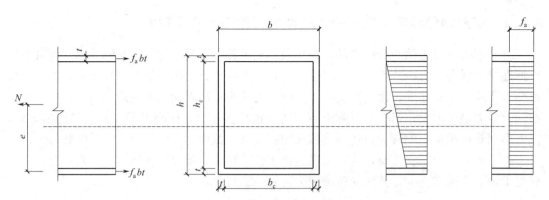

图 5-11 矩形钢管混凝土小偏心受拉构件计算参数示意图

$$e_0 = M/N \tag{5-80}$$

式中 e——轴力作用点至矩形钢管远端翼缘钢板厚度中心的距离；

e_0——轴力对截面重心的偏心距；

f_a——钢材的抗拉和抗压强度设计值；

M_{aw}——钢管腹板轴向合力对受拉端钢管翼缘厚度中心的力矩；

M——柱端较大弯矩设计值；

N——与弯矩设计值相应的轴向拉力设计值。

式(5-77)中的受弯承载力验算由对受拉端钢管翼缘合力点取矩得到，式中的混凝土等效受压区高度 x 由截面的轴力平衡条件确定，即

$$N = 2f_a t\left(h_c - 2\frac{x}{\beta_1}\right) - \alpha_1 f_c b_c x \tag{5-81}$$

式(5-78)的推导过程如下：

大偏心受拉时，钢管腹板部分受压，部分受拉，且均达到屈服强度。其受压区高度为 x/β_1，受拉区高度为 $h_c - x/\beta_1$，受压区合力对受拉端钢管翼缘合力点的力矩为 $2f_a t \dfrac{x}{\beta_1}\left(h_c + \dfrac{t}{2} - \dfrac{x}{2}\right)$，受拉区合力对受拉端钢管翼缘合力点的力矩为 $2f_a t\left(h_c - \dfrac{x}{\beta_1}\right)\left(\dfrac{h_c}{2} - \dfrac{x}{2\beta_1} + \dfrac{t}{2}\right)$，故钢管腹板轴向合力对受拉端钢管翼缘合力点的力矩为

$$M_{aw} = 2f_a t \frac{x}{\beta_1}\left(h_c + \frac{t}{2} - \frac{x}{2}\right) - 2f_a t\left(h_c - \frac{x}{\beta_1}\right)\left(\frac{h_c}{2} - \frac{x}{2\beta_1} + \frac{t}{2}\right) \tag{5-82}$$

整理后即得式(5-78)。

基于图 5-11 所示的应力分布，矩形钢管混凝土小偏心受拉构件的正截面受拉承载力应按下列公式进行验算：

$$Ne \leq f_a bt(h_c + t) + M_{aw} \tag{5-83}$$

$$M_{aw} = f_a h_c t(h_c + t) \tag{5-84}$$

$$e = \frac{h}{2} - \frac{t}{2} - e_0 \tag{5-85}$$

式(5-83)中的受弯承载力验算由对钢管下翼缘合力点取矩得到，式中的混凝土等效受压区高度 x 由截面的轴力平衡条件确定，即

$$N = 2f_a bt + 2f_a h_c t \tag{5-86}$$

在进行矩形钢管混凝土偏心受拉构件的正截面受拉承载力验算时，应首先判断是大偏心受拉还是小偏心受拉，之后再按上述相应公式进行验算。

5.3.6　矩形钢管混凝土构件斜截面受剪承载力

1. 矩形钢管混凝土偏心受压柱

矩形钢管混凝土偏心受压柱的斜截面受剪承载力可按下列公式计算：

对于持久、短暂设计状况，

$$V_u = \frac{1.75}{\lambda + 1} f_t b_c h_c + \frac{1.16}{\lambda} f_a th + 0.07N \tag{5-87}$$

对于地震设计状况，

$$V_u = \frac{1}{\gamma_{RE}} \left(\frac{1.05}{\lambda + 1} f_t b_c h_c + \frac{1.16}{\lambda} f_a th + 0.056N \right) \tag{5-88}$$

式中　λ——框架柱计算剪跨比，取上下端较大弯矩设计值 M 与对应的剪力设计值 V 和柱截面高度的比值，即 $M/(Vh)$；当框架结构中的框架柱反弯点在柱层高范围内时，也可采用 $1/2$ 柱净高与柱截面高度 h 的比值；当 λ 小于 1 时，取 $\lambda = 1$；当 λ 大于 3 时，取 $\lambda = 3$；

N——柱的轴向压力设计值；当 $N > 0.3 f_c b_c h_c$ 时，取 $N = 0.3 f_c b_c h_c$；

V_u——矩形钢管混凝土偏心受压构件的斜截面受剪承载力；

γ_{RE}——承载力抗震调整系数。

式(5-87)右边第一项为矩形钢管内填混凝土对抗剪承载力的贡献；第二项为与剪力方向平行的两侧钢管壁对抗剪承载力的贡献；当轴向压力处于一定范围时（$N \leqslant 0.3 f_c b_c h_c$），轴向压力的存在可以抑制斜裂缝的开展，因此式(5-87)右边第三项反映了轴向压力对受剪承载力的有利作用。

往复地震作用下产生的交叉斜裂缝会使混凝土的咬合力降低，从而降低混凝土对受剪承载力的贡献。因此式(5-88)分别对式(5-87)右边的第一项和第三项乘以了 0.6 和 0.8 的折减系数。

2. 矩形钢管混凝土偏心受拉柱

矩形钢管混凝土偏心受拉柱的斜截面受剪承载力可按下列公式计算：

对于持久、短暂设计状况，

$$V_u = \frac{1.75}{\lambda + 1} f_t b_c h_c + \frac{1.16}{\lambda} f_a th - 0.02N \geqslant \frac{1.16}{\lambda} f_a th \tag{5-89}$$

对于地震设计状况，

$$V_u = \frac{1}{\gamma_{RE}} \left(\frac{1.05}{\lambda + 1} f_t b_c h_c + \frac{1.16}{\lambda} f_a th - 0.2N \right) \geqslant \frac{1}{\gamma_{RE}} \left(\frac{1.16}{\lambda} f_a th \right) \tag{5-90}$$

式中　N——柱的轴向拉力设计值。

在矩形钢管混凝土偏心受拉柱的斜截面受剪承载力的计算中考虑了轴向拉力对受剪承载力的不利作用。式(5-89)、式(5-90)右边各项的含义同式(5-87)、式(5-88)。

5.4 钢管混凝土构件的构造要求

5.4.1 圆形钢管混凝土构件的构造要求

为了保证混凝土浇筑质量，钢管外直径不宜小于 400mm。为避免钢管壁屈曲，钢管壁厚不宜小于 8mm。当圆形钢管混凝土构件的直径大于或等于 2000mm 时，为了减小钢管内混凝土收缩对其受力性能的影响，宜采取在钢管内设置纵向钢筋和构造箍筋形成芯柱等有效构造措施。

圆形钢管混凝土构件的套箍指标 θ 宜［按式(5-3) 计算］取 0.5～2.5。θ 过小，钢管对混凝土的约束作用不够，影响构件延性；θ 过大，钢管壁可能较厚，不经济。

为保证钢管壁的局部稳定性能，圆形钢管混凝土构件的钢管外直径与钢管壁厚之比 D/t 应符合下式规定：

$$D/t \leqslant 135(235/f_{ak}) \tag{5-91}$$

式中　D——钢管外直径；

　　　t——钢管壁厚；

　　　f_{ak}——钢管的抗拉强度标准值。

式(5-91) 是基于空钢管轴心受压得到的径厚比限值要求，对于管内存在混凝土的情况是偏于安全的。

为保证圆形钢管混凝土构件的整体稳定性，圆形钢管混凝土构件的等效计算长度与钢管外直径之比 L_e/D 不宜大于 20。该限制相当于限制钢管混凝土构件的长细比不宜大于 80。

5.4.2 矩形钢管混凝土构件的构造要求

1. 截面和钢管尺寸要求

矩形钢管混凝土柱的截面最小边尺寸不宜小于 400mm，钢管壁厚不宜小于 8mm，截面高宽比不宜大于 2。当矩形钢管混凝土柱截面边长大于等于 1000mm 时，应在钢管内壁设置竖向加劲肋，以避免钢管壁受压屈曲。为防止矩形钢管混凝土柱管壁受压屈曲，同时考虑内填混凝土收缩对钢管和混凝土共同工作性能的不利影响，当矩形钢管混凝土柱边长大于等于 2000mm 时，应设置内隔板形成多个封闭截面。当矩形钢管混凝土柱边长或由内隔板分隔的封闭截面边长大于或等于 1500mm 时，应在构件内或封闭截面中设置竖向加劲肋和构造钢筋笼。内隔板宽厚比 h_{w1}/t_{w1}、

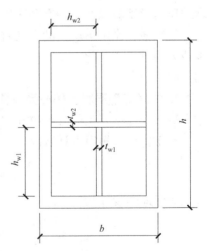

图 5-12　钢隔板位置及尺寸示意图

h_{w2}/t_{w2}（图 5-12）应符合表 5-3 的限值要求，构造钢筋笼纵筋的最小配筋率不宜小于柱截面或分隔后封闭截面面积的 0.3%。

矩形钢管混凝土柱内设的钢隔板宽厚比限值　　　　表 5-3

钢号	Q235	Q345、Q345GJ	Q390	Q420
h_w/t_w	≤96	≤81	≤75	≤71

为保证钢管能在屈曲前达到屈服强度，矩形钢管混凝土柱的管壁宽厚比 b/t、高厚比 h/t 应符合下列公式的规定：

$$b/t \leqslant 60\sqrt{235/f_{ak}} \tag{5-92}$$

$$h/t \leqslant 60\sqrt{235/f_{ak}} \tag{5-93}$$

式中　b、h——矩形钢管的管壁宽度、高度；

　　　　t——矩形钢管的管壁厚度；

　　　　f_{ak}——矩形钢管抗拉强度标准值。

2. 轴压比限值

轴压比是影响矩形钢管混凝土柱变形能力的主要因素之一；随着轴压比的增大，矩形钢管混凝土柱的变形能力减小。为了保证矩形钢管混凝土柱具有足够的变形能力，应限制矩形钢管混凝土柱的轴压比。各类结构中的矩形钢管混凝土柱的轴压比限值见表 5-4。矩形钢管混凝土柱的轴压比应按下式计算：

$$n = \frac{N}{f_c A_c + f_a A_a} \tag{5-94}$$

式中　n——柱轴压比；

　　　　N——考虑地震作用组合的柱轴向压力设计值；

　　　　A_c——矩形钢管内填混凝土面积；

　　　　A_a——矩形钢管截面面积。

矩形钢管混凝土柱的轴压比限值　　　　表 5-4

结构类型	柱类型	抗震等级			
		一级	二级	三级	四级
框架结构	框架柱	0.65	0.75	0.85	0.90
框架-剪力墙结构	框架柱	0.70	0.80	0.90	0.95
框架-筒体结构	框架柱	0.70	0.80	0.90	—
	转换柱	0.60	0.70	0.80	—
筒中筒结构	框架柱	0.70	0.80	0.90	—
	转换柱	0.60	0.70	0.80	—
部分框支剪力墙结构	转换柱	0.60	0.70		

注：剪跨比不大于 2 的柱，其轴压比限值应比表中数值减小 0.05；当混凝土强度等级采用 C65～C70 时，轴压比限值应比表中数值减小 0.05；当混凝土强度等级采用 C75～C80 时，轴压比限值应比表中数值减小 0.10。

5.5　钢管混凝土结构的连接设计

5.5.1　圆形钢管混凝土梁柱节点形式和构造

1. 圆形钢管混凝土柱与钢梁的连接节点

圆形钢管混凝土柱与钢梁的连接可采用外加强环或内加强环。当采用外加强环时，外加强环与钢管外壁应采用全熔透焊缝连接，外加强环与钢梁应采用栓焊连接，环板厚度不宜小于钢梁翼缘厚度，宽度 c 不宜小于钢梁翼缘宽度的 0.7 倍（图 5-13）。当采用内加强环时，内加强环与钢管内壁应采用全熔透焊缝连接，梁与柱可采用现场焊缝连接，也可以在柱上设置悬臂梁段现场拼接，型钢翼缘应采用全熔透焊缝，腹板宜采用摩擦型高强度螺栓连接（图 5-14）。

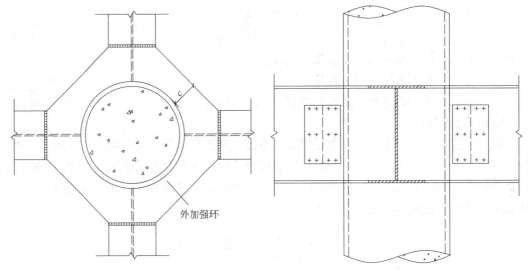

图 5-13　圆形钢管混凝土柱与钢梁设置外加强环连接构造

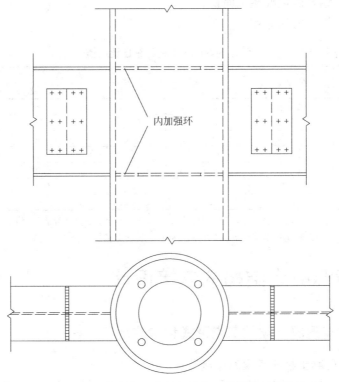

图 5-14　圆形钢管混凝土柱与钢梁设置内加强环连接构造

2. 圆形钢管混凝土柱与钢筋混凝土梁的连接节点

圆形钢管混凝土柱与钢筋混凝土梁连接时，钢管外剪力传递可采用环形牛腿或承重销；钢管混凝土柱与钢筋混凝土无梁楼板或井式密肋楼板连接时，钢管外剪力传递可采用台锥式环形深牛腿。

环形牛腿或台锥式深牛腿由均匀分布的肋板和上、下加强环组成，肋板与钢管壁、加强环与钢管壁及肋板与加强环均可采用角焊缝连接；牛腿下加强环应预留直径不小于50mm 的排气孔（图 5-15）。其受剪承载力可按下列公式计算：

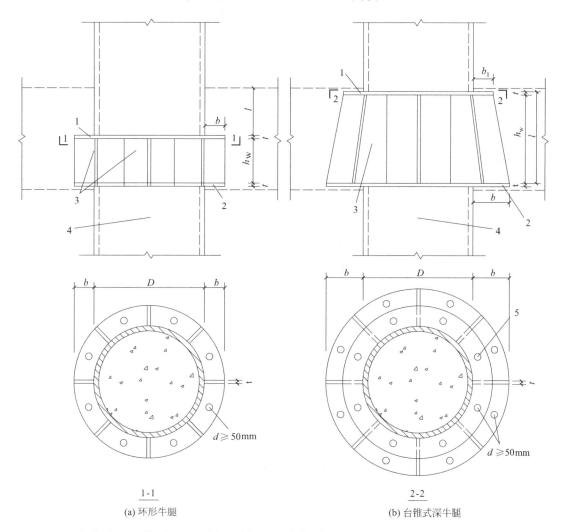

1—上加强环；2—下加强环；3—腹板（肋板）；4—钢管混凝土柱；5—根据上加强环宽确定是否开孔

图 5-15　环形牛腿、台锥式深牛腿构造

$$V_u = \min\{V_{u1}, V_{u2}, V_{u3}, V_{u4}, V_{u5}\} \tag{5-95}$$

$$V_{u1} = \pi(D+b)b\beta_2 f_c \tag{5-96}$$

$$V_{u2} = nh_w t_w f_v \tag{5-97}$$

$$V_{u3} = \sum l_w h_e f_f^w \tag{5-98}$$

$$V_{u4} = \pi(D + 2b)l \cdot 2f_t \qquad (5\text{-}99)$$

$$V_{u5} = 4\pi t(h_w + t)f_a \qquad (5\text{-}100)$$

式中　V_{u1}——由环形牛腿支撑面上的混凝土局部承压强度决定的受剪承载力；

$\quad V_{u2}$——由肋板抗剪强度决定的受剪承载力；

$\quad V_{u3}$——由肋板与管壁的焊接强度决定的受剪承载力；

$\quad V_{u4}$——由环形牛腿上部混凝土的直剪（或冲切）强度决定的受剪承载力；

$\quad V_{u5}$——由环形牛腿上、下环板决定的受剪承载力；

$\quad \beta_2$——混凝土局部承压强度提高系数，可取为 1；

$\quad D$——钢管的外直径；

$\quad b$——环板的宽度；

$\quad t$——环板的厚度；

$\quad l$——直剪面的高度；

$\quad n$——肋板的数量；

$\quad h_e$——角焊缝的有效高度；

$\quad h_w$——肋板的高度；

$\quad t_w$——肋板的厚度；

$\quad \Sigma l_w$——肋板与钢管壁连接角焊缝的计算总长度；

$\quad f_c$——混凝土轴心抗压强度设计值；

$\quad f_t$——混凝土轴心抗拉强度设计值；

$\quad f_v$——钢材的抗剪强度设计值；

$\quad f_a$——钢材的抗拉和抗压强度设计值；

$\quad f_f^w$——角焊缝的抗剪强度设计值。

由环形牛腿上、下环板决定的受剪承载力 V_{u5} 的推导过程如下：

由钢管外剪力 V 在钢管柱单位周长上产生的扭矩为

$$m = \frac{Vb/2}{\pi D} \qquad (5\text{-}101)$$

由式(5-101)可得到作用于环形牛腿的环向弯矩为

$$M = m \cdot \frac{D}{2} = \frac{Vb}{4\pi} \qquad (5\text{-}102)$$

由上、下环板提供的环向抵抗矩为

$$\overline{M} = bt f_a (h_w + t) \qquad (5\text{-}103)$$

令 $M = \overline{M}$、$V = V_{u5}$，即得式(5-100)。当采用台锥式深牛腿时，由于上、下环板的宽度不相等，还应符合下式规定：

$$b_1 t_1 \geqslant bt \qquad (5\text{-}104)$$

式中　b_1、t_1——分别为较窄环板的宽度和厚度。

式(5-96)～式(5-100)中没有考虑混凝土与钢管壁接触面的粘结强度、上下加强环板对肋板受剪承载力的贡献和上下加强环板与钢管壁之间焊缝的抗剪强度，以留作安全储备。

当钢管混凝土柱外径较大时，可采用承重销传递剪力。承重销的腹板和部分翼缘应伸入柱内，其截面高度宜取梁截面高度的 0.5 倍，翼缘板穿过钢管壁不少于 50mm，钢管与翼缘板、钢管与穿心腹板应采用全熔透坡口焊缝连接，其余焊缝可采用角焊缝连接（图 5-16）。

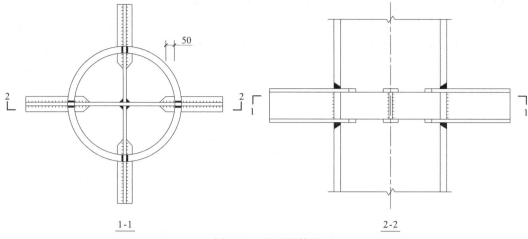

图 5-16　承重销构造

　　圆形钢管混凝土柱与钢筋混凝土梁连接时，钢管外弯矩传递可采用设置钢筋混凝土环梁或纵向钢筋直接穿入梁柱节点。设置钢筋混凝土环梁的目的是使梁端弯矩能平稳地传递给钢管混凝土柱，并使环梁不先于梁端出现塑性铰。环梁的截面高度宜比框架梁高 50mm；环梁的截面宽度不宜小于框架梁宽度；环梁上、下环筋的截面面积分别不应小于框架梁上、下纵筋截面面积的 0.7 倍；环梁内、外侧应设置环向腰筋，腰筋直径不宜小于 16mm，间距不宜大于 150mm；环梁的箍筋直径不宜小于 10mm，外侧间距不宜大于 150mm（图 5-17）。

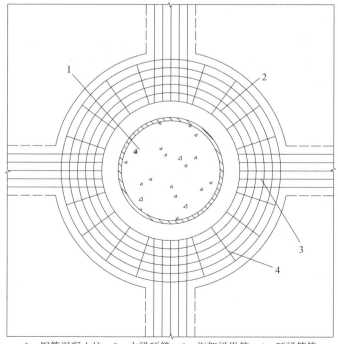

1—钢管混凝土柱；2—主梁环筋；3—框架梁纵筋；4—环梁箍筋

图 5-17　钢筋混凝土环梁构造示意图

如果采用纵筋直接穿入梁柱节点的方式，框架梁的钢筋宜采用双筋并股穿入梁柱节点，钢管开孔的区段应采用内衬管段或外套管段与钢管壁紧贴焊接，增设内衬管或外套管是为了弥补钢管开孔所造成的管壁削弱。内衬管或外套管的壁厚不应小于钢管的壁厚，且端面至孔边的净距 w 不应小于孔长径 b 的 2.5 倍，穿筋孔的环向净距 s 不应小于孔的长径 b（图 5-18）。

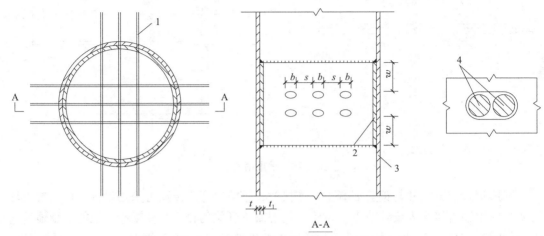

1—双钢筋；2—内衬管段；3—柱钢管；4—双筋并股穿孔

图 5-18　钢筋直接穿入梁柱节点构造示意图

以上分别针对管外剪力传递和弯矩传递给出了相应的构造措施和要求，在进行具体设计时，可根据工程特点选取不同的剪力和弯矩传递方式进行组合。

3. 圆形钢管混凝土柱与型钢混凝土梁的连接节点

型钢混凝土梁中的型钢与圆形钢管混凝土柱的连接可采用外加强环或内加强环，加强环位置与型钢翼缘位置一致。钢筋混凝土部分的剪力可依靠型钢传递至钢管混凝土柱，不用采取专门构造，型钢起到了类似上述环形牛腿的作用；钢筋混凝土部分的弯矩传递可采用设置钢筋混凝土环梁或纵向钢筋直接穿入梁柱节点的方式，具体构造要求同钢管混凝土柱与钢筋混凝土梁的连接节点。

5.5.2　矩形钢管混凝土梁柱节点形式和构造

1. 矩形钢管混凝土柱与钢梁的连接节点

矩形钢管混凝土柱与钢梁的连接可采用带牛腿内隔板式刚性连接、内隔板式刚性连接、外环板式刚性连接和外伸内隔板式刚性连接。

带牛腿内隔板式刚性连接的构造如图 5-19 所示，矩形钢管内设横隔板，钢管外焊接钢牛腿，钢梁翼缘应与牛腿翼缘焊接，钢梁腹板与牛腿腹板宜采用摩擦型高强度螺栓连接。为防止内隔板在管内未填充混凝土时发生失稳破坏，矩形钢管混凝土柱内隔板厚度应符合板件的宽厚比限值，且不应小于钢梁翼缘厚度。

内隔板式刚性连接的构造如图 5-20 所示，矩形钢管内设横隔板，钢梁翼缘应与钢管壁焊接，钢梁腹板与钢管壁宜采用摩擦型高强度螺栓连接。

外环板式刚性连接的构造如图 5-21 所示，钢管外焊接环形牛腿，钢梁翼缘应与环板焊接，钢梁腹板与牛腿腹板宜采用摩擦型高强度螺栓连接。环板厚度不应小于钢梁翼缘厚度，环板挑出宽度 c 应符合下列规定：

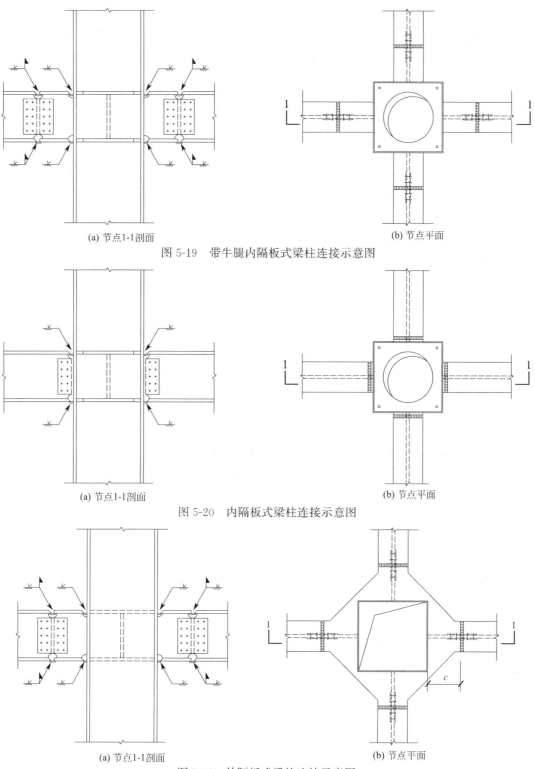

(a) 节点1-1剖面　　　　　　　　　　　(b) 节点平面

图 5-19　带牛腿内隔板式梁柱连接示意图

(a) 节点1-1剖面　　　　　　　　　　　(b) 节点平面

图 5-20　内隔板式梁柱连接示意图

(a) 节点1-1剖面　　　　　　　　　　　(b) 节点平面

图 5-21　外隔板式梁柱连接示意图

$$100\text{mm}\leqslant c\leqslant 15t_j\sqrt{235/f_{ak}} \quad\quad (5\text{-}105)$$

式中 t_j——外环板厚度；

f_{ak}——外环板钢材的屈服强度标准值。

外伸内隔板式刚性连接的构造如图 5-22 所示，矩形钢管内设贯通钢管壁的横隔板，钢管与隔板焊接，钢梁翼缘应与外伸内隔板焊接，钢梁腹板与钢管壁宜采用摩擦型高强度螺栓连接。

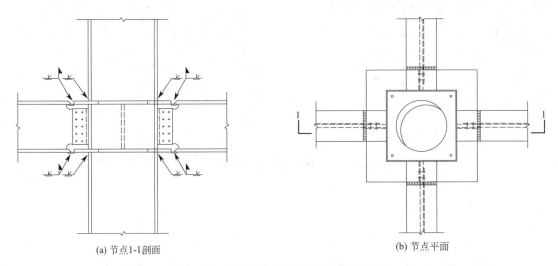

(a) 节点1-1剖面　　　　　　　　　　　　　　(b) 节点平面

图 5-22　外伸内隔板式梁柱连接示意图

矩形钢管混凝土柱与钢梁的连接还应满足如下构造要求：

（1）钢梁的上、下翼缘与牛腿、隔板或柱焊接时，应采用全熔透坡口焊缝，且应在梁上、下翼缘的底面设置焊接衬板。抗震设计时，对采用与柱面直接连接的刚接节点，梁下翼缘焊接用的衬板在翼缘施焊完毕后，应在底面与柱相连处用角焊缝沿衬板全长焊接，或将衬板割除再补焊焊根。当柱钢管壁较薄时，在节点处应加强以利于与钢梁焊接。

（2）当设防烈度为 8 度、场地为 Ⅲ、Ⅳ 类或设防烈度为 9 度时，矩形钢管混凝土柱与钢梁的刚性连接宜采用能将梁塑性铰外移的连接方式。

（3）当矩形钢管混凝土柱与钢梁铰接连接时，钢梁翼缘与钢管可不焊接。腹板连接宜采用内隔板式连接形式。

2. 矩形钢管混凝土柱与钢筋混凝土梁的连接节点

矩形钢管混凝土柱与钢筋混凝土梁的连接可采用焊接牛腿式连接节点（图 5-23），其钢牛腿高度不宜小于 0.7 倍梁高，长度不宜小于 1.5 倍梁高；牛腿上、下翼缘和腹板的两侧应设置栓钉，间距不宜大于 200mm；梁纵筋与钢牛腿应可靠焊接。钢管柱内对应牛腿翼缘位置应设置横隔板，其厚度应与牛腿翼缘等厚。钢牛腿长度范围内的箍筋设置应符合表 5-5 的规定，钢牛腿外应设置箍筋加密区，加密区长度和箍筋构造应符合表 5-5 的规定。

框架梁梁端箍筋加密区的构造要求　　　　　　　　表 5-5

抗震等级	加密区长度(mm)	箍筋最大间距(mm)	箍筋最小直径(mm)
一级	$2h$ 和 500 中的较大值	$6d_s$、$0.25h$ 和 100 中的最小值	10

续表

抗震等级	加密区长度(mm)	箍筋最大间距(mm)	箍筋最小直径(mm)
二级		$8d_s$,$0.25h$ 和 100 中的最小值	8
三级	$1.5h$ 和 500 中的较大值	$8d_s$,$0.25h$ 和 150 中的最小值	8
四级		$8d_s$,$0.25h$ 和 150 中的最小值	6

注:h 为梁高,d_s 为梁纵向钢筋直径。

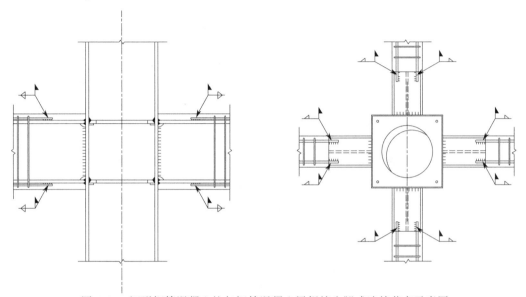

图 5-23　矩形钢管混凝土柱与钢筋混凝土梁焊接牛腿式连接节点示意图

3. 矩形钢管混凝土柱与型钢混凝土梁的连接节点

矩形钢管混凝土柱与型钢混凝土梁的连接可采用焊接牛腿式连接节点（图 5-24）。梁内型钢可通过变截面牛腿与柱焊接，梁纵筋应与钢牛腿可靠焊接，钢管柱内对于牛腿翼缘位置应设置横隔板，其厚度应与牛腿翼缘厚度相同。

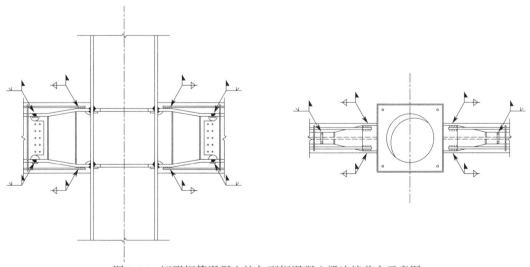

图 5-24　矩形钢管混凝土柱与型钢混凝土梁连接节点示意图

钢-混凝土组合结构设计

5.5.3 钢管混凝土柱脚形式和构造

钢管混凝土柱脚分为埋入式（图5-25）和非埋入式（图5-26）两种类型。将钢管埋入基础底板（承台）的，称为埋入式柱脚。钢管不埋入基础内部，采用刚性锚栓将下部的钢管底板锚固在基础顶面或基础梁顶面的，称为非埋入式柱脚。

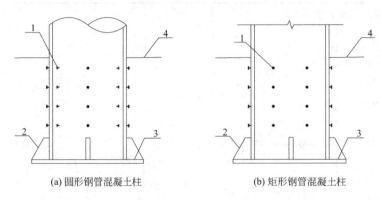

(a) 圆形钢管混凝土柱　　　　　　(b) 矩形钢管混凝土柱

1—栓钉；2—加劲肋；3—柱脚板；4—基础顶面

图5-25　钢管混凝土柱埋入式柱脚

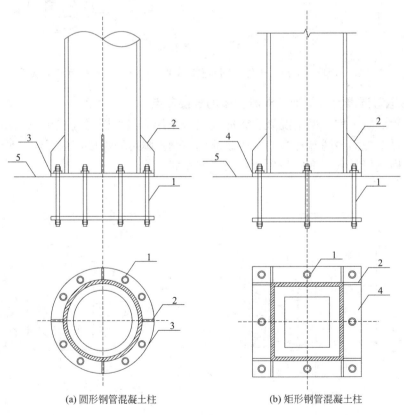

(a) 圆形钢管混凝土柱　　　　　　(b) 矩形钢管混凝土柱

1—锚栓；2—加劲肋；3—环形底板；4—矩形环底板；5—基础顶面

图5-26　钢管混凝土柱非埋入式柱脚

基于以往的震害经验,在大地震作用下,非埋入式柱脚往往因抵御不了巨大的反复倾覆弯矩和水平剪力的作用而破坏。因此,考虑地震作用组合的偏心受压柱宜采用埋入式柱脚;不考虑地震作用组合的偏心受压柱可采用埋入式柱脚,也可采用非埋入式柱脚;偏心受拉柱应采用埋入式柱脚。

钢管混凝土偏心受压柱嵌固端以下有两层及两层以上地下室时,可将钢管伸入基础底板,即采用埋入式柱脚;同时考虑到此时作用于柱脚的弯矩一般较小,为了便于施工,也可将钢管伸至基础底板顶面,但锚栓应锚入基础底板并符合锚固要求。此时,应按非埋入式柱脚计算其受压、受弯和受剪承载力。

钢管混凝土柱埋入式柱脚的柱脚底板厚度不应小于钢管壁厚,且不应小于 25mm。柱脚的埋置深度范围内的钢管壁外侧应设置栓钉,栓钉的直径不宜小于 19mm,水平和竖向间距不宜大于 200mm;当为矩形钢管混凝土柱时,栓钉离侧边不宜小于 50mm 且不宜大于 100mm。柱脚埋入部分的顶面位置应设置水平加劲肋,以利于圆钢管整体工作,增加截面刚度;加劲肋的厚度不宜小于 25mm,且加劲肋应留有混凝土浇筑孔。

钢管混凝土柱非埋入式柱脚底板宜采用由环形底板、加劲肋和刚性锚栓组成的端承式柱脚(图 5-25)。柱脚的环形底板厚度不宜小于钢管壁厚的 1.5 倍,且不应小于 20mm。环形底板的宽度不宜小于钢管壁厚的 6 倍,且不应小于 100mm。钢管壁外加劲肋厚度不宜小于钢管壁厚,加劲肋高度不宜小于柱脚板外伸宽度的 2 倍,加劲肋间距不应大于柱脚底板厚度的 10 倍。锚栓直径不宜小于 25mm,间距不宜大于 200mm,锚栓锚入基础的长度不宜小于 40 倍锚栓直径和 1000mm 的较大值。

5.6 钢管混凝土结构设计实例

5.6.1 圆形钢管混凝土柱设计实例

某高层框架-核心筒结构,7 度抗震设防,设计基本地震加速度为 0.1g,设计地震分组为第一组,Ⅱ类场地。框架柱采用圆形钢管混凝土柱,经初步设计确定的某中间层框架柱的直径为 800mm。该框架柱的抗震等级为二级,计算长度为 5m。该框架柱有两组最不利组合的内力设计值:(1) $M^t = 1400\text{kN·m}$,$M^b = 1400\text{kN·m}$,$N = -17200\text{kN}$;(2) $M^t = 3600\text{kN·m}$,$M^b = 3600\text{kN·m}$,$N = -6000\text{kN}$;M^t 和 M^b 分别为柱上端和下端弯矩设计值。框架柱的混凝土强度等级采用 C50,钢管采用 Q345GJ 钢。试设计该钢管混凝土柱。

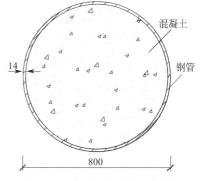

图 5-27 圆形钢管混凝土柱截面

【解】

1. 初选截面

根据钢管混凝土框架柱的构造要求,初选钢管厚度为 14mm(图 5-27)。

钢管管壁厚度 $t = 14\text{mm} > 8\text{mm}$,钢管直径 $D = 800\text{mm} > 400\text{mm}$,满足截面最小尺寸不小于 400mm,钢管壁厚不小于 8mm 的要求。

由于 $D=800\text{mm}<2000\text{mm}$，故无需在钢管内设置纵向钢筋和构造箍筋。

框架柱径厚比 $\dfrac{D}{t}=\dfrac{800}{14}=57.14\leqslant135\dfrac{235}{f_{ak}}=135\times\dfrac{235}{345}=91.96$，满足钢管径厚比限值要求。

有关基本参数计算值如下：

框架柱截面面积 $A=\dfrac{\pi D^2}{4}=\dfrac{\pi\times800^2}{4}=5.027\times10^5\text{mm}^2$；

钢管内填混凝土面积 $A_c=\dfrac{\pi(D-2t)^2}{4}=\dfrac{\pi(800-2\times14)^2}{4}=4.681\times10^5\text{mm}^2$；

钢管壁截面面积 $A_a=A-A_c=3.46\times10^4\text{mm}^2$；

钢管弹性模量 $E_a=2.06\times10^5\text{N/mm}^4$，混凝土弹性模量 $E_c=3.45\times10^4\text{N/mm}^4$。

套箍指标 $\theta=\dfrac{f_a A_a}{f_c A_c}=\dfrac{310\times3.46\times10^4}{23.1\times4.681\times10^5}=0.991$，故 $0.5<\theta<2.5$，满足套箍指标限值要求。

2. 第一组最不利荷载组合下的承载力验算

1）正截面受压承载力

框架柱两端弯矩设计值绝对值较小者与较大者的比值 $\beta=\dfrac{M_1}{M_2}=-1$，考虑柱身弯矩分布梯度影响的等效长度系数 $k=0.5+0.3\beta+0.2\beta^2=0.5+0.3\times(-1)+0.2\times(-1)^2=0.4$，等效计算长度 $L_e=0.4\times5=2.0\text{m}$，等效计算长度与钢管外直径之比 $\dfrac{L_e}{D}=2.5<4$，故考虑长细比影响的承载力折减系数 $\varphi_l=1$。

柱端轴向压力偏心距 $e_0=\dfrac{M}{N}=\dfrac{1400}{17200}\times10^3=81.40\text{mm}$，混凝土半径 $r_c=\dfrac{D-2t}{2}=\dfrac{800-2\times14}{2}=386\text{mm}$，由此可得 $\dfrac{e_0}{r_c}=\dfrac{81.40}{386}=0.21<1.55$，故考虑偏心率影响的承载力折减系数为 $\varphi_e=\dfrac{1}{1+1.85e_0/r_c}=\dfrac{1}{1+1.85\times0.21}=0.72$。

按轴心受压柱考虑的等效计算长度与钢管外直径之比 $\dfrac{L_e}{D}=\dfrac{5000}{800}=6.25>4$，故按轴心受压柱考虑的长细比影响的承载力折减系数 $\varphi_0=1-0.115\sqrt{L_e/D-4}=1-0.115\times\sqrt{5000/800-4}=0.8275$，满足 $\varphi_l\varphi_e<\varphi_0$。

圆形钢管混凝土柱的承载力抗震调整系数 $\gamma_{RE}=0.8$。

当混凝土强度等级不超过 C50 时，与混凝土强度等级有关的系数 α 及套箍指标界限值 $[\theta]$ 分别取为 2.00 和 1.00。

由于 $\theta=0.991<[\theta]=1.00$，故

$$N_u=\dfrac{1}{\gamma_{RE}}[0.9\varphi_l\varphi_e f_c A_c(1+\alpha\theta)]$$

$$=\dfrac{1}{0.8}[0.9\times1\times0.72\times23.1\times4.681\times10^5\times(1+2.00\times0.991)]$$

$$=26118\text{kN}>N=17200\text{kN}$$

正截面受压承载力满足要求。

2）斜截面受剪承载力

该框架柱的抗震等级为二级，考虑地震作用组合的剪力设计值为

$$V_c = 1.2\frac{M_c^t + M_c^b}{H_n} = 1.2 \times \frac{1400 + 1400}{5} = 672\text{kN}, \text{则框架柱的剪跨 } a = \frac{M}{V} = \frac{1400 \times 10^6}{672 \times 10^3}$$

$= 2083\text{mm}$，由于 $a = 2083\text{mm} > 2D = 1600\text{mm}$，即剪跨大于柱直径的 2 倍，故无需验算斜截面受剪承载力。

3. 第二组最不利荷载组合下的承载力验算

1）正截面受压承载力

框架柱两端弯矩设计值绝对值较小者与较大者的比值 $\beta = \frac{M_1}{M_2} = -1$，考虑柱身弯矩分布梯度影响的等效长度系数 $k = 0.5 + 0.3\beta + 0.2\beta^2 = 0.5 + 0.3 \times (-1) + 0.2 \times (-1)^2 =$

0.4，等效计算长度 $L_e = 0.4 \times 5 = 2.0\text{m}$，等效计算长度与钢管外直径之比 $\frac{L_e}{D} = 2.5 < 4$，故考虑长细比影响的承载力折减系数 $\varphi_l = 1$。

柱端轴向压力偏心距 $e_0 = \frac{M}{N} = \frac{3600}{6000} \times 10^3 = 600\text{mm}$，混凝土半径 $r_c = \frac{D - 2t}{2} =$

$\frac{800 - 2 \times 14}{2} = 386\text{mm}$，由此可得 $\frac{e_0}{r_c} = \frac{600}{386} = 1.554 > 1.55$，故考虑偏心率影响的承载力折减系数为

$$\varphi_e = \frac{1}{3.92 - 5.16\varphi_l + \varphi_l e_0/(0.3r_c)} = \frac{1}{3.92 - 5.16 \times 1 + 1 \times 600/(0.3 \times 386)} = 0.254$$

按轴心受压柱考虑的等效计算长度与钢管外直径之比 $\frac{L_e}{D} = \frac{5000}{800} = 6.25 > 4$，故按轴心受压柱考虑的长细比影响的承载力折减系数 $\varphi_0 = 1 - 0.115\sqrt{L_e/D - 4} = 1 - 0.115 \times \sqrt{5000/800 - 4} = 0.8275$，满足 $\varphi_l\varphi_e < \varphi_0$。

圆形钢管混凝土柱的承载力抗震调整系数 $\gamma_{RE} = 0.8$。

当混凝土强度等级不超过 C50 时，与混凝土强度等级有关的系数 α 及套箍指标界限值 $[\theta]$ 分别取为 2.00 和 1.00。

由于 $\theta = 0.991 < [\theta] = 1.00$，故

$$N_u = \frac{1}{\gamma_{RE}}[0.9\varphi_l\varphi_e f_c A_c (1 + \alpha\theta)]$$

$$= \frac{1}{0.8}[0.9 \times 1 \times 0.254 \times 23.1 \times 4.681 \times 10^5 \times (1 + 2.00 \times 0.991)]$$

$= 9314\text{kN} > N = 6000\text{kN}$

正截面受压承载力满足要求。

2）斜截面受剪承载力

该框架柱的抗震等级为二级，考虑地震作用组合的剪力设计值为

$$V_c = 1.2\frac{M_c^t + M_c^b}{H_n} = 1.2 \times \frac{3600+3600}{5} = 1728\text{kN}，则框架柱的剪跨 } a = \frac{M}{V} =$$

$\frac{3600\times10^6}{1728\times10^3} = 2083\text{mm}$，由于 $a = 2083\text{mm} > 2D = 1600\text{mm}$，即剪跨大于柱直径的 2 倍，故无需验算斜截面受剪承载力。

5.6.2 矩形钢管混凝土柱设计实例

某高层框架-核心筒结构，7 度抗震设防，设计基本地震加速度为 $0.1g$，设计地震分组为第一组，Ⅱ类场地。框架柱采用矩形钢管混凝土柱，经初步设计确定的某中间层框架柱的截面尺寸为 $800\text{mm} \times 800\text{mm}$。该框架柱的抗震等级为二级，计算长度为 5m。该框架柱有两组最不利组合的内力设计值：(1) $M^t = 1400\text{kN·m}$，$M^b = 1400\text{kN·m}$，$N = -17200\text{kN}$；(2) $M^t = 3600\text{kN·m}$，$M^b = 3600\text{kN·m}$，$N = -6000\text{kN}$；M^t 和 M^b 分别为柱上端和下端弯矩设计值。框架柱的混凝土强度等级采用 C50，钢管采用 Q345GJ 钢。试设计该钢管混凝土柱。

【解】

1. 初选截面

根据钢管混凝土框架柱的构造要求，初选钢管厚度为 18mm（图 5-28）。

钢管管壁厚度 $t = 18\text{mm} > 8\text{mm}$，钢管管壁宽度和高度 $b = h = 800\text{mm} > 400\text{mm}$，高宽比 $\frac{h}{b} = \frac{800}{800} = 1 < 2$，满足截面最小尺寸不小于 400mm，钢管壁厚不小于 8mm，截面高宽比不大于 2 的要求。

由于 $b = h = 800\text{mm} < 1000\text{mm}$，故无需在钢管内壁设置竖向加劲肋及内隔板。

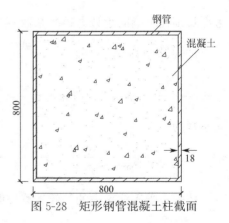

图 5-28 矩形钢管混凝土柱截面

框架柱宽厚比 $\frac{b}{t} = \frac{h}{t} = \frac{800}{18} = 44.44 \leqslant 60\sqrt{\frac{235}{f_{ak}}} = 60\sqrt{\frac{235}{345}} = 49.52$，满足钢管壁宽厚比限值要求。

令 $b = h = B$，有关基本参数为

钢管内填混凝土的高度和宽度 $h_c = b_c = B - 2t = 800 - 2\times18 = 764\text{mm}$；

框架柱截面面积 $A = B^2 = 800\times800 = 6.4\times10^5\text{mm}^2$；

钢管内填混凝土面积 $A_c = (B-2t)^2 = (800-2\times18)^2 = 583696\text{mm}^2$；

钢管壁截面面积 $A_a = A - A_c = 56304\text{mm}^2$；

框架柱截面惯性矩 $I = \frac{B^4}{12} = \frac{800^4}{12} = 3.41\times10^{10}\text{mm}^4$；

钢管内填混凝土截面惯性矩 $I_c = \frac{(B-2t)^4}{12} = \frac{(800-2\times18)^4}{12} = 2.84\times10^{10}\text{mm}^4$；

钢管壁截面惯性矩 $I_a = I - I_c = 5.7\times10^9\text{mm}^4$；

钢管弹性模量 $E_a = 2.06\times10^5\text{N/mm}^4$，混凝土弹性模量 $E_c = 3.45\times10^4\text{N/mm}^4$。

2. 第一组最不利荷载组合下的承载力验算

1）轴压比限值

柱轴压比 $n = \dfrac{N}{f_c A_c + f_a A_a} = \dfrac{17.2 \times 10^6}{23.1 \times 583696 + 310 \times 56304} = 0.56$，当抗震等级为二级时，框架-核心筒结构的矩形钢管混凝土框架柱轴压比限值为 0.8，轴压比满足要求。对于轴压比不小于 0.15 的偏心受压柱，承载力抗震调整系数 $\gamma_{RE} = 0.8$。

2）正截面受压承载力

混凝土极限压应变 $\varepsilon_{cu} = 0.003$。当混凝土强度等级不超过 C50 时，受压区混凝土应力图形影响系数 $\beta_1 = 0.8$。

先按大偏压求出混凝土等效受压区高度 x。

由 $N = \dfrac{1}{\gamma_{RE}} \left[\alpha_1 f_c b_c x + 2 f_a t \left(2\dfrac{x}{\beta_1} - h_c \right) \right]$ 可得：

$$x = \frac{(\gamma_{RE} N + 2 f_a t h_c)\beta_1}{\alpha_1 f_c b_c \beta_1 + 4 f_a t} = \frac{(0.8 \times 17200000 + 2 \times 310 \times 18 \times 764) \times 0.8}{1.0 \times 23.1 \times 764 \times 0.8 + 4 \times 310 \times 18}$$
$$= 489.29 \text{mm}$$

相对界限受压区高度 $\xi_b = \dfrac{\beta_1}{1 + \dfrac{f_a}{E_a \varepsilon_{cu}}} = \dfrac{0.8}{1 + \dfrac{310}{2.06 \times 10^5 \times 0.003}} = 0.533$，经验证，$x >$

$\xi_b h_c = 0.533 \times 764 = 407.21 \text{mm}$，为小偏心受压。

故需再按小偏压求混凝土等效受压区高度 x。

受拉或受压较小端钢管翼缘应力为

$$\sigma_a = \frac{f_a}{\xi_b - \beta_1} \left(\frac{x}{h_c} - \beta_1 \right) = \frac{310}{0.533 - 0.8} \left(\frac{x}{764} - 0.8 \right)$$
$$= (-1.52x + 928.84) \text{N/mm}^2$$

将上式代入 $N = \dfrac{1}{\gamma_{RE}} \left[\alpha_1 f_c b_c x + f_a bt + 2 f_a t \dfrac{x}{\beta_1} - 2\sigma_a t \left(h_c - \dfrac{x}{\beta_1} \right) - \sigma_a bt \right]$，解得等效受压区高度 $x = 564.8 \text{mm}$，经验证 $x > \xi_b h_c$，故按小偏压进行计算。

受拉或受压较小端钢管翼缘应力 $\sigma_a = -1.52 \times 564.8 + 928.84 = 70.34 \text{N/mm}^2$；

框架柱上下两端弯矩比 $\dfrac{M^t}{M^b} = -1 < 0.9$，轴压比 $n = 0.56 < 0.9$；

偏心方向的截面回转半径 $i = \sqrt{\dfrac{E_c I_c + E_a I_a}{E_c A_c + E_a A_a}} = $

$\sqrt{\dfrac{3.45 \times 10^4 \times 2.84 \times 10^{10} + 2.06 \times 10^5 \times 5.7 \times 10^9}{3.45 \times 10^4 \times 583696 + 2.06 \times 10^5 \times 56304}} = 260.5 \text{mm}$；

长细比 $\dfrac{l_c}{i} = \dfrac{5000}{260.5} = 19.2 < 34 - 12 \left(\dfrac{M_1}{M_2} \right) = 46$，故不考虑轴向压力在框架柱中产生的附加弯矩影响。

轴力对截面重心的偏心距 $e_0 = \dfrac{M}{N} = \dfrac{1400 \times 10^6}{17200 \times 10^3} = 81.4 \text{mm}$，附加偏心距 $e_a = B/30 =$

26.7mm，初始偏心距 $e_i = e_0 + e_a = 108.1$mm，则轴力作用点至矩形钢管远端翼缘钢板厚度中心的距离 $e = e_i + \dfrac{B}{2} - \dfrac{t}{2} = 499.1$mm。

钢管腹板承受的轴向合力对受拉或受压较小端钢管翼缘钢板厚度中心的力矩为

$$M_{aw} = f_a t \frac{x}{\beta_1}\left(2h_c + t - \frac{x}{\beta_1}\right) - \sigma_a t\left(h_c - \frac{x}{\beta_1}\right)\left(h_c + t - \frac{x}{\beta_1}\right)$$

$$= 310 \times 18 \times \frac{564.8}{0.8} \times \left(2 \times 764 + 18 - \frac{564.8}{0.8}\right) - 70.34 \times 18 \times \left(764 - \frac{564.8}{0.8}\right) \times$$

$$\left(764 + 18 - \frac{564.8}{0.8}\right) = 3.30 \times 10^9 \text{N} \cdot \text{mm}$$

由于

$$\frac{1}{\gamma_{RE}}\left[\alpha_1 f_c b_c x(h_c + 0.5t - 0.5x) + f_a bt(h_c + t) + M_{aw}\right] = 1.0 \times 23.1 \times 764 \times$$

$564.8 \times (764 + 0.5 \times 18 - 0.5 \times 564.8) + 310 \times 800 \times 18 \times (764 + 18) + 3.30 \times 10^9 = 1.168 \times 10^{10} \text{N} \cdot \text{mm} > Ne = 17200 \times 10^3 \times 499.1 = 8.58 \times 10^9 \text{N} \cdot \text{mm}$

正截面受压承载力满足要求。

3）斜截面受剪承载力

该框架柱的抗震等级为二级，考虑地震作用组合的剪力设计值为

$$V_c = 1.2 \frac{(M_c^t + M_c^b)}{H_n} = 1.2 \times \frac{1400 + 1400}{5} = 672 \text{kN}$$

框架柱的剪跨比 $\lambda = M/Vh = 1400 \times 10^6 / (672 \times 10^3 \times 800) = 2.60$。

柱的轴向压力设计值 $N = 17200 \text{kN} > 0.3 f_c A_c = 0.3 \times 23.1 \times 583696 \times 10^{-3} = 4045 \text{kN}$，取 $N = 4045 \text{kN}$。

斜截面受剪承载力为

$$V = \frac{1}{\gamma_{RE}}\left(\frac{1.05}{\lambda + 1} f_t b_c h_c + \frac{1.16}{\lambda} f_a t h + 0.056N\right)$$

$$= \frac{1}{0.8}\left(\frac{1.05}{2.60 + 1} \times 1.89 \times 764 \times 764 + \frac{1.16}{2.60} \times 310 \times 18 \times 800 + 0.056 \times 4045 \times 10^3\right)$$

$$= 2539.9 \times 10^3 \text{N} > V_c = 672 \times 10^3 \text{N}$$

框架柱满足斜截面受剪要求。

3. 第二组最不利荷载组合下的承载力验算

1）轴压比限值

柱轴压比 $n = \dfrac{N}{f_c A_c + f_a A_a} = \dfrac{6 \times 10^6}{23.1 \times 583696 + 310 \times 56304} = 0.19$，当抗震等级为二级时，框架-核心筒结构的矩形钢管混凝土框架柱轴压比限值为 0.8，轴压比满足要求。对于轴压比不小于 0.15 的偏心受压柱，承载力抗震调整系数 $\gamma_{RE} = 0.8$。

2）正截面受压承载力

先按大偏压求出混凝土等效受压区高度 x。

由 $N = \dfrac{1}{\gamma_{RE}}\left[\alpha_1 f_c b_c x + 2 f_a t\left(2\dfrac{x}{\beta_1} - h_c\right)\right]$ 可得：

$$x = \frac{(\gamma_{RE} N + 2 f_a t h_c)\beta_1}{\alpha_1 f_c b_c \beta_1 + 4 f_a t} = \frac{(0.8 \times 6000000 + 2 \times 310 \times 18 \times 764) \times 0.8}{1.0 \times 23.1 \times 764 \times 0.8 + 4 \times 310 \times 18} = 292.57\text{mm}$$

经验证，$x < \xi_b h_c = 0.533 \times 764 = 407.21\text{mm}$，为大偏心受压。

框架柱上下两端弯矩比 $\dfrac{M^t}{M^b} = -1 < 0.9$，轴压比 $n = 0.19 < 0.9$；

偏 心 方 向 的 截 面 回 转 半 径 $i = \sqrt{\dfrac{E_c I_c + E_a I_a}{E_c A_c + E_a A_a}} =$

$\sqrt{\dfrac{3.45 \times 10^4 \times 2.84 \times 10^{10} + 2.06 \times 10^5 \times 5.7 \times 10^9}{3.45 \times 10^4 \times 583696 + 2.06 \times 10^5 \times 56304}} = 260.5\text{mm}$；

长细比 $\dfrac{l_c}{i} = \dfrac{5000}{260.5} = 19.2 < 34 - 12\left(\dfrac{M_1}{M_2}\right) = 46$，故不考虑轴向压力在框架柱中产生的附加弯矩影响。

轴力对截面重心的偏心距 $e_0 = \dfrac{M}{N} = \dfrac{3600 \times 10^6}{6000 \times 10^3} = 600\text{mm}$，附加偏心距 $e_a = B/30 = 26.7\text{mm}$，初始偏心距 $e_i = e_0 + e_a = 626.7\text{mm}$，则轴力作用点至矩形钢管远端翼缘钢板厚度中心的距离 $e = e_i + \dfrac{B}{2} - \dfrac{t}{2} = 1017.7\text{mm}$。

钢管腹板承受的轴向合力对受拉或受压较小端钢管翼缘钢板厚度中心的力矩为

$$M_{aw} = f_a t \frac{x}{\beta_1}\left(2h_c + t - \frac{x}{\beta_1}\right) - f_a t\left(h_c - \frac{x}{\beta_1}\right)\left(h_c + t - \frac{x}{\beta_1}\right)$$

$= 310 \times 18 \times \dfrac{292.6}{0.8} \times \left(2 \times 764 + 18 - \dfrac{292.6}{0.8}\right) - 310 \times 18 \times \left(764 - \dfrac{292.6}{0.8}\right) \times$

$\left(764 + 18 - \dfrac{292.6}{0.8}\right) = 1.484 \times 10^{10}\text{N} \cdot \text{mm}$

由于

$$\frac{1}{\gamma_{RE}}\left[\alpha_1 f_c b_c x (h_c + 0.5t - 0.5x) + f_a bt (h_c + t) + M_{aw}\right]$$

$= 1.0 \times 23.1 \times 764 \times 292.6 \times (764 + 0.5 \times 18 - 0.5 \times 292.6) + 310 \times 800 \times 18 \times (764 + 18) + 1.484 \times 10^{10} = 2.157 \times 10^{10}\text{N} \cdot \text{mm} > Ne = 6000 \times 10^3 \times 1017.7 = 6.106 \times 10^9\text{N} \cdot \text{mm}$

正截面受压承载力满足要求。

3）斜截面受剪承载力

该框架柱的抗震等级为二级，考虑地震作用组合的剪力设计值为

$$V_c = 1.2 \frac{M_c^t + M_c^b}{H_n} = 1.2 \times \frac{3600 + 3600}{5} = 1728\text{kN}$$

框架柱的剪跨比 $\lambda = M/Vh_0 = 3600 \times 10^6/(1728 \times 10^3 \times 800) = 2.60$。

柱的轴向压力设计值 $N = 6000\text{kN} > 0.3 f_c A_c = 0.3 \times 23.1 \times 583696 \times 10^{-3} = 4045\text{kN}$，

取 $N = 4045 \text{kN}$。

斜截面受剪承载力为

$$V = \frac{1}{\gamma_{RE}} \left(\frac{1.05}{\lambda+1} f_t b_c h_c + \frac{1.16}{\lambda} f_a th + 0.056N \right)$$

$$= \frac{1}{0.8} \left(\frac{1.05}{2.60+1} \times 1.89 \times 764 \times 764 + \frac{1.16}{2.60} \times 310 \times 18 \times 800 + 0.056 \times 4045 \times 10^3 \right)$$

$$= 2539.9 \times 10^3 \text{N} > V_c = 1728 \times 10^3 \text{N}$$

框架柱满足斜截面受剪要求。

5.7　思考题

(1) 简述钢管混凝土构件中的组合作用原理。

(2) 简述圆形钢管混凝土构件和矩形钢管混凝土构件在受力性能上的差异。

(3) 简述套箍指标的含义及其合理范围。

(4) 简述常用的钢管混凝土柱与钢梁的连接节点形式及其构造要求。

5.8　习题

(1) 某高层框架-核心筒结构，7 度抗震设防，设计基本地震加速度为 $0.1g$，设计地震分组为第一组，Ⅱ类场地。框架柱采用圆形钢管混凝土柱，经初步设计确定的某中间层框架柱的直径为 1000mm。该框架柱的抗震等级为一级，计算长度为 4m。该框架柱有 3 组最不利组合的内力设计值：$(1)M^t = 2400 \text{kN} \cdot \text{m}, M^b = 2400 \text{kN} \cdot \text{m}, N = -25000 \text{kN}$；$(2)M^t = 3500 \text{kN} \cdot \text{m}, M^b = 3500 \text{kN} \cdot \text{m}, N = -8000 \text{kN}$；$(3)M^t = 3000 \text{kN} \cdot \text{m}, M^b = 3000 \text{kN} \cdot \text{m}, N = 5000 \text{kN}$；$M^t$ 和 M^b 分别为柱上端和下端弯矩设计值。框架柱的混凝土强度等级采用 C60，钢管采用 Q345GJ 钢。试设计该钢管混凝土柱。

(2) 某高层框架-核心筒结构，7 度抗震设防，设计基本地震加速度为 $0.1g$，设计地震分组为第一组，Ⅱ类场地。框架柱采用矩形钢管混凝土柱，经初步设计确定的某中间层框架柱的截面尺寸为 1000mm×1000mm。该框架柱的抗震等级为一级，计算长度为 4m。该框架柱有 3 组最不利组合的内力设计值：$(1)M^t = 2400 \text{kN} \cdot \text{m}, M^b = 2400 \text{kN} \cdot \text{m}, N = -25000 \text{kN}$；$(2)M^t = 3500 \text{kN} \cdot \text{m}, M^b = 3500 \text{kN} \cdot \text{m}, N = -8000 \text{kN}$；$(3)M^t = 3000 \text{kN} \cdot \text{m}, M^b = 3000 \text{kN} \cdot \text{m}, N = 5000 \text{kN}$；$M^t$ 和 M^b 分别为柱上端和下端弯矩设计值。框架柱的混凝土强度等级采用 C60，钢管采用 Q345GJ 钢。试设计该钢管混凝土柱。

第6章 钢-混凝土组合剪力墙设计

6.1 组合剪力墙的一般构造和受力特点

钢-混凝土组合剪力墙是指由型钢、钢板和钢筋混凝土组合形成的剪力墙。钢-混凝土组合剪力墙主要分为以下几类：型钢混凝土剪力墙、钢板混凝土剪力墙和带钢斜撑混凝土剪力墙（图 6-1）。

型钢混凝土剪力墙是指在钢筋混凝土剪力墙两端的边缘构件中或同时沿墙截面长度分布设置型钢后形成的剪力墙。型钢混凝土剪力墙中的型钢可以提高剪力墙的压弯承载力、延性和耗能能力；提高剪力墙的平面外刚度，避免墙受压边缘在加载后期出现平面外失稳。型钢的销栓作用和对墙体的约束作用可以提高剪力墙的受剪承载力。剪力墙端部设置型钢后也易于实现与型钢混凝土梁或钢梁的可靠连接。型钢混凝土剪力墙中的型钢也可用圆钢管代替，由于圆钢管能够更有效地约束管内混凝土，因此其抗震性能优于普通型钢混凝土剪力墙。

工程中应用的钢板混凝土剪力墙一般为内置钢板混凝土剪力墙。内置钢板混凝土剪力墙是在型钢混凝土剪力墙的基础上，进一步在墙体内设置钢板而形成的。内置钢板上需设置栓钉等抗剪连接件，保证钢板与外包混凝土协同变形。外包混凝土可约束钢板的平面外变形，从而有效防止钢板发生局部屈曲。由于钢材的抗剪强度是混凝土抗剪强度的几十倍，钢板混凝土剪力墙具有很高的抗剪承载力。外包钢板混凝土剪力墙是近年来发展起来的另一类钢板混凝土剪力墙，它由外包钢板和内填混凝土通过一定的构造措施组合而成。外包钢板可作为混凝土浇筑的模板使用，在使用阶段也可防止混凝土裂缝外露；因此，外包钢板混凝土剪力墙具有较好的正常使用性能和施工便利性。

带钢斜撑混凝土剪力墙是在钢筋混凝土剪力墙内埋置型钢柱、型钢梁和钢支撑而形成的剪力墙。设置钢斜撑可显著提高剪力墙的抗剪承载力，防止剪力墙发生剪切脆性破坏。钢斜撑上需设置栓钉，保证与周围混凝土协同工作。钢斜撑一般采用工字形截面，也可采用钢板斜撑。为保证钢板斜撑的受压稳定性，需要在斜撑周围加密拉筋，增强混凝土对钢板斜撑的约束作用。

由于钢-混凝土组合剪力墙具有较高的承载力和良好的抗震性能，已被广泛应用于超高层结构中。三类组合剪力墙各有特点，适用于不同的设计情形。相较钢板混凝土剪力墙，型钢混凝土剪力墙的用钢量小、施工更为方便，因此，在满足设计需求的情况下，应优先选用型钢混凝土剪力墙。钢板混凝土剪力墙具有更高的轴压、压弯和受剪承载力，可用于建造更高的超高层建筑。带钢斜撑混凝土剪力墙的主要优势是抗剪承载力高，因此适用于超高层建筑核心筒中剪力需求较大的部位，如设置伸臂桁架的楼层。

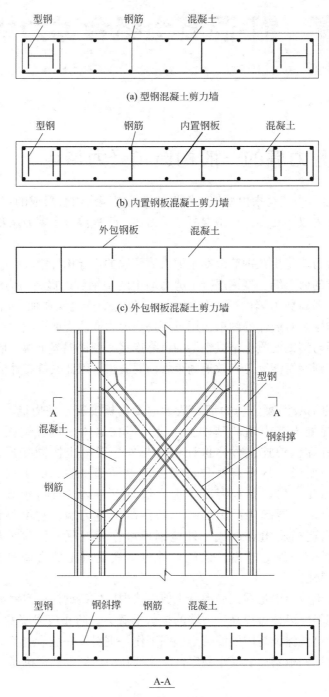

(a) 型钢混凝土剪力墙

(b) 内置钢板混凝土剪力墙

(c) 外包钢板混凝土剪力墙

A-A

(d) 带钢斜撑混凝土剪力墙

图 6-1　钢-混凝土组合剪力墙构造

6.2　组合剪力墙的承载力计算

6.2.1　型钢混凝土偏心受压剪力墙的正截面受压承载力

型钢混凝土偏心受压剪力墙的正截面受压承载力计算简图如图 6-2 所示，其正截面受压承载力应按下列公式进行验算：

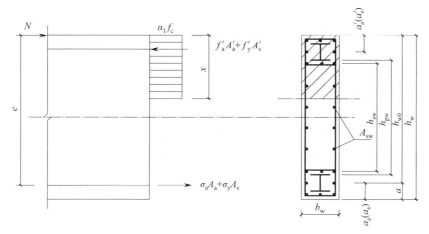

图 6-2　型钢混凝土偏心受压剪力墙的正截面受压承载力计算示意图

$$Ne \leqslant \alpha_1 f_c b_w x \left(h_{w0} - \frac{x}{2} \right) + f_a' A_a' (h_{w0} - a_a') + f_y' A_s' (h_{w0} - a_s') + M_{sw} \tag{6-1}$$

$$e = e_0 + \frac{h_w}{2} - a \tag{6-2}$$

$$e_0 = \frac{M}{N} \tag{6-3}$$

$$h_{w0} = h_w - a \tag{6-4}$$

式中　f_a'——钢筋的抗压强度设计值；

f_y'——型钢的抗压强度设计值；

f_c——混凝土的轴心抗压强度；

e_0——轴向压力对截面重心的偏心距；

e——轴向力作用点到受拉型钢和纵向受拉钢筋合力点的距离；

a_s'、a_a'——受压端钢筋、型钢合力点至截面受压边缘的距离；

a——受拉端型钢和纵向受拉钢筋合力点到受拉边缘的距离；

x——受压区高度；

α_1——受压区混凝土压应力影响系数；

A_a'——剪力墙受压边缘构件阴影部分内配置的型钢截面面积；

A_s'——剪力墙受压边缘构件阴影部分内配置的纵向钢筋截面面积；

β_1——受压区混凝土应力图形影响系数；

M_{sw}——剪力墙竖向分布钢筋合力对受拉型钢截面重心的力矩；

M——剪力墙弯矩设计值；

N——剪力墙弯矩设计值 M 相对应的轴向压力设计值；

h_{w0}——剪力墙截面有效高度；

b_w——剪力墙厚度；

h_w——剪力墙截面高度。

式(6-1)中的受弯承载力验算是对纵向受拉钢筋和受拉端型钢合力点取矩得到的，式中的混凝土等效受压区高度 x 由轴力平衡条件得到，即

$$N = \alpha_1 f_c b_w x + f'_a A'_a + f'_y A'_s - \sigma_a A_a - \sigma_s A_s + N_{sw} \tag{6-5}$$

式中 σ_s——受拉或受压较小边的钢筋应力；

σ_a——受拉或受压较小边的型钢翼缘应力；

N_{sw}——剪力墙竖向分布钢筋所承担的轴向力；

A_a——剪力墙受拉边缘构件阴影部分内配置的型钢截面面积；

A_s——剪力墙受拉边缘构件阴影部分内配置的纵向钢筋截面面积。

式(6-5)中的 N_{sw} 和式(6-1)中的 M_{sw} 可按下列公式计算：

当 $x \leqslant \beta_1 h_{w0}$ 时，

$$N_{sw} = \left(1 + \frac{x - \beta_1 h_{w0}}{0.5\beta_1 h_{sw}}\right) f_{yw} A_{sw} \tag{6-6}$$

$$M_{sw} = \left[0.5 - \left(\frac{x - \beta_1 h_{w0}}{\beta_1 h_{sw}}\right)^2\right] f_{yw} A_{sw} h_{sw} \tag{6-7}$$

当 $x > \beta_1 h_{w0}$ 时，

$$N_{sw} = f_{yw} A_{sw} \tag{6-8}$$

$$M_{sw} = 0.5 f_{yw} A_{sw} h_{sw} \tag{6-9}$$

式中 f_{yw}——剪力墙竖向分布钢筋的抗拉强度设计值；

A_{sw}——剪力墙边缘构件阴影部分外的竖向分布钢筋总面积；

h_{sw}——剪力墙边缘构件阴影部分外的竖向分布钢筋配置高度。

式(6-6)~式(6-10)的推导过程如下：

当 $x \leqslant \beta_1 h_{w0}$ 时，中和轴在截面有效高度范围内，竖向分布钢筋部分受压、部分受拉，且受压区和受拉区的分布钢筋均未完全屈服。为了简化计算，近似认为所有竖向分布钢筋的应力均达到屈服强度设计值。截面受压区高度为 x/β_1，受拉区高度为 $h_{w0} - x/\beta_1$，则竖向分布钢筋承担的轴向力为

$$N_{sw} = \left[1 - \frac{2\left(h_{w0} - \dfrac{x}{\beta_1}\right)}{h_{sw}}\right] f_{yw} A_{sw} \tag{6-10}$$

整理后即得式(6-6)。

N_{sw} 对纵向受拉钢筋和受拉端型钢合力点的力矩为

$$M_{sw} = \frac{x}{\beta_1 h_{sw}} f_{yw} A_{sw} \left(h_{w0} - \frac{x}{2\beta_1}\right) - \frac{\left(h_{w0} - \dfrac{x}{\beta_1}\right)^2}{2h_{sw}} f_{yw} A_{sw} \tag{6-11}$$

整理得

$$M_{sw} = \left[\frac{1}{2} \frac{h_{w0}^2}{h_{sw}^2} - \left(\frac{x - \beta_1 h_{w0}}{\beta_1 h_{sw}} \right)^2 \right] f_{yw} A_{sw} h_{sw} \tag{6-12}$$

上式近似等于式(6-7)，且偏于安全。

当 $x > \beta_1 h_{w0}$ 时，根据现行国家标准《混凝土结构设计规范》GB 50010 的规定，取 $x = \beta_1 h_{w0}$。此时竖向分布钢筋全部受压，且只有部分屈服。为了简化计算，近似认为所有竖向分布筋的应力均达到屈服强度设计值。

将 $x = \beta_1 h_{w0}$ 分别代入式(6-6)、式(6-7) 得

$$N_{sw} = f_{yw} A_{sw} \tag{6-13}$$
$$M_{sw} = 0.5 f_{yw} A_{sw} h_{sw} \tag{6-14}$$

按照现行国家标准《混凝土结构设计规范》GB 50010 的规定，小偏心受压时，受拉钢筋和型钢受拉翼缘的应力 σ_s、σ_a 均未达到屈服强度设计值，可近似按下列公式计算：

$$\sigma_s = \frac{f_y}{\xi_b - \beta_1} \left(\frac{x}{h_{w0}} - \beta_1 \right) \tag{6-15}$$

$$\sigma_a = \frac{f_a}{\xi_b - \beta_1} \left(\frac{x}{h_{w0}} - \beta_1 \right) \tag{6-16}$$

式(6-15) 和式(6-16) 的推导过程如下：

根据我国试验资料显示：实测钢筋应变 ε_s 与相对受压区高度 ξ 近似呈线性关系。当发生界限破坏时，$\xi = \xi_b$，$\varepsilon_s = f_y / E_s$，$E_s$ 为钢材的弹性模量；当 $\xi = \beta_1$，$x = \beta_1 h_0$，受拉钢筋处的应变为 0，即 $\varepsilon_s = 0$。将以上两个条件代入线性方程，可得钢筋应变公式为

$$\varepsilon_s = \frac{f_y}{E_s} \frac{\beta_1 - \xi}{\beta_1 - \xi_b} \tag{6-17}$$

钢筋应力 $\sigma_s = \varepsilon_s E_s$，将式(6-17) 代入即得式(6-15)。同理可得型钢翼缘应力 σ_a 的计算公式，即式(6-16)。

相对界限受压区高度 ξ_b 可按下式计算：

$$\xi_b = \frac{\beta_1}{1 + \dfrac{f_y + f_a}{2 \times 0.003 E_s}} \tag{6-18}$$

式(6-18) 的推导过程如下：

由平截面假定得

$$\frac{\varepsilon_{cu}}{\varepsilon_{cu} + \varepsilon_s} = \frac{x_b}{\beta_1 h_{w0}} = \frac{\xi_b}{\beta_1} \tag{6-19}$$

式中　ε_{cu}——混凝土的极限压应变；

$\quad\quad \varepsilon_s$——受拉端钢筋、型钢合力点处的应变；

$\quad\quad x_b$——界限破坏时的等效受压区高度。

取受压区混凝土的极限压应变 $\varepsilon_{cu} = 0.003$，代入式(6-19) 得

$$\xi_b = \frac{\beta_1 \varepsilon_{cu}}{\varepsilon_{cu} + \varepsilon_s} = \frac{\beta_1}{1 + \dfrac{\varepsilon_s}{\varepsilon_{cu}}} = \frac{\beta_1}{1 + \dfrac{2 E_s \varepsilon_s}{2 E_s \varepsilon_{cu}}} = \frac{\beta_1}{1 + \dfrac{f_y + f_a}{2 \times 0.003 E_s}} \tag{6-20}$$

大偏心受压时，受拉钢筋应力 $\sigma_s = f_y$，受拉型钢的应力 $\sigma_a = f_a$。

无论是小偏心受压还是大偏心受压，受压侧纵向钢筋和型钢一般都能够达到屈服。计算时可先按大偏心受压的情况考虑，即先取 $\sigma_s = f_y$，$\sigma_a = f_a$。通常情况下，承载力验算时，截面尺寸、混凝土强度等级、剪力墙的弯矩设计值和相对应的轴向压力设计值已知，同时可以根据轴压比限值和构造要求初选型钢规格和初步配置纵筋和分布筋，得到 A_s、A_a、A'_s、A'_a、A_{sw}、h_{sw}、e_0、a、e、a_s、a_a、a'_s、a'_a、h_{w0} 等参数。依据上述条件，并假定 $x \leqslant \beta_1 h_{w0}$，将式(6-6)代入式(6-5)可以求出等效受压区高度 x。

按上述假定得到等效受压区高度 x 后，应按以下几种情况分别进行验算：

(1) $x \leqslant \xi_b h_0$，$x \leqslant \beta_1 h_{w0}$；

(2) $x > \xi_b h_0$，$x \leqslant \beta_1 h_{w0}$；

(3) $x > \xi_b h_0$，$x > \beta_1 h_{w0}$。

验算步骤如下所述：

步骤一：判断求出的 x 是否满足条件（1）。若满足，将 x 代入式(6-7)，求得 M_{sw}，之后再将 x 和 M_{sw} 一同代入式(6-1)进行验算；若不满足条件（1），则进行步骤二。

步骤二：按小偏心受压验算，先假定为（2）的情况，将式(6-6)、式(6-15)、式(6-16)代入式(6-5)，求出等效受压区高度 x，判断是否满足条件（2）。若满足，则将 x 代入式(6-7)，求得 M_{sw}，接着再将 x 和 M_{sw} 一同代入式(6-1)进行验算；若 x 不满足条件（2），则进行步骤三。

步骤三：按情况（3）进行验算，将式(6-8)、式(6-15)、式(6-16)代入式(6-5)，求出 x，并把 x 和式(6-9)一同代入式(6-1)进行验算。

上述流程如图 6-3 所示。

6.2.2 钢板混凝土偏心受压剪力墙的正截面受压承载力

钢板混凝土偏心受压剪力墙的正截面受压承载力计算简图如图 6-4 所示，其正截面受压承载力应按下列公式验算：

$$Ne \leqslant \alpha_1 f_c b_w x \left(h_{w0} - \frac{x}{2} \right) + f'_a A'_a (h_{w0} - a'_a) + f'_y A'_s (h_{w0} - a'_s) + M_{sw} + M_{pw} \quad (6\text{-}21)$$

$$e = e_0 + \frac{h_w}{2} - a \quad (6\text{-}22)$$

$$e_0 = \frac{M}{N} \quad (6\text{-}23)$$

$$h_{w0} = h_w - a \quad (6\text{-}24)$$

式中　M_{pw}——剪力墙截面内配置钢板合力对受拉型钢截面重心的力矩。

式(6-21)中的受弯承载力验算是对纵向受拉钢筋和受拉型钢的合力点取矩得到的，式中的混凝土等效受压区高度 x 由轴力平衡条件得到，即

$$N = \alpha_1 f_c b_w x + f'_a A'_a + f'_y A'_s - \sigma_a A_a - \sigma_s A_s + N_{sw} + N_{pw} \quad (6\text{-}25)$$

式中　N_{pw}——剪力墙截面内配置钢板所承担的轴力。

式(6-25)中的 N_{sw}、N_{pw} 和式(6-21)中的 M_{sw}、M_{pw} 可按下列公式计算：

当 $x \leqslant \beta_1 h_{w0}$ 时，

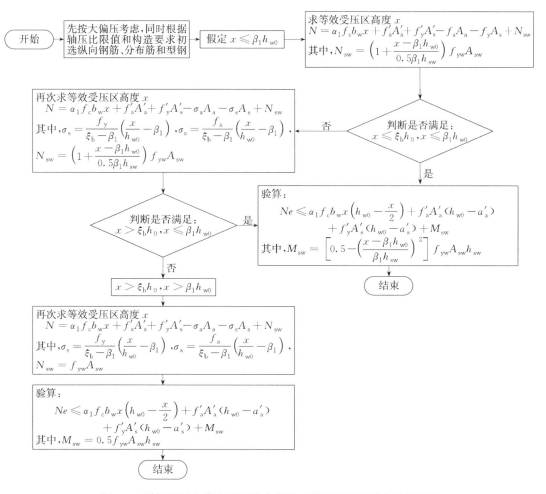

图 6-3　型钢混凝土偏心受压剪力墙的正截面受压承载力验算流程

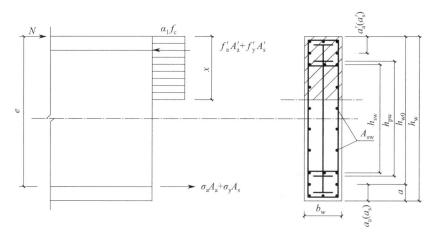

图 6-4　钢板混凝土偏心受压剪力墙的正截面受压承载力计算示意图

$$N_{sw} = \left(1 + \frac{x - \beta_1 h_{w0}}{0.5\beta_1 h_{sw}}\right) f_{yw} A_{sw} \tag{6-26}$$

$$N_{pw} = \left(1 + \frac{x - \beta_1 h_{w0}}{0.5\beta_1 h_{pw}}\right) f_p A_p \tag{6-27}$$

$$M_{sw} = \left[0.5 - \left(\frac{x - \beta_1 h_{w0}}{\beta_1 h_{sw}}\right)^2\right] f_{yw} A_{sw} h_{sw} \tag{6-28}$$

$$M_{pw} = \left[0.5 - \left(\frac{x - \beta_1 h_{w0}}{\beta_1 h_{pw}}\right)^2\right] f_p A_p h_{pw} \tag{6-29}$$

当 $x > \beta_1 h_{w0}$ 时，

$$N_{sw} = f_{yw} A_{sw} \tag{6-30}$$

$$N_{pw} = f_p A_p \tag{6-31}$$

$$M_{sw} = 0.5 f_{yw} A_{sw} h_{sw} \tag{6-32}$$

$$M_{pw} = 0.5 f_p A_p h_{pw} \tag{6-33}$$

式中　A_p——剪力墙截面内配置的钢板截面面积；

$\quad\quad f_p$——剪力墙截面内配置钢板的抗拉和抗压强度设计值；

$\quad\quad h_{pw}$——剪力墙截面内钢板配置高度。

式(6-26)～式(6-33) 的推导过程同式(6-6)～式(6-9)。

大偏心受压时，受拉钢筋应力 $\sigma_s = f_y$，受拉型钢的应力 $\sigma_a = f_a$。

在进行钢板混凝土偏心受压剪力墙的正截面受压承载力验算时，可先按大偏心受压的情况考虑，即先取 $\sigma_s = f_y$，$\sigma_a = f_a$。通常情况下，承载力验算时截面尺寸、混凝土强度等级、剪力墙的弯矩设计值和相对应的轴向压力设计值已知，同时可以根据轴压比限值和构造要求初选型钢、钢板规格和初步配置纵筋、分布筋，求得 A_s、A_a、A_p、A_s'、A_a'、A_{sw}、h_{sw}、h_{pw}、e_0、a、e、a_s、a_a、a_s'、a_a'、h_{w0} 等参数。依据上述条件，并假定 $x \leqslant \beta_1 h_{w0}$，将式(6-26)、式(6-27) 代入式(6-25) 可以求出等效受压区高度 x。

按上述假定得到等效受压区高度 x 后，应按以下几种情况分别进行验算：

(1) $x \leqslant \xi_b h_0$，$x \leqslant \beta_1 h_{w0}$；

(2) $x > \xi_b h_0$，$x \leqslant \beta_1 h_{w0}$；

(3) $x > \xi_b h_0$，$x > \beta_1 h_{w0}$。

验算步骤如下所述：

步骤一：判断求出的 x 是否满足条件 (1)。若满足，将 x 代入式(6-28)、式(6-29)，求得 M_{sw} 和 M_{pw}，之后再将 x、M_{sw} 和 M_{pw} 一同代入式(6-21) 进行验算；若不满足条件 (1)，则进行步骤二。

步骤二：按小偏心受压验算，先假定为 (2) 的情况，将式(6-26)、式(6-27)、式(6-15)、式(6-16) 代入式(6-25)，求出等效受压区高度 x，判断是否满足条件 (2)。若满足，则将 x 代入式(6-28)、式(6-29)，求得 M_{sw} 和 M_{pw}，接着再将 x、M_{sw} 和 M_{pw} 一同代入式(6-21) 进行验算；若 x 不满足条件 (2)，则进行步骤三。

步骤三：按情况 (3) 进行验算，将式(6-30)、式(6-31)、式(6-15)、式(6-16) 代入式(6-25)，求出 x，并把 x 和式(6-28)、式(6-29) 一同代入式(6-21) 进行验算。

上述流程如图 6-5 所示。

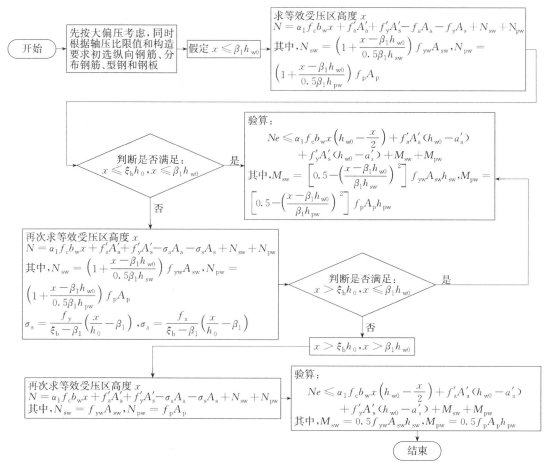

图 6-5　钢板混凝土偏心受压剪力墙的正截面受压承载力验算流程

6.2.3　带钢斜撑混凝土偏心受压剪力墙的正截面受压承载力

虽然钢斜撑可以显著提高剪力墙的斜截面受剪承载力，但对于正截面承载力的提高作用不明显，因此在计算带钢斜撑混凝土剪力墙的正截面受压承载力时，可不考虑斜撑的压弯作用，按型钢混凝土剪力墙计算。

6.2.4　型钢混凝土偏心受拉剪力墙的正截面受拉承载力

型钢混凝土偏心受拉剪力墙的正截面受拉承载力可按下列公式计算：

$$N_u = \frac{1}{\dfrac{1}{N_{0u}} + \dfrac{e_0}{M_{wu}}} \tag{6-34}$$

$$N_{0u} = f_y(A_s + A_s') + f_a(A_a + A_a') + f_{yw}A_{sw} \tag{6-35}$$

$$M_{wu} = f_y A_s(h_{w0} - a_s') + f_a A_a(h_{w0} - a_a') + f_{yw}A_{sw}\left(\frac{h_{w0} - a_s'}{2}\right) \tag{6-36}$$

式中　N_u——型钢混凝土偏心受拉剪力墙的正截面受拉承载力；

$\quad\quad e_0$——型钢混凝土剪力墙轴向拉力对截面重心的偏心距；

N_{0u}——型钢混凝土剪力墙的轴向受拉承载力；

M_{wu}——型钢混凝土剪力墙的受弯承载力；

式(6-34)是基于拉弯承载力相关曲线为直线这个假定推导得到的。基于该假定，拉弯承载力相关曲线可表示为

$$\frac{N_u}{N_{0u}}+\frac{M_u}{M_{wu}}=1 \tag{6-37}$$

式中　M_u——拉弯承载力极限状态时的弯矩。

将$M_u=N_ue_0$代入式(6-37)得

$$\frac{N_u}{N_{0u}}+\frac{N_ue_0}{M_{wu}}=1 \tag{6-38}$$

上式可直接转化成式(6-34)。

6.2.5　钢板混凝土偏心受拉剪力墙的正截面受拉承载力

钢板混凝土偏心受拉剪力墙的正截面受拉承载力可按下列公式计算：

$$N_u=\cfrac{1}{\cfrac{1}{N_{0u}}+\cfrac{e_0}{M_{wu}}} \tag{6-39}$$

$$N_{0u}=f_y(A_s+A'_s)+f_a(A_a+A'_a)+f_{yw}A_{sw}+f_pA_p \tag{6-40}$$

$$M_{wu}=f_yA_s(h_{w0}-a'_s)+f_aA_a(h_{w0}-a'_a)+f_{yw}A_{sw}\left(\frac{h_{w0}-a'_s}{2}\right)+f_pA_p\left(\frac{h_{w0}-a'_a}{2}\right) \tag{6-41}$$

式中　N_u——钢板混凝土偏心受拉剪力墙的正截面受拉承载力；

e_0——钢板混凝土剪力墙轴向拉力对截面重心的偏心距；

N_{0u}——钢板混凝土剪力墙的轴向受拉承载力；

M_{wu}——钢板混凝土剪力墙的受弯承载力。

式(6-39)的详细推导过程见6.2.4小节。

6.2.6　带钢斜撑混凝土偏心受拉剪力墙的正截面受拉承载力

由于钢斜撑对剪力墙的正截面承载力的提高作用不明显，因此在计算带钢斜撑混凝土剪力墙的正截面受拉承载力时，可不考虑斜撑的拉弯作用，按型钢混凝土剪力墙计算。

6.2.7　型钢混凝土剪力墙的斜截面受剪承载力

型钢混凝土剪力墙的剪力主要由钢筋混凝土墙体承担。为避免墙肢剪应力水平过高，组合剪力墙中的钢筋混凝土墙体发生斜压脆性破坏，墙肢受剪截面尺寸不应过小。由于端部型钢的销栓作用和型钢对墙体的约束作用可提高剪力墙的受剪承载力，在验算型钢混凝土剪力墙的受剪截面时，可扣除型钢的抗剪承载力贡献，具体规定如下：

对于持久、短暂设计状况，

$$V_{cw}=V-\frac{0.4}{\lambda}f_aA_{a1}\leqslant0.25\beta_cf_cb_wh_{w0} \tag{6-42}$$

对于地震设计状况，当剪跨比 $\lambda > 2.5$ 时，

$$V_{cw} = V - \frac{0.32}{\lambda} f_a A_{a1} \leqslant \frac{1}{\gamma_{RE}} (0.20 \beta_c f_c b_w h_{w0}) \tag{6-43}$$

当剪跨比 $\lambda \leqslant 2.5$ 时，

$$V_{cw} = V - \frac{0.32}{\lambda} f_a A_{a1} \leqslant \frac{1}{\gamma_{RE}} (0.15 \beta_c f_c b_w h_{w0}) \tag{6-44}$$

式中　V_{cw}——仅考虑墙肢截面钢筋混凝土部分承受的剪力设计值；

　　　　β_c——混凝土强度影响系数，混凝土强度等级不超过 C50 时取 1.0，混凝土强度为 C80 时取 0.8，之间取线性插值；

　　　　f_c——混凝土轴心抗压强度设计值；

　　　　f_a——型钢的抗拉强度设计值；

　　　　A_{a1}——剪力墙一端所配型钢的截面面积，当两端所配型钢截面面积不同时，取较小一端的面积；

　　b_w、h_{w0}——分别为墙肢截面腹板厚度和有效高度；

　　　　γ_{RE}——承载力抗震调整系数。

型钢混凝土偏心受压或受拉剪力墙的斜截面受剪承载力可按下列公式计算：

对于持久、短暂设计状况，

$$V_u = \frac{1}{\lambda - 0.5} \left(0.5 f_t b_w h_{w0} + 0.13 N \frac{A_w}{A} \right) + f_{yh} \frac{A_{sh}}{s} h_{w0} + \frac{0.4}{\lambda} f_a A_{a1} \tag{6-45}$$

对于地震设计状况，

$$V_u = \frac{1}{\gamma_{RE}} \left[\frac{1}{\lambda - 0.5} \left(0.4 f_t b_w h_{w0} + 0.1 N \frac{A_w}{A} \right) + 0.8 f_{yh} \frac{A_{sh}}{s} h_{w0} + \frac{0.32}{\lambda} f_a A_{a1} \right] \tag{6-46}$$

式中　V_u——型钢混凝土偏心受力剪力墙的斜截面受剪承载力；

　　　　f_t——混凝土轴心抗拉强度设计值；

　　　　N——剪力墙的轴向力（轴向拉力或压力）设计值，若剪力墙受压，N 取正值，且 $N > 0.2 f_c b_w h_w$ 时，取 $0.2 f_c b_w h_w$；若剪力墙受拉，N 取负值，且式（6-45）中的 $0.5 f_t b_w h_{w0} + 0.13 N A_w / A < 0$ 时，取 0，式（6-46）中的 $0.4 f_t b_w h_{w0} + 0.1 N A_w / A < 0$ 时，取 0；

　　A、A_w——墙肢全截面面积和墙肢的腹板面积，矩形截面 $A = A_w$；

　　　　f_{yh}——剪力墙水平分布筋抗拉强度设计值；

　　　　A_{sh}——配置在同一水平截面内的水平分布钢筋的全部截面面积；

　　　　s——水平分布钢筋间距。

　　　　λ——计算截面处的剪跨比，$\lambda = M / V h_{w0}$；当 $\lambda < 1.5$ 时，取 1.5；当 $\lambda > 2.2$ 时，取 2.2；此处，M 为与剪力设计值 V 对应的弯矩设计值，当计算截面与墙底之间距离小于 $0.5 h_{w0}$ 时，应按距离墙底 $0.5 h_{w0}$ 处的弯矩设计值与剪力设计值计算。

式（6-45）右边的第一、第三和第四项分别为混凝土、水平分布钢筋和端部型钢提供的受剪承载力，第二项则考虑了轴力对剪力墙斜截面受剪承载力的影响。试验表明，轴向压力能够减小裂缝宽度，增大受压区高度，提高剪力墙的受剪承载力；但轴向压力对

受剪承载力的提高是有一定限度的，当轴压比大于0.2后，继续增大轴向压力对提高受剪承载力的作用不明显。基于此，将式（6-45）中 N 的上限取为 $0.2f_cb_wh_w$。轴向拉力的存在会减小受压区高度，从而降低剪力墙的斜截面受剪承载力，但轴向拉力的最大不利影响仅限于使混凝土丧失受剪承载力，而不会影响水平分布钢筋和端部型钢的受剪承载力贡献，因此，规定式（6-45）和式（6-46）中第一、二项之和的下限为0。式（6-46）是对式（6-45）右侧的每一项乘以了0.8的折减系数得到的，以提高往复地震作用下的安全储备。

带边框型钢混凝土偏心受压或受拉剪力墙的斜截面受剪承载力可按下列公式计算：

对于持久、短暂设计状况，

$$V_u=\frac{1}{\lambda-0.5}\left(0.5\beta_r f_t b_w h_{w0}+0.13N\frac{A_w}{A}\right)+f_{yh}\frac{A_{sh}}{s}h_{w0}+\frac{0.4}{\lambda}f_a A_{a1} \tag{6-47}$$

对于地震设计状况，

$$V_u=\frac{1}{\gamma_{RE}}\left[\frac{1}{\lambda-0.5}\left(0.4\beta_r f_t b_w h_{w0}+0.1N\frac{A_w}{A}\right)+0.8f_{yh}\frac{A_{sh}}{s}h_{w0}+\frac{0.32}{\lambda}f_a A_{a1}\right]$$
$$\tag{6-48}$$

式中 V_u——带边框型钢混凝土偏心受力剪力墙的斜截面受剪承载力；

N——剪力墙整个墙肢截面的轴向压力（拉力）设计值，若剪力墙受压，N 取正值；若剪力墙受拉，N 取负值，且式（6-47）中的 $0.5\beta_r f_t b_w h_{w0}+0.13NA_w/A<0$ 时，取0，式（6-48）中的 $0.4\beta_r f_t b_w h_{w0}+0.1NA_w/A<0$ 时，取0；

A_{a1}——带边框型钢混凝土剪力墙一端边框柱中宽度等于墙肢厚度范围内的型钢面积；

β_r——周边柱对混凝土墙体的约束系数，取1.2。

式（6-47）右边第二～四项的含义与式（6-45）相同，第一项则考虑了边框柱对墙体的约束作用，该约束作用通过对混凝土的受剪承载力贡献项乘以边框柱对混凝土墙体的约束系数（取1.2）来体现。同时，为了偏于安全，式（6-48）中的抗剪型钢面积只考虑边框柱中宽度等于墙肢厚度范围内的型钢面积。

在往复地震作用下，为了提高安全储备，带边框型钢混凝土剪力墙的斜截面受剪承载力［式（6-47）］在非地震设计状况承载力［式（6-48）］的基础之上乘以了0.8的折减系数。

6.2.8 钢板混凝土剪力墙的斜截面受剪承载力

与型钢混凝土剪力墙类似，在验算钢板混凝土剪力墙的受剪截面时，可扣除型钢和钢板的抗剪承载力贡献，具体规定如下：

对于持久、短暂设计状况，

$$V_{cw}=V-\left(\frac{0.3}{\lambda}f_a A_{a1}+\frac{0.6}{\lambda-0.5}f_p A_p\right)\leqslant 0.25\beta_c f_c b_w h_{w0} \tag{6-49}$$

对于地震设计状况，当剪跨比 $\lambda>2.5$ 时，

$$V_{cw}=V-\frac{1}{\gamma_{RE}}\left(\frac{0.25}{\lambda}f_a A_{a1}+\frac{0.5}{\lambda-0.5}f_p A_p\right)\leqslant\frac{1}{\gamma_{RE}}(0.20\beta_c f_c b_w h_{w0}) \tag{6-50}$$

当剪跨比 $\lambda \leqslant 2.5$ 时，

$$V_{cw} = V - \frac{1}{\gamma_{RE}} \left(\frac{0.25}{\lambda} f_a A_{a1} + \frac{0.5}{\lambda - 0.5} f_p A_p \right) \leqslant \frac{1}{\gamma_{RE}} (0.15 \beta_c f_c b_w h_{w0}) \tag{6-51}$$

式中　V_{cw}——仅考虑墙肢截面钢筋混凝土部分承受的剪力设计值；

$\quad\quad\quad \beta_c$——混凝土强度影响系数，混凝土强度等级不超过 C50 时取 1.0，混凝土强度
为 C80 时取 0.8，之间取线性插值；

$\quad\quad\quad f_c$——混凝土轴心抗压强度设计值；

$\quad b_w、h_{w0}$——分别为墙肢截面腹板厚度和有效高度；

$\quad\quad\quad f_a$——型钢的抗拉强度设计值；

$\quad\quad\quad A_{a1}$——剪力墙一端所配型钢的截面面积，当两端所配型钢截面面积不同时，取较
小一端的面积；

$\quad\quad\quad f_p$——剪力墙截面内配置钢板的抗拉和抗压强度设计值；

$\quad\quad\quad A_p$——剪力墙截面内配置的钢板截面面积；

$\quad\quad\quad \gamma_{RE}$——承载力抗震调整系数。

钢板混凝土偏心受压或受拉剪力墙的斜截面受剪承载力可按下列公式计算：

对于持久、短暂设计状况，

$$V_u = \frac{1}{\lambda - 0.5} \left(0.5 f_t b_w h_{w0} + 0.13 N \frac{A_w}{A} \right) + f_{yh} \frac{A_{sh}}{s} h_{w0} + \frac{0.3}{\lambda} f_a A_{a1} + \frac{0.6}{\lambda - 0.5} f_p A_p$$

$$\tag{6-52}$$

对于地震设计状况，

$$V_u = \frac{1}{\gamma_{RE}} \left[\frac{1}{\lambda - 0.5} \left(0.4 f_t b_w h_{w0} + 0.1 N \frac{A_w}{A} \right) + 0.8 f_{yh} \frac{A_{sh}}{s} h_{w0} + \frac{0.25}{\lambda} f_a A_{a1} + \frac{0.5}{\lambda - 0.5} f_p A_p \right]$$

$$\tag{6-53}$$

式中　V_u——钢板混凝土偏心受力剪力墙的斜截面受剪承载力；

$\quad\quad\quad f_t$——混凝土轴心抗拉强度设计值；

$\quad\quad\quad N$——钢板剪力墙的轴力（轴向拉力或压力）设计值，若剪力墙受压，N 取正值，
且 $N > 0.2 f_c b_w h_w$ 时，取 $0.2 f_c b_w h_w$；若剪力墙受拉，N 取负值，且式
（6-52）中的 $0.5 f_t b_w h_{w0} + 0.13 N A_w / A < 0$ 时，取 0，式（6-53）中的
$0.4 f_t b_w h_{w0} + 0.1 N A_w / A < 0$ 时，取 0；

$\quad A、A_w$——墙肢全截面面积和墙肢的腹板面积，矩形截面 $A = A_w$；

$\quad\quad\quad f_{yh}$——剪力墙水平分布筋抗拉强度设计值；

$\quad\quad\quad A_{sh}$——配置在同一水平截面内的水平分布钢筋的全部截面面积；

$\quad\quad\quad s$——水平分布钢筋间距；

$\quad\quad\quad \lambda$——计算截面处的剪跨比，$\lambda = M / V h_{w0}$；当 $\lambda < 1.5$ 时，取 1.5；当 $\lambda > 2.2$ 时，
取 2.2；此处 M 为与剪力设计值 V 对应的弯矩设计值，当计算截面与墙
底之间距离小于 $0.5 h_{w0}$ 时，应按距离墙底 $0.5 h_{w0}$ 处的弯矩设计值与剪力
设计值计算。

钢板混凝土剪力墙的斜截面受剪承载力与型钢混凝土剪力墙的类似，只是多了一项钢
板的受剪承载力贡献，即式（6-52）和式（6-53）的最后一项。

6.2.9　带钢斜撑混凝土剪力墙的斜截面受剪承载力

在验算带钢斜撑混凝土剪力墙的受剪截面时，可扣除型钢和钢斜撑的抗剪承载力贡献，具体规定如下：

对于持久、短暂设计状况，

$$V_{cw}=V-\left[\frac{0.3}{\lambda}f_aA_{a1}+(f_gA_g+\varphi f'_gA'_g)\cos\alpha\right]\leqslant0.25\beta_cf_cb_wh_{w0} \tag{6-54}$$

对于地震设计状况，当剪跨比 $\lambda>2$ 时，

$$V_{cw}=V-\frac{1}{\gamma_{RE}}\left[\frac{0.25}{\lambda}f_aA_{a1}+0.8(f_gA_g+\varphi f'_gA'_g)\cos\alpha\right]\leqslant\frac{1}{\gamma_{RE}}(0.20\beta_cf_cb_wh_{w0}) \tag{6-55}$$

当剪跨比 $\lambda\leqslant2$ 时，

$$V_{cw}=V-\frac{1}{\gamma_{RE}}\left[\frac{0.25}{\lambda}f_aA_{a1}+0.8(f_gA_g+\varphi f'_gA'_g)\cos\alpha\right]\leqslant\frac{1}{\gamma_{RE}}(0.15\beta_cf_cb_wh_{w0}) \tag{6-56}$$

式中　V_{cw}——仅考虑墙肢截面钢筋混凝土部分承受的剪力设计值；

f_g、f'_g——剪力墙受拉、受压钢斜撑的强度设计值；

A_g、A'_g——剪力墙受拉、受压斜撑的截面面积；

A_{a1}——剪力墙一端所配型钢的截面面积，当两端所配型钢截面面积不同时，取较小一端的面积；

φ——受压斜撑面外稳定系数，按现行国家标准《钢结构设计标准》GB 50017 的规定计算；

α——斜撑与水平方向的倾斜角度；

γ_{RE}——承载力抗震调整系数。

带钢斜撑混凝土偏心受压或受拉剪力墙的斜截面受剪承载力可按下列公式计算：

对于持久、短暂设计状况，

$$V_u=\frac{1}{\lambda-0.5}\left(0.5f_tb_wh_{w0}+0.13N\frac{A_w}{A}\right)+f_{yh}\frac{A_{sh}}{s}h_{w0}+\frac{0.3}{\lambda}f_aA_{a1}+(f_gA_g+\varphi f'_gA'_g)\cos\alpha \tag{6-57}$$

对于地震设计状况，

$$V_u=\frac{1}{\gamma_{RE}}\left[\frac{1}{\lambda-0.5}\left(0.4f_tb_wh_{w0}+0.1N\frac{A_w}{A}\right)+0.8f_{yh}\frac{A_{sh}}{s}h_{w0}+\frac{0.25}{\lambda}f_aA_{a1}+0.8(f_gA_g+\varphi f'_gA'_g)\cos\alpha\right] \tag{6-58}$$

式中　V_u——带钢斜撑混凝土偏心受力剪力墙的斜截面受剪承载力；

f_t——混凝土轴心抗拉强度设计值；

N——剪力墙的轴向力（轴向拉力或压力）设计值，若剪力墙受压，N 取正值，且 $N>0.2f_cb_wh_w$ 时，取 $0.2f_cb_wh_w$；若剪力墙受拉，N 取负值，且式（6-57）中的 $0.5f_tb_wh_{w0}+0.13NA_w/A<0$ 时，取 0，式（6-58）中的 $0.4f_tb_wh_{w0}+0.1NA_w/A<0$ 时，取 0；

A、A_w——墙肢全截面面积和墙肢的腹板面积，矩形截面 $A = A_w$；

    f_{yh}——剪力墙水平分布筋抗拉强度设计值；

    A_{sh}——配置在同一水平截面内的水平分布钢筋的全部截面面积；

      s——水平分布钢筋间距；

      λ——计算截面处的剪跨比，$\lambda = M/Vh_{w0}$；当 $\lambda < 1.5$ 时，取 1.5；当 $\lambda > 2.2$ 时，取 2.2；此处，M 为与剪力设计值 V 对应的弯矩设计值，当计算截面与墙底之间距离小于 $0.5h_{w0}$ 时，应按距离墙底 $0.5h_{w0}$ 处的弯矩设计值与剪力设计值计算。

式（6-57）右边的第一～四项的含义与式（6-45）相同，第五、六项则为受拉、受压钢斜撑对受剪承载力的贡献（取为两钢斜撑的水平分力）。

6.3 组合剪力墙的构造要求

6.3.1 轴压比限值

随着建筑高度的增加，剪力墙墙肢的轴压力增大。轴压比是影响剪力墙变形能力的主要因素之一；对于相同情况的剪力墙，随着轴压比的增大，剪力墙的变形能力减小。为了保证剪力墙具有足够的变形能力，有必要限制剪力墙的轴压比。各类结构的特一、一、二、三级剪力墙在重力荷载代表值作用下的墙肢轴压比限值见表 6-1。组合剪力墙轴压比计算中考虑型钢和钢板的贡献；型钢混凝土剪力墙和带钢斜撑混凝土剪力墙的轴压比按式（6-59）计算，钢板混凝土剪力墙的轴压比按式（6-60）计算。

$$n = \frac{N}{f_c A_c + f_a A_a} \tag{6-59}$$

$$n = \frac{N}{f_c A_c + f_a A_a + f_p A_p} \tag{6-60}$$

式中 N——墙肢重力荷载代表值作用下轴压力设计值；

      A_a——剪力墙两端暗柱中全部型钢截面面积；

      A_p——剪力墙截面内配置的钢板截面面积。

组合剪力墙轴压比限值 表 6-1

抗震等级	特一级、一级（9 度）	一级（6、7、8 度）	二、三级
轴压比限值	0.4	0.5	0.6

6.3.2 边缘构件

剪力墙墙肢两端设置边缘构件是改善剪力墙延性的重要措施。边缘构件分为约束边缘构件和构造边缘构件两类。试验研究表明，轴压比低的墙肢，即使其端部设置构造边缘构件，在轴向力和水平力作用下仍然有比较大的弹塑性变形能力。特一、一、二、三级剪力墙墙肢底截面在重力荷载代表值作用下的轴压比大于表 6-2 的规定时，以及部分框支剪力墙结构的剪力墙，应在底部加强部位及相邻的上一层设置约束边缘构件。墙肢截面轴压比不大于表 6-2 的规定时，剪力墙可设置构造边缘构件。

<table>
<tr><td colspan="4" style="text-align:right">组合剪力墙可不设约束边缘构件的最大轴压比　表 6-2</td></tr>
</table>

抗震等级	特一级、一级（9度）	一级（6、7、8度）	二、三级
轴压比限值	0.1	0.2	0.3

1. 型钢混凝土剪力墙

型钢混凝土剪力墙约束边缘构件包括暗柱（矩形截面墙的两端，带端柱墙的矩形端，带翼墙墙的矩形端）、端柱和翼墙（图 6-6）三种形式。端柱截面边长不小于 2 倍墙厚，翼墙长度不小于其 3 倍厚度，不足时视为无端柱或无翼墙，按暗柱要求设置约束边缘构件。约束边缘构件的构造主要包括三个方面：沿墙肢的长度 l_c、箍筋配箍特征值 λ_v 以及竖向钢筋最小配筋率。表 6-3 列出了约束边缘构件沿墙肢的长度 l_c 及箍筋配箍特征值 λ_v 的要求。约束边缘构件沿墙肢的长度除应符合表 6-3 的规定外，约束边缘构件为暗柱时，还不应小于墙厚和 400mm 的较大者，有端柱、翼墙或转角墙时，还不应小于翼墙厚度或端柱沿墙肢方向截面高度加 300mm。特一、一、二、三级抗震等级的型钢混凝土剪力墙端部约束边缘构件的纵向钢筋截面面积分别不应小于图 6-6 中阴影部分面积的 1.4%、1.2%、1.0%、1.0%。由表 6-3 可以看出，约束边缘构件沿墙肢长度、配箍特征值与设防烈度、抗震等级和墙肢轴压比有关，而约束边缘构件沿墙肢长度还与其形式有关。

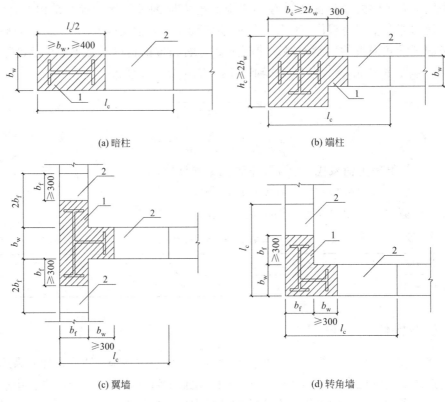

(a) 暗柱　(b) 端柱　(c) 翼墙　(d) 转角墙

1—阴影部分；2—非阴影部分

图 6-6　型钢混凝土剪力墙约束边缘构件

型钢混凝土剪力墙约束边缘构件沿墙肢长度 l_c 及配箍特征值 λ_v 表 6-3

抗震等级	特一级		一级(9 度)		一级(6,7,8 度)		二、三级	
轴压比	$n\leqslant0.2$	$n>0.2$	$n\leqslant0.2$	$n>0.2$	$n\leqslant0.3$	$n>0.3$	$n\leqslant0.4$	$n>0.4$
l_c(暗柱)	$0.2h_w$	$0.25h_w$	$0.2h_w$	$0.25h_w$	$0.15h_w$	$0.2h_w$	$0.15h_w$	$0.2h_w$
l_c(翼墙或端柱)	$0.15h_w$	$0.2h_w$	$0.15h_w$	$0.2h_w$	$0.10h_w$	$0.15h_w$	$0.10h_w$	$0.15h_w$
λ_v	0.14	0.24	0.12	0.20	0.12	0.20	0.12	0.20

注：h_w 为墙肢截面长度。

配箍特征值需要换算为体积配箍率，才能进一步确定箍筋配置。箍筋体积配箍率 ρ_v 按下式计算：

$$\rho_v = \lambda_v \frac{f_c}{f_{yv}} \qquad (6-61)$$

式中 ρ_v——箍筋体积配筋率，计入箍筋、拉筋截面面积；当水平分布钢筋伸入约束边缘构件，绕过端部型钢后 90°弯折延伸至另一排分布筋并勾住其竖向钢筋时，可计入水平分布钢筋截面面积，但计入的体积配箍率不应大于总体积配箍率的 30%；

     λ_v——约束边缘构件的配箍特征值；

     f_c——混凝土轴心抗压强度设计值；当强度等级低于 C35 时，按 C35 取值；

     f_{yv}——箍筋及拉筋的抗拉强度设计值。

约束边缘构件长度 l_c 范围内的箍筋配置分为两部分：图 6-6 中的阴影部分为墙肢端部，压应力大，要求的约束程度高，其配箍特征值取表 6-3 规定的数值；图 6-6 中约束边缘构件的无阴影部分，压应力较小，其配箍特征值可为表 6-3 规定值的一半。约束边缘构件内纵向钢筋应有箍筋约束，当部分箍筋采用拉筋时，应配置不少于一道封闭箍筋。箍筋或拉筋沿竖向的间距，特一级、一级不宜大于 100mm，二、三级不宜大于 150mm。

除了要求设置约束边缘构件的各种情况外，剪力墙墙肢两端要设置构造边缘构件，如：底层墙肢轴压比不大于表 6-2 的特一、一、二、三级剪力墙，四级剪力墙，特一、一、二、三级剪力墙约束边缘构件以上部位。型钢混凝土剪力墙构造边缘构件的范围按图 6-7 的阴影部分采用，其纵向钢筋、箍筋的设置应符合表 6-4 的规定。表 6-4 中，A_c 为边缘构件的截面面积，即图 6-7 剪力墙的阴影部分。

型钢混凝土剪力墙构造边缘构件的配筋要求   表 6-4

抗震等级	底部加强部位			其他部位		
	竖向钢筋最小量（取较大值）	箍筋		竖向钢筋最小量（取较大值）	拉筋	
		最小直径（mm）	沿竖向最大间距（mm）		最小直径（mm）	沿竖向最大间距（mm）
特一	$0.012A_c$,6ϕ18	8	100	$0.012A_c$,6ϕ18	8	150
一	$0.010A_c$,6ϕ16	8	100	$0.008A_c$,6ϕ14	8	150
二	$0.008A_c$,6ϕ14	8	150	$0.006A_c$,6ϕ12	8	200
三	$0.006A_c$,6ϕ12	6	150	$0.005A_c$,4ϕ12	6	200
四	$0.005A_c$,4ϕ12	6	200	$0.004A_c$,4ϕ12	6	200

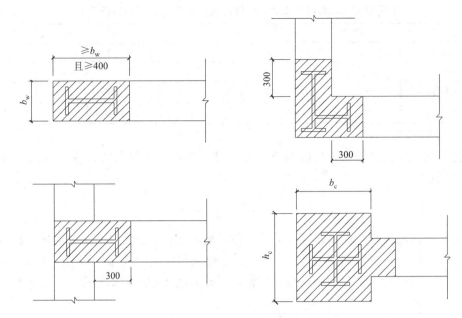

图 6-7　型钢混凝土剪力墙构造边缘构件

各种结构体系中的剪力墙，当下部采用型钢混凝土约束边缘构件，上部采用型钢混凝土构造边缘构件或钢筋混凝土构造边缘构件时，为避免剪力墙承载力突变，宜在两类边缘构件间设置1～2层过渡层，其型钢、纵筋和箍筋配置可低于下部约束边缘构件的规定，但应高于上部构造边缘构件的规定。

型钢混凝土剪力墙边缘构件内型钢的混凝土保护层厚度不宜小于150mm，水平分布钢筋应绕过墙端型钢，且符合钢筋锚固长度规定。

2. 钢板混凝土剪力墙

钢板混凝土剪力墙端部型钢周围应配置纵向钢筋和箍筋，组成内配型钢的约束边缘构件或构造边缘构件。边缘构件沿墙肢的长度、纵向钢筋和箍筋的设置要求同型钢混凝土剪力墙。钢板混凝土剪力墙约束边缘构件阴影部分的箍筋应穿过钢板或与钢板焊接形成封闭箍筋；阴影部分外的箍筋可采用封闭箍筋或与钢板有连接的拉筋。

3. 带钢斜撑混凝土剪力墙

带钢斜撑混凝土剪力墙端部型钢周围应配置纵向钢筋和箍筋，组成内配型钢的约束边缘构件或构造边缘构件。边缘构件沿墙肢的长度、纵向钢筋和箍筋的设置要求同型钢混凝土剪力墙。

6.3.3　分布钢筋

各类组合剪力墙的水平和竖向分布钢筋的最小配筋率应符合表6-5的规定。另外，特一级型钢混凝土剪力墙的底部加强部位的竖向和水平分布钢筋的最小配筋率为0.4%。为增强钢板（或钢斜撑）两侧钢筋混凝土对钢板（或钢斜撑）的约束作用，防止钢板（或钢斜撑）发生屈曲，同时加强钢筋混凝土部分与钢板（或钢斜撑）的协同工作，钢板混凝土剪力墙和带钢斜撑混凝土剪力墙的水平和竖向分布钢筋的最小配筋率、间距等要求比型钢混凝土剪力墙更为严格。型钢混凝土剪力墙的分布钢筋间距不宜大于 300mm，直径不应小于 8mm，拉结钢筋间距不宜大于 600mm。钢板混凝土剪力墙和带钢斜撑混凝土剪力墙的分布钢筋间距不宜大于 200mm，拉结钢筋间距不宜大于 400mm。

组合剪力墙分布钢筋最小配筋率　　　　　　　　　　　　　　表 6-5

抗震等级	剪力墙类型	水平和竖向分布钢筋
特一级	型钢混凝土剪力墙	0.35%
	钢板混凝土剪力墙、带钢斜撑混凝土剪力墙	0.45%
一级、二级、三级	型钢混凝土剪力墙	0.25%
	钢板混凝土剪力墙、带钢斜撑混凝土剪力墙	0.4%
四级	型钢混凝土剪力墙	0.2%
	钢板混凝土剪力墙、带钢斜撑混凝土剪力墙	0.3%

6.3.4　内置钢板

钢板混凝土剪力墙的内置钢板厚度不宜小于 10mm。为了保证钢板两侧的钢筋混凝土墙体能够有效约束内置钢板的侧向变形，使钢板与混凝土协同工作，内置钢板厚度与墙体厚度之比不宜大于 1/15。钢板混凝土剪力墙在楼层标高处应设置型钢暗梁，使墙内钢板处于四周约束状态，保证钢板发挥抗剪、抗弯作用。内置钢板与四周型钢宜采用焊接连接。钢板混凝土剪力墙的钢板两侧应设置栓钉，保证钢筋混凝土与钢板共同工作。栓钉布置应满足传递钢板和混凝土之间界面剪力的要求，栓钉直径不宜小于 16mm，间距不宜大于 300mm。

6.3.5　钢斜撑

带钢斜撑混凝土剪力墙在楼层标高处应设置型钢，其钢斜撑与周边型钢应采用刚性连接。为防止钢斜撑局部压屈变形，钢斜撑每侧混凝土厚度不宜小于墙厚的 1/4，且不宜小于 100mm。钢斜撑全长范围和横梁端 1/5 跨度范围内的型钢翼缘部位应设置栓钉，其直径不宜小于 16mm，间距不宜大于 200mm，以保证钢斜撑与钢筋混凝土之间的可靠连接。钢斜撑倾角宜取 40°～60°。

6.4　组合剪力墙设计实例

某超高层框架-核心筒结构，7 度抗震设防，设计基本地震加速度为 0.1g，设计地震分组为第一组，Ⅱ类场地。核心筒底部某一字形剪力墙肢的长度为 5m，根据建筑使用要求，剪力墙厚度确定为 800mm。该剪力墙的抗震等级为一级。在重力荷载代表值作用下，该剪力墙底截面的轴压力设计值为 79.2MN。墙肢底截面有两组最不利组合的内力设计值：（1）$M=85.2$MN·m，$N=-109$MN，$V=11.4$MN；（2）$M=85.2$MN·m，$N=-51.6$MN，$V=11.4$MN。剪力墙的混凝土强度等级采用 C60，纵筋和分布钢筋采用 HRB400 级钢筋，钢板和型钢采用 Q345GJ 钢。试设计该剪力墙肢。

181

【解】

1. 轴压比限值

当抗震等级为一级（7 度）时，钢筋混凝土剪力墙、型钢混凝土剪力墙、钢板混凝土剪力墙的轴压比限值均为 0.5。

若采用钢筋混凝土剪力墙，轴压比 $n=\dfrac{N}{f_c A_g}=\dfrac{79.2\times10^6}{27.5\times5\times10^3\times8\times10^2}=0.72>0.5$，轴压比不满足要求，故不采用钢筋混凝土剪力墙。

若采用型钢混凝土剪力墙，端部型钢采用 H 型钢，截面为 428mm×407mm×20mm×35mm，$A_a=36140\text{mm}^2$，轴压比 $n=\dfrac{N}{f_c A_c+f_a A_a}=\dfrac{79.2\times10^6}{27.55\times(4\times10^6-2\times36140)+310\times(2\times36140)}=0.61$ >0.5，轴压比不满足要求，故不采用型钢混凝土剪力墙。

需采用钢板混凝土剪力墙，钢板长度取 3750mm，则边缘构件内端部型钢的混凝土保护层厚度 $c=\dfrac{5000-3750-428\times2}{2}=197\text{mm}>150\text{mm}$，满足构造要求。假设钢板厚度为 x，因为钢板混凝土剪力墙需满足轴压比设计，即：

$$n=\frac{N}{f_c A_c+f_a A_a+f_p A_p}=\frac{79.2\times10^6}{27.5\times(4\times10^6-72280-3750x)+310\times72280+310\times3750x}$$
>0.5

解得 $x>26.4\text{mm}$，即所需钢板最小厚度为 26.4mm。取钢板厚度为 30mm，$A_p=112500\text{mm}^2$，则钢板混凝土剪力墙的轴压比 $n=\dfrac{N}{f_c A_c+f_a A_a+f_p A_p}=0.49<0.5$，轴压比满足要求，故采用钢板混凝土剪力墙。

2. 边缘构件

由于剪力墙轴压比 $n=0.49>0.3$，查表 6-3 可知约束边缘构件沿墙肢长度 $l_c=0.2h_w=0.2\times5000=1000\text{mm}$（$h_w$ 为墙肢截面长度）。当约束边缘构件为暗柱时，约束边缘构件长度不应小于墙厚和 400mm 的较大者，即 $l_c=1000\text{mm}>\max(b_w=800\text{mm},400\text{mm})$，满足要求。

约束边缘构件阴影部分的长度取 $\max(b_w,0.5l_c,400\text{mm})=800\text{mm}$。抗震等级为一级的钢板混凝土剪力墙端部约束边缘构件的纵向钢筋截面面积不应小于计算阴影部分面积的 1.2%，即 $A_s\geqslant800\times800\times1.2\%=7680\text{ mm}^2$，实配 20 根直径 25mm 的钢筋，$A_s=9820\text{mm}^2$。

查表 6-3 可知，当 $n>0.3$ 时，约束边缘构件的配筋特征值 $\lambda_v=0.2$，箍筋体积配筋率 $\rho_v=\lambda_v\dfrac{f_c}{f_{yv}}=0.2\times\dfrac{27.5}{360}=1.53\%$。

取箍筋直径 14mm，间距 80mm，布置方式如图 6-8 所示，其实际体积配筋率为 1.68%，满足要求。

3. 偏心受压承载力验算

钢板混凝土剪力墙的分布钢筋间距不宜大于 200mm。查表 6-5 可知，当剪力墙的抗震等级为一级时，钢板混凝土剪力墙分布钢筋最小配筋率为 0.4%。根据构造要求，采用

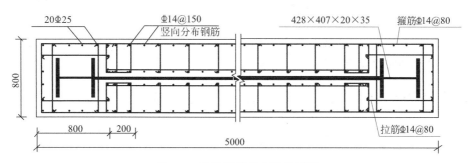

图 6-8 设计所得剪力墙截面图

4 排直径为 14mm 的分布钢筋，间距为 150mm，则分布钢筋配筋率为 $\frac{154\times4}{800\times150}\approx0.51\%$
$>0.4\%$，符合要求。

剪力墙边缘构件阴影部分外的竖向分布钢筋总面积 $A_{sw}=154\times4\times23=14168\ mm^2$。

受拉端钢筋、型钢合力点至截面受拉边缘的距离 $a_s=a_a=197+\frac{428}{2}=411mm$。

剪力墙边缘构件阴影部分外的竖向分布钢筋配置高度 $h_{sw}=5000-(411\times2-50)\times2=$
$3456mm$（50mm 为最外侧钢筋中心到剪力墙边缘的距离）。

受压区混凝土应力图形影响系数 β_1，当混凝土强度等级不超过 C50 时，β_1 取 0.8；当混凝土强度等级为 C80 时，β_1 取 0.74；当混凝土强度等级为 C60 时，按线性内插法取 $\beta_1=0.78$。

受压区混凝土应力影响系数 α_1，当混凝土强度等级不超过 C50 时，α_1 取 1.0；当混凝土强度等级为 C80 时，α_1 取 0.94；混凝土强度等级为 C60 时，按线性内插法取 $\alpha_1=0.98$。

剪力墙截面有效高度 $h_{w0}=h_w-a=5000-411=4589mm$。

相对界限受压区高度 $\xi_b=\dfrac{\beta_1}{1+\dfrac{f_y+f_a}{2\times0.003E_a}}=\dfrac{0.78}{1+\dfrac{360+310}{2\times0.003\times2.06\times10^5}}=0.506$。

1）对于第一组最不利荷载组合

假设 $x\leqslant\beta_1h_{w0}$，将 $N_{sw}=\left(1+\dfrac{x-\beta_1h_{w0}}{0.5\beta_1h_{sw}}\right)f_{yw}A_{sw}$，$N_{pw}=\left(1+\dfrac{x-\beta_1h_{w0}}{0.5\beta_1h_{pw}}\right)f_pA_p$，$\sigma_s=$
f_y，$\sigma_a=f_a$ 代入 $N=\dfrac{1}{\gamma_{RE}}(\alpha_1f_cb_wx+f_a'A_a'+f_y'A_s'-\sigma_aA_a-\sigma_sA_s+N_{sw}+N_{pw})$ 中，可得：

$$x=\dfrac{\gamma_{RE}N-\left(1-\dfrac{\beta_1h_{w0}}{0.5\beta_1h_{sw}}\right)f_{yw}A_{sw}-\left(1-\dfrac{\beta_1h_{w0}}{0.5\beta_1h_{pw}}\right)f_pA_p}{\alpha_1f_cb_w+\dfrac{f_{yw}A_{sw}}{0.5\beta_1h_{sw}}+\dfrac{f_pA_p}{0.5\beta_1h_{pw}}}$$

$$=\dfrac{\begin{array}{c}0.85\times1.09\times10^8-\left(1-\dfrac{0.78\times4589}{0.5\times0.78\times3456}\right)\times360\times14168-\left(1-\dfrac{0.78\times4589}{0.5\times0.78\times3750}\right)\\\times310\times1.125\times10^5\end{array}}{0.98\times27.5\times800+\dfrac{360\times14168}{0.5\times0.78\times3456}+\dfrac{310\times1.125\times10^5}{0.5\times0.78\times3750}}$$

$=3081.4\mathrm{mm}$

由于 $\beta_1 h_{\mathrm{w0}}=0.78\times4589=3579.4\mathrm{mm}>x=3081.4\mathrm{mm}>\xi_{\mathrm{b}}h_{\mathrm{w0}}=0.506\times4589=2322\mathrm{mm}$，故按小偏心受压计算。

受拉钢筋应力 $\sigma_{\mathrm{s}}=\dfrac{f_{\mathrm{y}}}{\xi_{\mathrm{b}}-\beta_1}\left(\dfrac{x}{h_{\mathrm{w0}}}-\beta_1\right)=\dfrac{360}{0.506-0.74}\left(\dfrac{x}{4589}-0.74\right)=(-0.34x+1153.8)\mathrm{N/mm^2}$。

型钢受拉翼缘应力 $\sigma_{\mathrm{a}}=\dfrac{f_{\mathrm{a}}}{\xi_{\mathrm{b}}-\beta_1}\left(\dfrac{x}{h_{\mathrm{w0}}}-\beta_1\right)=\dfrac{310}{0.506-0.74}\left(\dfrac{x}{4589}-0.74\right)=$ $(-0.293x+993.6)\mathrm{N/mm^2}$。

剪力墙竖向分布钢筋所承担的轴向力为

$$N_{\mathrm{sw}}=\left(1+\frac{x-\beta_1 h_{\mathrm{w0}}}{0.5\beta_1 h_{\mathrm{sw}}}\right)f_{\mathrm{yw}}A_{\mathrm{sw}}=\left(1+\frac{x-0.74\times4589}{0.5\times0.74\times3456}\right)\times360\times14168=(3988.7x-8.44\times10^6)\mathrm{N}$$

剪力墙截面内配置钢板所承担的轴力为

$$N_{\mathrm{pw}}=\left(1+\frac{x-\beta_1 h_{\mathrm{w0}}}{0.5\beta_1 h_{\mathrm{pw}}}\right)f_{\mathrm{p}}A_{\mathrm{p}}=\left(1+\frac{x-0.74\times4589}{0.5\times0.74\times3750}\right)\times310\times112500=(25135.1x-5.05\times10^7)\mathrm{N}$$

将 σ_{s}、σ_{a}、N_{sw} 和 N_{pw} 代入 $N=\dfrac{1}{\gamma_{\mathrm{RE}}}(\alpha_1 f_{\mathrm{c}}b_{\mathrm{w}}x+f_{\mathrm{a}}'A_{\mathrm{a}}'+f_{\mathrm{y}}'A_{\mathrm{s}}'-\sigma_{\mathrm{a}}A_{\mathrm{a}}-\sigma_{\mathrm{s}}A_{\mathrm{s}}+N_{\mathrm{sw}}+N_{\mathrm{pw}})$，解得等效受压区高度 $x=2935.2\mathrm{mm}$，经验证，$\beta_1 h_{\mathrm{w0}}>x>\xi_{\mathrm{b}}h_{\mathrm{w0}}$。

轴向压力对截面重心的偏心距 $e_0=\dfrac{M}{N}=\dfrac{85.2\times10^9}{1.09\times10^8}\approx781.7\mathrm{mm}$，轴向力作用点到受拉型钢和纵向受拉钢筋合力点的距离 $e=e_0+\dfrac{h_w}{2}-a=781.7+\dfrac{5000}{2}-411=2870.7\mathrm{mm}$。

剪力墙竖向分布钢筋合力对受拉型钢截面重心的力矩为

$$M_{\mathrm{sw}}=\left[0.5-\left(\frac{x-\beta_1 h_{\mathrm{w0}}}{\beta_1 h_{\mathrm{sw}}}\right)^2\right]f_{\mathrm{yw}}A_{\mathrm{sw}}h_{\mathrm{sw}}=\left[0.5-\left(\frac{2935.2-0.78\times4589}{0.78\times3456}\right)^2\right]\times360$$

$\times14168\times3456=7.81\times10^9\mathrm{N\cdot mm}$

剪力墙截面内配置钢板合力对受拉型钢截面重心的力矩为

$$M_{\mathrm{pw}}=\left[0.5-\left(\frac{x-\beta_1 h_{\mathrm{w0}}}{\beta_1 h_{\mathrm{pw}}}\right)^2\right]f_{\mathrm{p}}A_{\mathrm{p}}h_{\mathrm{pw}}=\left[0.5-\left(\frac{2935.2-0.78\times4589}{0.78\times3750}\right)^2\right]\times310$$

$\times1.125\times10^5\times3750=5.9\times10^{10}\mathrm{N\cdot mm}$

由于

$$\frac{1}{\gamma_{\mathrm{RE}}}\left[\alpha_1 f_{\mathrm{c}}b_{\mathrm{w}}x\left(h_{\mathrm{w0}}-\frac{x}{2}\right)+f_{\mathrm{a}}'A_{\mathrm{a}}'(h_{\mathrm{w0}}-a_{\mathrm{a}}')+f_{\mathrm{y}}'A_{\mathrm{s}}'(h_{\mathrm{w0}}-a_{\mathrm{s}}')+M_{\mathrm{sw}}+M_{\mathrm{pw}}\right]$$

$$=\frac{1}{0.85}\times\left[\begin{array}{l}0.98\times27.5\times800\times2935.2\times\left(4589-\dfrac{2935.2}{2}\right)+310\times36140\times(4589-411)\\+360\times9820\times(4589-411)+7.81\times10^9+5.9\times10^{10}\end{array}\right]$$

$=3.83\times10^{11}\mathrm{N\cdot mm}>Ne=1.09\times10^8\times2870.7=3.13\times10^{11}\mathrm{N\cdot mm}$

正截面受压承载力满足要求。

2）对于第二组最不利荷载组合

假设 $x \leq \beta_1 h_{w0}$，解得等效受压区高度 $x = 2089.5\text{mm} < \xi_b h_{w0} = 2321.2\text{mm} < \beta_1 h_{w0} = 3579.4\text{mm}$，为大偏心受压。

轴向压力对截面重心的偏心距 $e_0 = \dfrac{M}{N} = \dfrac{85.2 \times 10^9}{51.6 \times 10^6} = 1651.2\text{N} \cdot \text{mm}$，轴向力作用点到受拉型钢和纵向受拉钢筋合力点的距离 $e = e_0 + \dfrac{h_w}{2} - a = 1651.2 + \dfrac{5000}{2} - 411 = 3740.2\text{mm}$。

剪力墙竖向分布钢筋合力对受拉型钢截面重心的力矩为

$$M_{sw} = \left[0.5 - \left(\frac{x - \beta_1 h_{w0}}{\beta_1 h_{sw}}\right)^2\right] f_{yw} A_{sw} h_{sw} = \left[0.5 - \left(\frac{2089.5 - 0.78 \times 4589}{0.78 \times 3456}\right)^2\right] \times 360$$

$$\times 14168 \times 3456 = 3.43 \times 10^9 \text{N} \cdot \text{mm}$$

剪力墙截面内配置钢板合力对受拉型钢截面重心的力矩为

$$M_{pw} = \left[0.5 - \left(\frac{x - \beta_1 h_{w0}}{\beta_1 h_{pw}}\right)^2\right] f_p A_p h_{pw} = \left[0.5 - \left(\frac{2089.5 - 0.78 \times 4589}{0.78 \times 3750}\right)^2\right] \times 310$$

$$\times 112500 \times 3750 = 3.15 \times 10^{10} \text{N} \cdot \text{mm}$$

由于

$$\frac{1}{\gamma_{RE}} \left[\alpha_1 f_c b_w x \left(h_{w0} - \frac{x}{2}\right) + f'_a A'_a (h_{w0} - a'_a) + f'_y A'_s (h_{w0} - a'_s) + M_{sw} + M_{pw}\right]$$

$$= \frac{1}{0.85} \times \left[\begin{array}{l} 0.98 \times 27.5 \times 800 \times 2935.2 \times \left(4589 - \dfrac{2935.2}{2}\right) + 310 \times 36140 \times (4589 - 411) \\ + 360 \times 9820 \times (4589 - 411) + 7.81 \times 10^9 + 5.9 \times 10^{10} \end{array}\right]$$

$$= 3.01 \times 10^{11} \text{N} \cdot \text{mm} > Ne = 51.6 \times 10^6 \times 3740.2 = 1.93 \times 10^{11} \text{N} \cdot \text{mm}$$

正截面受压承载力满足要求。

4. 斜截面受剪承载力验算

该剪力墙的抗震等级为一级，为了加强剪力墙底部加强部位的抗剪承载力，避免过早出现剪切破坏，实现强剪弱弯，考虑地震作用组合的剪力设计值 $V = \eta_{vw} V_w = 1.6 \times 11.4 \times 10^6 = 1.82 \times 10^7 \text{N}$。

计算截面处的剪跨比 $\lambda = M/V h_{w0} = 1.02 < 1.5$，取 $\lambda = 1.5$。

仅考虑墙肢截面钢筋混凝土部分承受的剪力设计值为

$$V_{cw} = V - \frac{1}{\gamma_{RE}}\left(\frac{0.25}{\lambda} f_a A_{a1} + \frac{0.5}{\lambda - 0.5} f_p A_p\right)$$

$$= 1.82 \times 10^7 - \frac{1}{0.85} \times \left(\frac{0.25}{1.5} \times 310 \times 36140 + \frac{0.5 \times 310 \times 112500}{1.5 - 0.5}\right)$$

$$= -4.51 \times 10^6 \text{N}$$

混凝土强度等级为 C60 时，按线性内插法取 $\beta_c = 0.93$，验算剪力墙的受剪截面：

$$\frac{1}{\gamma_{RE}}(0.15 \beta_c f_c b_w h_{w0}) = \frac{0.15 \times 0.93 \times 27.5 \times 800 \times 4589}{0.85} = 1.66 \times 10^7 \text{N} > V_{cw}，满足$$

要求。

剪力墙的轴向压力设计值 $N = \min(51.6 \times 10^6, 0.2 f_c b_w h_w) = 2.2 \times 10^7 \text{N} \cdot \text{mm}$。

由于

$$\frac{1}{\gamma_{RE}}\left[\frac{1}{\lambda-0.5}(0.4f_tb_wh_{w0}+0.1N\frac{A_w}{A})+0.8f_{yh}\frac{A_{sh}}{s}h_{w0}+\frac{0.25}{\lambda}f_aA_{a1}+\frac{0.5}{\lambda-0.5}f_pA_p\right]$$

$$=\frac{1}{0.85}\times\left(\frac{0.4\times2.04\times800\times4589+0.1\times2.2\times10^7}{1.5-0.5}+0.8\times360\times\frac{616}{150}\times4589\right.$$
$$\left.+\frac{0.25\times310\times36140}{1.5}+\frac{0.5\times310\times112500}{1.5-0.5}\right)$$

$$=3.52\times10^7N>V=1.82\times10^7N$$

斜截面受剪承载力满足要求。

6.5 思考题

（1）简述型钢混凝土剪力墙中的型钢的作用。

（2）钢板混凝土剪力墙有哪些类型？其各自的优势是什么？

（3）简述带钢斜撑混凝土剪力墙中的钢斜撑的作用，带钢斜撑混凝土剪力墙一般应用于结构的哪些部位？

（4）如何计算各类组合剪力墙的轴压比？

（5）型钢混凝土剪力墙和钢板混凝土剪力墙的分布钢筋要求有何不同？并说明原因。

6.6 习题

（1）某高层框架-核心筒结构，8度抗震设防，设计基本地震加速度为0.2g，设计地震分组为第二组，Ⅱ类场地。核心筒底部某一字形剪力墙墙肢的长度为6.5m，厚度为800mm。抗震等级为特一级。在重力荷载代表值作用下，该剪力墙底截面的轴向压力设计值为28.5MN。肢底截面有两组最不利组合的内力设计值：（1）$M=35.8MN\cdot m$，$N=-39.2MN$，$V=5.12MN$；（2）$M=35.8MN\cdot m$，$N=-10.3MN$，$V=5.12MN$。剪力墙的混凝土强度等级采用C60，纵筋和分布钢筋采用HRB400级钢筋，钢板和型钢采用Q345GJ钢。试设计该剪力墙墙肢。

（2）上题中的剪力设计值提高为$V=10MN$，其他设计条件不变，试采用带钢斜撑混凝土剪力墙设计该墙肢。

附录 A 常用压型钢板组合楼板的剪切粘结系数及标准试验方法

A.1 常用压型钢板 m、k 系数

计算剪切粘结承载力时，应按标准方法进行试验和数据分析确定 m、k 系数，无试验条件时，可采用表 A-1 给出的 m、k 系数。

m、k 系数   表 A-1

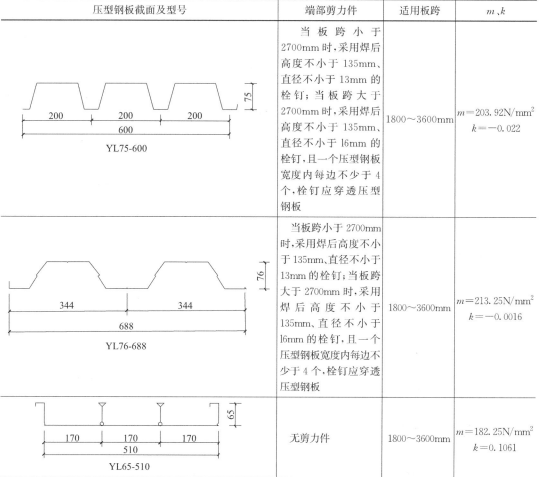

压型钢板截面及型号	端部剪力件	适用板跨	m、k
YL75-600	当板跨小于2700mm 时,采用焊后高度不小于 135mm、直径不小于 13mm 的栓钉;当板跨大于2700mm 时,采用焊后高度不小于 135mm、直径不小于 16mm 的栓钉,且一个压型钢板宽度内每边不少于 4 个,栓钉应穿透压型钢板	1800~3600mm	$m=203.92\text{N/mm}^2$ $k=-0.022$
YL76-688	当板跨小于 2700mm 时,采用焊后高度不小于 135mm,直径不小于 13mm 的栓钉;当板跨大于 2700mm 时,采用焊后高度不小于 135mm,直径不小于 16mm 的栓钉,且一个压型钢板宽度内每边不少于 4 个,栓钉应穿透压型钢板	1800~3600mm	$m=213.25\text{N/mm}^2$ $k=-0.0016$
YL65-510	无剪力件	1800~3600mm	$m=182.25\text{N/mm}^2$ $k=0.1061$

续表

压型钢板截面及型号	端部剪力件	适用板跨	m、k
YL51-915 (305 / 305 / 305, 915, 51)	无剪力件	1800~3600mm	$m=101.58\text{N/mm}^2$ $k=-0.0001$
YL76-915 (305 / 305 / 305, 915, 76)	无剪力件	1800~3600mm	$m=137.08\text{N/mm}^2$ $k=-0.0153$
YL51-600 (200 / 200 / 200, 600, 51)	无剪力件	1800~3600mm	$m=245.54\text{N/mm}^2$ $k=0.0527$
YL66-720 (240 / 240 / 240, 720, 66)	无剪力件	1800~3600mm	$m=183.40\text{N/mm}^2$ $k=0.0332$
YL46-600 (200 / 200 / 200, 600, 46)	无剪力件	1800~3600mm	$m=238.94\text{N/mm}^2$ $k=0.0178$
YL65-555 (185 / 185 / 185, 555, 65)	无剪力件	1800~3400mm	$m=137.16\text{N/mm}^2$ $k=0.2468$
YL40-740 (185 / 185 / 185 / 185, 740, 40)	无剪力件	1800~3000mm	$m=172.90\text{N/mm}^2$ $k=0.1780$
YL50-620 (155 / 155 / 155 / 155, 620, 50)	无剪力件	1800~4150mm	$m=234.60\text{N/mm}^2$ $k=0.0513$

注：表中组合楼板端部剪力件为最小设置规定，端部未设剪力件的相关数据可用于设置剪力件的实际工程。

A.2 标准试验方法

试件所用压型钢板应符合以下规定，钢筋、混凝土应符合现行国家标准《混凝土结构设计规范》GB 50010 的规定。

试件尺寸应符合下列规定：

（1）长度：试件的长度应取实际工程长度，且应符合剪跨的规定。

（2）宽度：所有构件的宽度应至少等于一块压型钢板的宽度，且不应小于 600mm。

（3）板厚：板厚应按实际工程选择，且应符合第 2.6 节的构造规定。

试件数量应符合下列规定：

（1）组合楼板试件总量不应少于 6 个，其中必须保证有两组试验数据分别落在 A 和 B 两个区域（表 A-2），每组不应少于 2 个试件。

（2）应在 A、B 两个区域之间增加一组不少于 2 个试件或分别在 A、B 两个区域内各增加一个校验数据。

（3）A 区组合楼板试件的厚度应大于 90mm，剪跨 a 应大于 900mm；B 区组合楼板试件可取最大板厚，剪跨 a 应不小于 450mm，且应小于试件截面宽度。试件设计应保证试件破坏形式为剪切粘结破坏。

厚度及剪跨限值　　　　　　　　　　　　　　　　　　　　表 A-2

区域	板厚 h	剪跨 a
A	$h_{min} \geqslant 90mm$	$a > 900mm$，但 $P \times a/2 < 0.9M_u$
B	h_{max}	$450mm \leqslant a \leqslant$ 试件截面宽度

注：M_u 为试件以材料实测强度代入持久、短暂设计状况下计算所得的受弯极限承载力，计算公式改为等号。

试件剪力件的设计应与实际工程一致。

A.3　试验步骤

试验加载应符合下列规定：

（1）试验可采用集中加载方案，剪跨 a 取板跨 l_n 的 1/4（图 A-1）；也可采用均布荷载加载，此时剪跨 a 应取支座到主要破坏裂缝的距离。

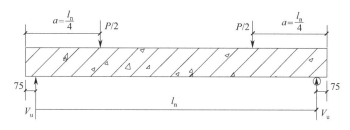

图 A-1　集中加载试验

（2）施加荷载应按所估计破坏荷载的 1/10 逐级加载，除在每级荷载读仪表记录有暂停外，应对构件连续加载，并无冲击作用。加载速率不应超过混凝土受压纤维极限的应变率（约为 1MPa/min）。

荷载测试仪器精度不应低于 ±1%。跨中变形及钢板与混凝土间的端部滑移在每级荷载作用下测量精度应为 0.01mm。

试验应对试验材料、试验过程进行详细记录。

A.4 试验结果分析

剪切极限承载力应按下式计算:

$$V_u = \frac{P}{2} + \frac{\gamma g_k l_n}{2}$$ (A-1)

式中 P——试验加载值;

γ——试件制作时与支承条件有关的支承系数,按表 A-3 取值;

g_k——试件单位长度自重;

l_n——试验时试件支座之间的净距离。

<table>
<tr><td colspan="5" style="text-align:center">支承系数 γ</td><td style="text-align:right">表 A-3</td></tr>
<tr><td>支撑条件</td><td>满支撑</td><td>三分点支撑</td><td>中点支撑</td><td colspan="2">无支撑</td></tr>
<tr><td>支撑系数 γ</td><td>1.0</td><td>0.733</td><td>0.625</td><td colspan="2">0.0</td></tr>
</table>

剪切粘结 m、k 系数应按下列规定得出:

(1) 建立坐标系,竖向坐标为 $\dfrac{V_u}{bh_0 f_{t,m}}$,横向坐标为 $\dfrac{\rho_a h_0}{a f_{t,m}}$(图 A-2)。其中,$V_u$ 为剪切极限承载力;b、h 为组合楼板试件的截面宽度和有效高度;ρ_a 为试件中压型钢板含钢率;f 为混凝土轴心抗拉强度平均值,可由混凝土立方体抗压强度计算,$f_{t,m} = 0.395 f_{cu,m}^{0.55}$ 为混凝土立方体抗压强度平均值。由试验数据得出的坐标点确定剪切粘结曲线,应采用线性回归分析的方法得到该线的截距 k_1 和斜率 m_1。

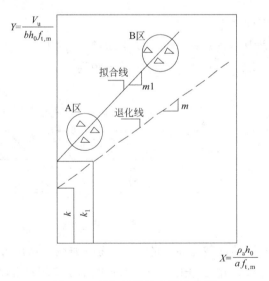

图 A-2 剪切粘结试验拟合曲线

(2) 回归分析得到的 m_1、k_1 值应分别降低 15% 得到剪切粘结系数 m、k 值,该值可用于型钢在正常使用极限状态下的剪切粘结承载力计算。如果数据分析中有多于 8 个试验数据,则可分别降低 15%。

（3）当某个试验数据的坐标值 $\dfrac{V_u}{bh_0 f_{t,m}}$ 偏离该组平均值大于 $\pm 15\%$ 时，至少应再进行同类型的两个附加试验并应采用两个最低值确定剪切粘结系数。

A.5　试验结果应用

试验分析得到的剪切粘结 m、k 系数，应用前应得到设计人员的确认。

已有试验结果的应用应符合下列规定：

（1）对以往的试验数据，若是按本试验方法得到的数据，且符合第 A.2 节中关于试件数量的规定，其 m、k 系数可用于该工程。

（2）已有的试验数据未按表 A-2 的规定落入 A 区和 B 区，可做补充试验，试验数据至少应有一个落入 A 区和一个落入 B 区，同以往数据一起分析 m、k 系数。

（3）试验中无剪力件试件的试验结果所得到的 m、k 系数可用于有剪力件的组合楼板设计；当设计中采用有剪力件试件的试验结果所得到的 m、k 系数时，剪力件的形式应与试验试件相同且数量不得少于试件所采用的剪力件数量。

参 考 文 献

[1] 住房和城乡建设部.JGJ 138—2016 组合结构设计规范［S］.北京：中国建筑工业出版社，2016.

[2] 住房和城乡建设部.GB 50010—2010 混凝土结构设计规范（2015 年版）［S］.北京：中国建筑工业出版社，2011.

[3] 住房和城乡建设部.GB 50009—2012 建筑结构荷载规范［S］.北京：中国建筑工业出版社，2012.

[4] 住房和城乡建设部.JGJ 3—2010 高层建筑混凝土结构技术规程［S］.北京：中国建筑工业出版社，2011.

[5] 住房和城乡建设部.GB 50017—2017 钢结构设计标准［S］.北京：中国建筑工业出版社，2018.

[6] 住房和城乡建设部.GB 50011—2010 建筑抗震设计规范（2016 年版）［S］.北京：中国建筑工业出版社，2016.

[7] 住房和城乡建设部.GB 50068—2018 建筑结构可靠性设计统一标准［S］.北京：中国建筑工业出版社，2019.

[8] Eurocode 4：Design of composite steel and concrete structures：BS EN 1994-2：2005［S］.London：British Standards Institution，2005.

[9] ASCE. Standard for the Structural Design of Composite Slabs：ANSI/ASCE 3-91［S］.New York：American Society of Civil Engineers，1992.

[10] 聂建国.钢-混凝土组合梁结构［M］.北京：科学出版社，2005.

[11] 蔡绍怀.现代钢管混凝土结构［M］.北京：人民交通出版社，2003.

[12] 薛建阳，王静峰.组合结构设计原理［M］.北京：机械工业出版社，2019.

[13] Johnson RP. Composite structures of steel and concrete［M］.Oxford：Black Well Publishing Ltd，2004.

[14] 钱稼茹，赵作周，叶列平.高层建筑结构设计［M］.北京：建筑工业出版社，2012.

[15] 李爱群，程文瀼，王铁成.混凝土结构：混凝土结构设计原理［M］.北京：建筑工业出版社，2015.

[16] 聂建国，樊健生.钢与混凝土组合结构设计指导与实例精选［M］.北京：建筑工业出版社，2007.

[17] 范重，王义华，刘学林，等.银川绿地中心超高层双塔结构设计［J］.建筑结构，2021，51（17）：34-42.

[18] Hu HS，Lin K，Shahrooz BM，Guo ZX. Revisiting the composite action in axially loaded circular CFST columns through direct measurement of load components［J］.Engineering structures，2021，235：112066.

[19] Hu HS，Liu Y，Zhuo BT，Guo ZX，Shahrooz BM. Axial compressive behavior of square CFST columns through direct measurement of load components［J］.Journal of Structural Engineering，2018，144（11）：4018201.

[20] 丁洁民，巢斯，吴宏磊，等.组合结构构件在上海中心大厦中的应用与研究［J］.建筑结构，2011，（12）：61-67.

[21] 范重，仕帅，赵长军.超高层建筑巨型钢管混凝土柱性能研究［J］.施工技术，2014，43（14）：11-18＋46.

[22] 傅学怡，吴国勤，黄用军，等.平安金融中心结构设计研究综述［J］.建筑结构，2012，（04）：21-27.

[23] 哈敏强，李蔚，陆陈英，等.宁波绿地中心超高层结构设计［J］.建筑结构，2015，（07）：17-24.

[24] 程宝坪.深圳赛格广场钢管混凝土柱—钢结构施工特点［J］.施工技术，2000，29（6）：2-5.

[25] 余永辉，杨汉伦，周定.广州新电视塔结构设计及难点分析［J］.广东土木与建筑，2010，4（4）：3-5.

[26] 徐麟，陆道渊，黄良，等.天津津塔结构的钢管混凝土柱设计［J］.建筑结构，2009，39（S1）：812-816.

[27] 方小丹，韦宏，江毅，等.广州西塔结构抗震设计［J］.建筑结构，2010，（1）：47-55.

[28] 王洁.常州润华环球中心主塔楼结构设计［J］.建筑结构，2012，42（05）：87-91＋27.

[29] 朱立刚，卢玲.重庆"嘉陵帆影"二期超高层塔楼结构设计挑战［J］.建筑结构，2012，42（10）：33-40.

[30] 李霆，王小南，范华冰，等.武汉保利广场混合减震连体高层结构设计［J］.建筑结构，2012，42（12）：1-7＋25.

[31] 王传甲，陈察，阎晓铭，等.空中华西村复杂超限高层结构设计［J］.建筑结构，2008（08）：8-13.

[32] 卢建峰，左江，刘斌，等.南京华新城 1#塔楼结构抗震设计［J］.建筑结构，2012，42（S1）：43-46.

[33] 汤华，王松帆，周定，等.广州合银广场结构设计［J］.建筑结构，2001，（07）：19-22.

[34] 林瑶明，林凡，方小丹，等.广州某国际金融中心超限高层结构设计［J］.建筑结构，2012，42（07）：17-21.

[35] Li QS，Zhi LH，Tuan AY，et al. Dynamic behavior of Taipei 101 tower［J］.Journal of Structural Engineering，2011（137）：143-155.

［36］ 赵宏，雷强，侯胜利，等．八柱巨型结构在广州东塔超限设计中的工程应用［J］．建筑结构，2012，42（10）：1-6.

［37］ 刘晓斌，陆建新，许航，等．深圳京基金融中心大型钢管混凝土柱施工及监测技术［J］．施工技术，2011，40（14）：27-30.

［38］ 王玮，赵旭东．厦门国际中心超高层结构设计中的关键问题研究［J］．建筑结构，2014，44（14）：44-49.

［39］ 余小伍，罗伟，林奉军，等．东莞国贸中心 T2 塔楼结构设计［J］．建筑结构，2014，44（24）：15-19＋8.

［40］ 冯克，温凌燕，张学朋，等．海口中心主塔楼混合结构方案分析与设计［J］．建筑结构，2015，45（04）：41-46.

［41］ 刘建飞，蒋航军，郁银泉，等．大连鞍钢金融中心结构设计［J］．建筑结构，2013，43（22）：43-48＋32.

［42］ 刘少武，朱昌宏．广交会琶洲展馆综合楼主体结构设计［J］．广东土木与建筑，2009，（01）：3-7.

［43］ 黄兆纬，蔡浩良，胡雪瀛，等．津湾广场9号楼超限高层结构方案形成过程［J］．建筑结构，2014，44（02）：32-37.

［44］ 商黔建，罗强军．昆明欣都龙城超高层塔楼结构设计与分析［J］．建筑结构，2013，43（16）：68-72.

［45］ 江毅，洪洲，李应姣．仁恒滨海中心 A 酒店超限高层结构设计［J］．建筑结构，2014，44（18）：9-13.

［46］ 哈敏强，陆道渊，姜文伟，等．天津现代城办公塔楼抗震设计研究［J］．建筑结构，2012，42（05）：68-73.